食物適否追究
～原因不明の不調に挑む～

Food Suitability Pursuit
：A Challenge to Unknown Sickness

前 健太郎

Kentarou MAE

目次（Contents）

要約（Summary） 3

第1章　食物適否追究の概観（Overview of Food Suitability Pursuit） 4

第2章　食べ物に関する考察（Consideration of Food） 9

  2.1 不適食物と適合食物（Unsuitable Food and Suitable Food） 9

  2.2 複合食物と単一食物（Combined Food and Single Food） 9

  2.3 適合食物の存在率（Existence Rate of Suitable Food） 9

  2.4 単一食物の重要性（Importance of Single Food） 9

  2.5 適合完了状態と空腹（Suitable Finish Condition and Hunger） 10

  2.6 適合食物の実例（Examples of Suitable Food） 10

  2.7 不適食物の実例（Examples of Unsuitable Food） 13

第3章　不調に関する考察（Consideration of Sickness） 19

  3.1 不調の定義（Definition of Sickness） 19

  3.2 不調感覚の定義（Definition of Sickness Sensation） 19

  3.3 身体的不調の分類（Classification of Physical Sickness） 20

  3.4 精神的不調の分類（Classification of Mental Sickness） 20

  3.5 身体的不調の実例（Examples of Physical Sickness） 20

  3.6 精神的不調の実例（Examples of Mental Sickness） 23

第4章　食物適否追究の実践（Practice of Food Suitability Pursuit） 25

  4.1 実践前の留意事項（Attention prior to the Practice） 25

  4.2 食べ物の選定（Selection of Food） 25

  4.3 食事記録の作成（Documentation of Meal Records） 25

  4.4 不調の観察（Observation of Sickness） 26

  4.5 適否判断の実施（Implementation of Suitability Judgement） 26

第5章　食物適否追究の効果（Effects of Food Suitability Pursuit） 27

  5.1 検証前の留意事項（Attention prior to Confirming the Effects） 27

  5.2 不調の解消（Easing Sickness） 27

  5.3 食事量の低減（Reducing Meal Amount） 28

  5.4 食費の低減（Reducing Meal Costs） 28

付録1　筆者の食事記録（Author's Meal Records） 29

付録2　筆者の食物適否一覧（Author's Food Suitability List） 207

付録3　筆者の不調一覧（Author's Sickness List） 216

付録4　筆者の体調記録（Author's Health Records） 221

筆者略歴（Author's Profile） 244

要約（Summary）

　食物適否追究では、人体に悪影響をおよぼす食べ物を不適食物、人体に悪影響をおよぼさない食べ物を適合食物に区分する。筆者は、いろいろな食べ物を食べてみるとともに、不調出現を注意深く観察し、両者の関連性を追究した。この追究において、適合食物の数は不適食物の数に対してきわめて少なく、その存在率は 3%程度であることが分かった。そして、筆者は適合食物を増やすとともに不適食物を減らすことで、自身の身体的不調と精神的不調が解消されることを確認した。

　さらに、食事の大部分を適合食物で構成すれば、少ない食事量で空腹を満たすことができ、従来量の 70%程度まで低減できることが分かった。これにともない、食費については従来の 40%程度まで低減できることが分かった。

　以上の結果から、食物適否追究の実践により、現代において原因不明の不調を数多く解消し、食べ物の消費を劇的に低減することが期待される。

In Food Suitability Pursuit, we define the Food which is harmful to human bodies as Unsuitable Food, and define the Food which is NOT harmful to human bodies as Suitable Food. The author has tried eating various Food and observed Sickness Emergence carefully in order to pursue the relationship between them. On this pursuit, the author has found that the number of Suitable Food is quite small compared to that of Unsuitable Food and its existence rate is around 3%. And then, the author has confirmed that various Sickness is eased when Suitable Food is increased and Unsuitable Food is decreased.

In Addition, it is found that we can satisfy our hunger with small amount of meals which are mostly composed of Suitable Food and it can be reduced to around 70% of conventional amount. At the same time, meal costs can be reduced to around 40% of conventional ones.

As a result, it is expected that various unknown Sickness can be eased and Food consumption can be reduced dramatically in the present day, with the practice of Food Suitability Pursuit.

第 1 章　食物適否追究の概観 （Overview of Food Suitability Pursuit）

　人間が生きていくためには、何らかの食べ物（Food）を食べることが必要である。食べ物を食べない状態が続くと、飢餓状態におちいって死んでしまう。現代は飽食の時代で、われわれ人間はさまざまに食べ物を選ぶことができる。現状、食べ物の選び方について、人類共通の決まりはない。

　食べ物の選び方に共通の決まりがないので、人はそれぞれ自分の好みに応じて食べ物を選んでいるようである。その分かりやすい例は、食べておいしいと感じる食べ物を選ぶという好みだろう。肉が好きだからよく食べる、野菜が好きだからよく食べる、といった具合である。

　おいしいと感じる食べ物だけを選ぶ人がいるいっぽう、そうでない人もいるだろう。金銭に余裕がないから値段の安い食べ物を選ぶとか、巷の健康情報で取り上げられた食べ物を選ぶといった好みも考えられる。食べると気分が高揚したり、気持ちが落ち着いたりする食べ物を選ぶ好みもあるだろう。

　筆者は近年、好みに応じた食べ物の選び方は安易にすぎると感じている。おいしいと感じて選んだ食べ物が、人体に悪影響をおよぼす可能性はないのだろうか。そもそも人間は、いろいろな食べ物を無害で食べられる生き物なのだろうか。

　筆者は物心ついたころから、原因不明の不調（Sickness）に悩まされてきた。これは、身体的不調（Physical Sickness）と精神的不調（Mental Sickness）の両面についていえる。身体的不調でいえば、皮膚荒れ、腹痛、下痢、便秘、頻尿、頭痛、動悸などである。いっぽう精神的不調は、不安、意欲低下、過緊張、イライラ、うつ気分、躁気分などが挙げられる。

　このような不調があるものの、大病をわずらったことはなかった。病院で明確に診断が下る病気ではなく、あくまで原因の分からない不調に悩まされてきたのだ。したがって、病院を受診してもまったく見当違いの診断を受けたり、様子を見るよう指示を受けたりするだけで、不調が解消することはなかった。

　不調に苦痛を感じるものの、我慢できないこともなかったので、幼少期から青年期までは耐え忍んできた。ところが、自身の年齢が 30 代半ばに差し掛かったころから、苦痛の程度に激しさが増すようになってきた。皮膚症状については、ときどき痒みと軽微な荒れが見られる程度だったのが、ひどく荒れて滲出液が見られる程度にまでなった。さらに、皮膚の痒みで夜中に目覚めてしまい、安眠できない日々が続くようになった。

　当時はこのような皮膚症状に自分で対処できなかったので、皮膚科を受診した。そうすると医師から皮膚薬を処方され、患部に塗るよう指示を受けた。指示に従って皮膚薬を患部に塗ってみると、塗った部分の皮膚荒れは確かに解消するのだ

第 1 章 食物適否追究の概観（Overview of Food Suitability Pursuit）

が、何も起きていなかった別の部分に皮膚荒れが起きるようになった。その部分に皮膚薬を塗ると、また別の部分に皮膚荒れが起きるといった具合で、全身に広がってしまった。

筆者は皮膚薬では皮膚荒れを根本的に解消することができないと考え、皮膚薬の使用を中止した。その後は、皮膚荒れが解消したり再発したりで数年が経過していったのだが、その過程で食べ物との関連性について考えるようになった。皮膚荒れと食事が連動しているように感じられたからである。そこで、原因となる食べ物を特定してそれを除去することが、皮膚荒れの解消に結びつくのではないかと考えた。

原因となる食べ物を特定して除去することと同じく重要なのが、原因とならない食べ物を特定して食べることである。何らかの食べ物は食べる必要に迫られるからである。

筆者は、人体に悪影響をおよぼす食べ物を不適食物（Unsuitable Food）、人体に悪影響をおよぼさない食べ物を適合食物（Suitable Food）と呼ぶことにした。そして、着目する食べ物が不適食物か適合食物かを区別する判断のことを、適否判断（Suitability Judgement）とした。さらに、いろいろな食べ物に対して適否判断を下していくことを食物適否追究（Food Suitability Pursuit）と呼び、本書の主題とした。

食物適否追究の実践において大事なのが、食事記録（Meal Records）である。食事記録は、食事の内容を記録する表形式の文書であって、その記載内容は、日付、食物名、数量、適否の区分、不調の種類である。この食事記録を毎回の食事で欠かさず作成し、記入内容に鑑みて最終的な適否判断を下していくのである。具体例として、筆者の食事記録を付録 1 に示す。

筆者は 2018 年 1 月に食事記録の作成を開始した。それからの数年はひたすら作成を続けていたのだが、適否判断を下せる見通しが一向に立たなかった。そこで、食事において複合食物（Combined Food）を選んでいることが、適否判断を難しくするのではないかと考え始めた。ここで、複合食物は複数の食材で構成される食べ物を意味し、具体例は、ビーフシチュー、サンドイッチ、野菜サラダなどである。

そして、食事において単一食物（Single Food）を選べば、適否判断が単純になるのではないかと予想した。単一食物は単一の食材で構成される食べ物を意味し、具体例は、米、ニンジン、卵などである。予想は的中し、後述する適否判断の成功例が出始めた。

食物適否追究においては、選んだ食べ物を食べてみると同時に、不調出現（Sickness Emergence）を注意深く観察し、両者の関連性を追究することになる。

第 1 章　食物適否追究の概観（Overview of Food Suitability Pursuit）

筆者は、同じような不調出現を感じとる感覚のことを、不調感覚（Sickness Sensation）と呼ぶことにした。この不調感覚を認識するためには、あえて同じ内容の食事を継続する必要がある。

　不調感覚を認識できるようになったら、それまでとは別の食べ物で食事を構成してみることである。すると、不調感覚に変化が生じたことを認識できるようになる。不調が軽快するとか増悪するとか、そういった変化である。

　筆者は、従来の米をササニシキ米へ置き換えたときに、不調が軽快するのを認識した。食後に皮膚荒れの発生がなかったのだ。この事実に鑑み、ササニシキ米を適合食物とする適否判断を下した。筆者はここで初めて適合食物を発見することができた。これは 2023 年 5 月のことであり、食事記録の開始から 6 年を要した。

　このとき、食べたササニシキ米の量は炊飯後 320g であった。空腹を満たしたい欲求から、2 倍、3 倍と増量することを考えた。実際にやってみると、顕著に不調が増悪した。皮膚荒れなどの不調出現があったのだ。この結果は、適合食物が人体に悪影響をおよぼさない上限量が存在する、という事実を示唆した。筆者は、この上限量を適合量（Suitable Amount）と呼ぶことにした。筆者の場合、ササニシキ米の適合量は 1 日 320g である。これだけではとうてい空腹を満たすことができないので、別の適合食物を発見する必要性に迫られた。

　それから 6 ヶ月後の 2023 年 11 月に、次なる適合食物であるポップコーンを発見した。その適合量は 1 日 50g である。ポップコーンはとうもろこしの爆裂種と呼ばれる品種である。とうもろこしの品種として一般的なのはスイートコーンであるが、これが不適食物であることは以前から分かっていた。ポップコーンもササニシキ米と同様、幼少期から意識して食べてこなかった食べ物である。あまり一般的ではないもので、これまでよく食べてこなかった食べ物に適合食物が埋もれている可能性を見出した。

　その後、これまでよく食べてきた食べ物についても、適合食物を発見した。現時点までに発見した食べ物は、ニンジンと卵である。ニンジンの適合量は 1 日 100g、卵の適合量は 1 日 50g である。過去にこれらを不適食物と認識していたが、誤認識であった。

　それから筆者は、ササニシキ米 320g、ポップコーン 50g、ニンジン 100g、卵 50g を 1 日の食事の中心に据えたのだが、どうしても空腹が満たされない状況に悩まされた。空腹を満たすために、仕方なく不適食物を食事に加える日々が続いた。

　ところが 2024 年 7 月に、岩塩が適合食物であることを発見し、これが転機となった。筆者はそれまで、塩分補給の必要性から、いわゆる海塩を 1 日に 3g 程

第1章　食物適否追究の概観（Overview of Food Suitability Pursuit）

度食べていたのだが、どうしても不調出現を免れなかった。そこで、何気なく岩塩へ置き換えてみると、不調が軽快するだけでなく、どういうわけか空腹が満たされることを認識した。岩塩の適合量は1日1gと少量であり、1日2g以上食べると食欲減退が起きた。

　本書を執筆している2024年8月現在、食事記録を始めてから7年を数える。いまだ空腹が完全に満たされていない状況で、適合食物のほかに不適食物も食事に加えている。新たな適合食物を発見するために今も奮闘中である。それでも、以前と比べて適合食物が増え、不適食物が減っていることから、皮膚荒れなどの不調は確実に軽快している。

　食物適否追究の過程で、適合食物の数は不適食物の数に対してきわめて少なく、その存在率は3%程度であることが分かった。この事実は、冒頭の問いに対する回答になっているような気がする。適合食物と不適食物の区別をせずに食べ物を選ぶということは安易であり、自然の理に反した行為なのではないだろうか。

　筆者は、適合食物だけで空腹が満たされる状態のことを、適合完了状態（Suitable Finish Condition）と呼ぶことにした。適合完了状態は到達可能で、クシャミや鼻水といった軽度の不調すら、まったく起きなくなるのではないかと予想している。さらに適合完了状態においては、少ない食事量で空腹を満たせるものと思われ、食べ物の消費を劇的に低減することが期待される。

　これら食物適否追究の効果は、筆者の経験だけで検証されたものである。あくまで個人の記録に基づく検証であり、他者への影響を保証するものではない。現時点で、食物適否追究の実践を他者へ積極的に勧めるつもりはない。実践した結果、体調不良におちいってしまう懸念が拭いきれないからである。

　筆者自身は自己責任のうえで、今後も食物適否追究の実践を続けていくつもりである。その先に何があるのか、身をもって追究していく次第である。この結果について、食物適否追究への関心が高まったあかつきに、第2報という形で報告できることを心待ちにしている。

第 1 章 食物適否追究の概観(Overview of Food Suitability Pursuit)

表 1.1 用語一覧 (List of Terms)

用語	英訳	頁	記事
食べ物	Food	4	
不調	Sickness	4	
身体的不調	Physical Sickness	4	
精神的不調	Mental Sickness	4	
不適食物	Unsuitable Food	5	
適合食物	Suitable Food	5	
適否判断	Suitability Judgement	5	
食物適否追究	Food Suitability Pursuit	5	
食事記録	Meal Records	5	
複合食物	Combined Food	5	
単一食物	Single Food	5	
不調出現	Sickness Emergence	5	
不調感覚	Sickness Sensation	6	
適合量	Suitable Amount	6	
適合完了状態	Suitable Finish Condition	7	

第 2 章　食べ物に関する考察（Consideration of Food）

2.1 不適食物と適合食物（Unsuitable Food and Suitable Food）

　第 1 章で述べたとおり、食物適否追究では、人体に悪影響をおよぼす食べ物を不適食物、人体に悪影響をおよぼさない食べ物を適合食物に区分する。適合食物であっても際限なく食べられるわけではなく、適合食物が人体に悪影響をおよぼさない上限量が存在する。この上限量を規定して適合量とする。

　不適食物、適合食物および適合量は全般的に定まるものではなく、人それぞれに特有のものだと予想される。決して不適食物が全般的に悪い食べ物で、適合食物が全般的に良い食べ物だという定義ではない。

　以下、あくまで個人の記録に基づく考察であり、他者への影響を保証するものではない。

2.2 複合食物と単一食物（Combined Food and Single Food）

　第 1 章で述べたとおり、複合食物は複数の食材で構成される食べ物を意味し、単一食物は単一の食材で構成される食べ物を意味する。複合食物は、複数の単一食物で構成される食べ物と言い換えることもできる。

2.3 適合食物の存在率（Existence Rate of Suitable Food）

　第 1 章で述べたとおり、食べ物が不適食物か適合食物かを区別する判断のことを、適否判断と呼ぶ。具体例として、筆者の適否判断の結果を付録 2 の食物適否一覧に示す。この食物適否一覧によると、単一食物 184 品に対して適合食物は 6 品、不適食物は 178 品である。よって、単一食物における適合食物の存在率は 6 ÷184×100＝3.3%である。これは筆者に特有の結果であるが、適合食物の数は不適食物の数に対してきわめて少ないことを示唆している。

2.4 単一食物の重要性（Importance of Single Food）

　ある複合食物が適合食物であるためには、それを構成する単一食物がすべて適合食物でなくてはならない。例えば 5 種類の単一食物で構成される複合食物を選ぶとき、それが適合食物である確率は次のとおり算出できる。

　$(6÷184)×(5÷183)×(4÷182)×(3÷181)×(2÷180)＝0.0000000036$

　この数値から、複合食物を選ぶと現実的には必ず不適食物を選んでしまうことが、明白である。したがって、適否判断で複合食物を選ぶことは合理的でない。そこで、適否判断では単一食物を選ぶことが重要となる。そうすると、30 回に 1 回くらいは適合食物を発見できそうである。

第 2 章　食べ物に関する考察（Consideration of Food）

2.5 適合完了状態と空腹 （Suitable Finish Condition and Hunger）

　第 1 章で述べた通り、適合完了状態とは、適合食物だけで空腹が満たされる状態のことである。留意すべきは、適合食物だけで空腹が満たされない状態は、適合完了状態ではないということである。ここでは、空腹が満たされるということが重要である。

　空腹がどうして起こるのかは、筆者もいろいろと思案している途中である。少ない食事量で満たされる場合があったり、多い食事量でも満たされない場合があったりするからである。そこでいったんは次のように仮定しておく。

【仮定 2.1】エネルギー不足におちいると空腹が起こる。

【仮定 2.2】適合食物が不足するとエネルギー不足におちいる。

【仮定 2.3】何らかの不適食物はエネルギーを浪費する。

　仮定 2.1 に基づくと、空腹は我慢すべきでないと考えられる。筆者は何度か空腹を我慢でやり過ごそうと試みたが、結局は気が滅入って何か食べ物を食べてしまうという結果に終わった。空腹は身体がエネルギーを欲しているという生理反応であり、我慢するのは生理に反する行為であると思われる。

　仮定 2.2 に基づくと、エネルギー不足におちいらないように、必要数の適合食物を確保しなくてはならないものと予想される。現時点で、筆者の適合食物の確保数は 6 個である。これだけで、感覚的には空腹が 70%程度満たされる。空腹が 100%満たされるための適合食物の必要数は、単純な比例計算で 9 種類程度ではないかと思われる。上で述べたとおり、適合食物の存在率は非常に低く、残り 3 種類程度を発見するのにもそれなりの年月を要するだろう。それまでは、不適食物で補うしかない。

　仮定 2.3 に基づくと、不適食物には空腹を満たすものと、逆に空腹を増長させるものがあると考えられる。食事を不適食物で補う場合、空腹を増長させないように注意して食べ物を選ぶ必要がある。

2.6 適合食物の実例 （Examples of Suitable Food）

　次に挙げるのは、筆者の経験に基づいた適合食物の実例である。これらはあくまで筆者に特有の適合食物であり、人によっては不適食物となりえるので、注意を要する。

(1) ササニシキ米 （Sasanishiki Rice）

第2章 食べ物に関する考察（Consideration of Food）

　ササニシキ米は穀類に分類される単一食物である。コシヒカリ米などが主流になっている昨今では少数派の品種である。昔は数多く出回っていたようだが、最近は食品店でもなかなかお目にかからない。インターネット上では一定数が販売されているので、通年で手に入らないということはない。生産量については宮城県が圧倒的に多い。

　筆者がササニシキ米を意識したのは、従来の米ではことごとく不調があり、米についての情報を求めてインターネット上を検索していたときである。そこで、ササニシキ米はアレルギー反応が起きにくい米であるという情報を得た。正直なところ期待していなかったが、思いきって食べてみることにした。

　筆者はササニシキ米の単一食物としての適否判断をすべく、炊飯前150gの米を研ぎ、浄水200gを加えて蒸し器で30分間蒸して炊くという調理法を用いることにした。炊飯後の質量はだいたい320gになる。こうして調理されたものを、2023年5月14日から現在まで継続して食べている。

　食べると幸運にも不調出現がなかった。しかし、これより多く食べると腕荒れなどの不調出現があった。この結果から、適合量を1日320gに定めることとした。そうすると不調が解消したので、適合食物に位置づけた。

　ササニシキ米の栄養成分について特筆すべきは、アミロース含有量がコシヒカリ米などと比較して多いことである。アミロース含有量が多いほど米の粘りが弱くなり、あっさりとした食感を与えるようだ。そこで筆者は、アミロース含有量が一定以上であれば米は適合食物になると予想した。ところが、アミロース含有量がササニシキ米よりも多いはずのバスマティ米で不調出現があった。この結果で筆者の予想は否定され、アミロース含有量と適否は無関係であることが分かった。

(2) ポップコーン（Popcorn）

　ポップコーンは穀類に分類される単一食物である。映画鑑賞のお供として名高い。とうもろこしの中で爆裂種とされる品種で、豆の状態で加熱すると膨らんではじけ飛ぶ性質を有している。日本で流通している豆は大体がアメリカ産であるようだ。

　筆者がポップコーンを意識したのは、ササニシキ米の次になかなか適合食物を発見できなかった中で、空腹を満たそうと手に取ったときである。そのときは、ポップコーンなど単なる菓子であって、おそらく不適食物だろうと軽視していた。

　筆者はポップコーンの単一食物としての適否判断をすべく、ポップコーン豆50gを蓋付きの鍋で振りながら加熱する調理法を用いることにした。こうして調理されたものを、2023年11月2日から現在まで継続して食べている。塩も油も

第2章 食べ物に関する考察（Consideration of Food）

加えていないが、筆者はおいしいと感じている。

食べると幸運にも不調出現がなかった。しかし、これより多く食べると寒気などの不調出現があった。この結果から、適合量を1日50gに定めることとした。そうすると不調が解消したので、適合食物に位置づけた。

(3) ニンジン（Carrot）

ニンジンは野菜類に分類される単一食物である。さまざまな複合食物に用いられる。食品店で見かけない日はまずない。ビタミンAが群を抜いて豊富である。ニンジンは過去の経験から、ずっと不適食物であると思い込んでいた。便に未消化のニンジンがよく混ざるからだ。

筆者はニンジンの単一食物としての適否判断をすべく、ニンジン100gを細かく切って蒸し器で30分間蒸すという調理法を用いることにした。こうして調理されたものを、2024年2月27日から現在まで継続して食べている。味付けは皆無だが、それなりにおいしい。

食べると幸運にも不調出現がなかった。しかし、これより多く食べると顔痒みなどの不調出現があった。この結果から、適合量を1日100gに定めることとした。そうすると不調が解消したので、適合食物に位置づけた。便に未消化のニンジンが混ざるのは、別の不適食物が便通悪化を引き起こすからだと考えられる。

(4) 卵（Egg）

卵は卵類に分類される単一食物である。正確には鶏卵である。さまざまな複合食物に用いられる。食品店で見かけない日はまずない。コレステロール、ビタミンA、ビタミンB2が豊富である。アミノ酸スコアが高いことも知られる。

筆者は卵の単一食物としての適否判断をすべく、殻付き卵をそのまま蒸し器で30分間蒸してゆで卵にする調理法を用いることにした。正確には蒸し卵であるが、便宜上ゆで卵と呼んでいる。量は殻むき後に50gとなるよう調整している。こうして調理されたものを、2024年7月15日から現在まで継続して食べている。

食べると幸運にも不調出現がなかった。しかし、これより多く食べると食欲減退などの不調出現があった。この結果から、適合量を1日50gに定めることとした。そうすると不調が解消したので、適合食物に位置づけた。

(5) 岩塩（Rock Salt）

岩塩は調味類に分類される単一食物である。岩塩はヒマラヤ山などで採掘した原料に各種処理を施すことで生産され、いわゆる海塩とは区別される。生産工程

第 2 章 食べ物に関する考察（Consideration of Food）

は洗浄、乾燥、粉砕などである。筆者が手にしているのはパキスタン産の岩塩で、ピンク色をしている。このことから、ピンクソルトとも呼ばれる。この着色は含有される鉄分に起因するようだ。天然岩塩の塩化ナトリウム含有率は 98% 以上であり、これより低いものは、生産工程で他のミネラル分が添加されているようだ。両者は同等といいがたいので、筆者は区別して天然岩塩を選んでいる。

　筆者が岩塩を意識したのは、従来の塩ではことごとく不調があり、塩についての情報を求めてインターネット上を検索していたときである。たまたま岩塩という単語が目にとまり、ササニシキ米とポップコーンの発見例があるから、思いきって食べてみることにした。

　筆者は岩塩の単一食物としての適否判断をすべく、岩塩 1g をそのまま食べることにした。これを 2024 年 7 月 25 日から現在まで継続している。

　食べると幸運にも不調出現がなかった。しかし、これより多く食べると食欲減退などの不調出現があった。この結果から、適合量を 1 日 1g に定めることとした。そうすると不調が解消したので、適合食物に位置づけた。

2.7 不適食物の実例（Examples of Unsuitable Food）

　次に挙げるのは、筆者の経験に基づいた不適食物の実例である。これらはあくまで筆者に特有の不適食物であり、人によっては適合食物となりえるので、注意を要する。

(1) 小麦（Wheat）

　小麦は、穀類に分類される単一食物である。パン、めん、菓子などのさまざまな複合食物に用いられる。一般的に小麦は粉の状態で小麦粉として流通している。小麦粉には軟質小麦から生産される薄力粉、硬質小麦から生産される強力粉、その中間の中力粉があり、それぞれタンパク質や炭水化物の含有量が異なる。これらは用途に応じて使い分けられる。

　筆者は小麦の単一食物としての適否判断をすべく、薄力粉 150g を浄水 200g に溶かして型に入れ、全体を蒸し器で 30 分間蒸して固めるという調理法を用いることにした。こうして調理されたものを薄力小麦品と命名し、2024 年 2 月 1 日から 2024 年 7 月 1 日まで継続して食べた。非常に質素な料理であるが、筆者はおいしいと感じた。

　食べると腕荒れなどの不調があり、薄力粉の量を 50g 程度に減量しても解消しなかったので、不適食物に位置づけた。中力粉と強力粉についても、同じ要領で中力小麦品と強力小麦品を作って食べたが、より強い不調があったので、不適食物に位置づけた。

第2章 食べ物に関する考察（Consideration of Food）

(2) さつまいも（Sweet Potato）

さつまいもは、いも類に分類される単一食物である。日本人にはなじみ深い食べ物である。食物繊維、カルシウム、ビタミン B1、ビタミン C が豊富であり、栄養学上は優秀な食べ物である。鹿児島県産や茨城県産が多い。品種は、紅はるか、シルクスイート、鳴門金時などがある。

筆者はさつまいもの単一食物としての適否判断をすべく、さつまいも 100g〜500g に何も加えず、蒸す、焼く、ゆでるといった調理法を用いることにした。こうして調理されたものを、2021 年 6 月 8 日から 2021 年 8 月 15 日まで、さらに2023 年 5 月 31 日から 2023 年 9 月 4 日まで継続して食べた。前者の期間は特に品種を気にせず食べ、後者の期間は金時芋という品種だけを食べた。

食べると腕荒れなどの不調があり、量を 100g 程度に減量しても解消しなかったので、不適食物に位置づけた。金時芋については当初、不調がないものと認識していたが、それは誤認識であり同じような不調があった。

(3) 砂糖（Sugar）

砂糖は、甘味類に分類される単一食物である。砂糖といってもこれは総称であり、詳しくは上白糖、グラニュー糖、てんさい糖である。砂糖はあらゆる複合食物に用いられる食べ物である。

筆者は砂糖の単一食物としての適否判断をすべく、砂糖 2g〜20g をそのまま食べるか、浄水に溶かして飲むことにした。これを、2022 年 6 月 19 日から 2024年 5 月 19 日の期間で数回行った。味はアメとかジュースのようでそれなりにおいしいと感じた。

食べると眠気などの不調があり、量を 2g 程度に減量しても解消しなかったので、不適食物に位置づけた。上記 3 種のいずれも同じ結果であった。

(4) 大豆（Soybean）

大豆は、豆類に分類される単一食物である。たんぱく質が豊富な植物性食品の代表格として名高い。カルシウム、ビタミン B1 も豊富で、栄養学上は優秀な食べ物である。黄大豆と黒大豆があり、前者が一般的な大豆、後者が黒豆である。

筆者は大豆の単一食物としての適否判断をすべく、乾燥大豆を浄水に 8 時間くらい浸して吸水させたあと、蒸し器で 30 分間蒸すという調理法を用いることにした。量は吸水後 80g〜120g になるよう調整した。こうして調理されたものを、2023 年 7 月 11 日から 2023 年 8 月 14 日まで継続して食べた。味はそれなりにおいしいと感じた。

第 2 章 食べ物に関する考察（Consideration of Food）

食べると脚痺れなどの不調があり、量を吸水後 80g 程度に減量しても解消しなかったので、不適食物に位置づけた。

(5) チアシード（Chia Seed）

チアシードは、種実類に分類される単一食物である。小さな粒状の食べ物で、栄養価の高さからスーパーフードの扱いを受けている。オメガ 3 脂肪酸が豊富である。原産地は中南米である。

筆者はチアシードの単一食物としての適否判断をすべく、乾燥チアシード 10g を浄水 150g に浸し、8 時間待って吸水させることにした。こうして下処理したものを、2023 年 11 月 24 日から 2024 年 1 月 30 日まで継続して食べた。無味だが、噛むとプチプチとした食感があり、なおかつゼリーのようでおいしいと感じた。

食べると首荒れなどの不調があり、量を 5g 程度に減量しても解消しなかったので、不適食物に位置づけた。

(6) カカオマス（Cocoa Mass）

カカオマスは、種実類に分類される単一食物である。チョコレート、ココアパウダー、ココアバターなどの原料となっている。栄養価の高さからスーパーフードの扱いを受けている。カルシウム、マグネシウム、ビタミン B2 が豊富である。原産地は西アフリカ、東南アジア、中南米である。

筆者はカカオマスの単一食物としての適否判断をすべく、タブレット状のもの 5g〜30g をそのまま噛んで食べることにした。これを 2023 年 11 月 21 日から 2024 年 1 月 5 日まで継続した。苦味が強くておいしくはないが、まずくもないという印象だった。

食べると首荒れなどの不調があり、量を 5g 程度に減量しても解消しなかったので、不適食物に位置づけた。

(7) キャベツ（Cabbage）

キャベツは、野菜類に分類される単一食物である。日本人にはなじみ深い食べ物であり、さまざまな複合食物に用いられる。カルシウム、ビタミン C が豊富である。

筆者はキャベツの単一食物としての適否判断をすべく、生のキャベツをそのまま食べるか、水 200g を加えてミキサーで汁状にする、ゆでる、蒸すなどの下処理を施して食べることにした。これを 2020 年 8 月 10 日から 2024 年 4 月 26 日までの期間、間欠的に継続した。

第 2 章　食べ物に関する考察（Consideration of Food）

食べると腕荒れなどの不調があり、量を 30g 程度に減量しても解消しなかったので、不適食物に位置づけた。

(8)　グリーンキウイ（Green Kiwi）

グリーンキウイは、果物類に分類される単一食物である。ビタミン C が豊富なことで知られている。原産地として有名なのはニュージーランドであるが、時期によっては国産のものも多く流通する。

筆者はグリーンキウイの単一食物としての適否判断をすべく、グリーンキウイ 1 個 100g 程度を包丁で半分に切って、スプーンですくって食べることにした。これを 2024 年 1 月 21 日から 2024 年 8 月 16 日までの期間継続した。

食べると顔痒みなどの不調があり、除去すると不調が軽快したので、不適食物に位置づけた。

(9)　サバ（Mackerel）

サバは、魚介類に分類される単一食物である。品種にはタイセイヨウサバ、マサバ、ゴマサバなどがある。それぞれ栄養成分は異なるが、概してタンパク質、オメガ 3 脂肪酸、ビタミン B2 が豊富である。

筆者はサバの単一食物としての適否判断をすべく、サバ 20g〜300g を焼く、ゆでる、蒸すという調理法を用いることにした。こうして調理されたものを、2018 年 1 月 19 日から 2024 年 2 月 21 日までの期間、間欠的に食べた。

食べると便通悪化などの不調があり、不適食物に位置づけた。

(10)　豚肉（Pork）

豚肉は、肉類に分類される単一食物である。日本人にとってはなじみ深く、よく食べられる食べ物である。ロース、バラ、ヒレ、ももといった部位がある。それぞれ栄養成分は異なるが、概してビタミン B1 が豊富である。

筆者は豚肉の単一食物としての適否判断をすべく、味付けせずそのまま豚ロース 100g を蒸し器で 30 分間蒸すという調理法を用いることにした。こうして調理されたものを、2023 年 10 月 5 日から 2024 年 2 月 21 日まで継続して食べた。味はそれなりにおいしいと感じた。

食べると首荒れなどの不調があり、量を 40g 程度に減量しても解消しなかったので、不適食物に位置づけた。豚ロースだけでなく、他の部位についても同様に不調があった。

(11)　牛乳（Milk）

第 2 章 食べ物に関する考察（Consideration of Food）

　牛乳は、乳類に分類される単一食物である。そのまま飲まれるだけでなく、乳製品、料理、菓子などのさまざまな複合食物に用いられる。カルシウム、ビタミン B2 が豊富である。生乳に対してホモジナイズ処理と加熱殺菌処理を施したものが牛乳である。ホモジナイズ処理は、牛乳を細かいすき間から高圧で押し出し、乳脂肪を細かくする処理である。これにより牛乳が均質化され、消化吸収が良くなるようだ。少数派ではあるが、ホモジナイズ処理されていないノンホモ牛乳も流通している。加熱殺菌処理については、高温殺菌と低温殺菌がある。高温殺菌は例えば 130℃、1 秒間といった条件で牛乳を加熱する。流通している牛乳の大半が高温殺菌品である。いっぽう低温殺菌は例えば 65℃、30 分間といった条件で加熱する。少数派ではあるが、低温殺菌牛乳として流通している。

　筆者は牛乳の単一食物としての適否判断をすべく、牛乳 200g をそのまま飲むか加熱して飲むことにした。これを、2023 年 11 月 27 日から 2023 年 12 月 12 日まで継続した。

　飲むと便通悪化などの不調があり、量を 50g 程度に減量しても解消しなかったので、不適食物に位置づけた。低温殺菌牛乳についても同様に不調があり、不適食物とした。

(12) オリーブ油（Olive Oil）

　オリーブ油は、油脂類に分類される単一食物である。健康的な油として認知されており、一価不飽和脂肪酸が豊富である。原産地として最も有名なのはイタリアであるが、スペインも有力である。オリーブ油は光に弱く、酸化防止のため色付きの遮光ボトルに封入される。熱的には安定しており、加熱調理にも用いられる。

　筆者はオリーブ油の単一食物としての適否判断をすべく、オリーブ油 5g〜15g をそのまま飲むか、パンにつけて食べることにした。これを、2022 年 9 月 2 日から 2022 年 12 月 29 日まで間欠的に継続した。オリーブ油単体ではおいしいと感じなかったが、パンにつけたらおいしいと感じた。

　食べると首痒みなどの不調があり、量を 5g 程度に減量しても解消しなかったので、不適食物に位置づけた。

(13) エゴマ油（Perilla Oil）

　エゴマ油は、油類に分類される単一食物である。シソ科植物であるエゴマの種子を圧搾して生産される。健康的な油として認知されており、オメガ 3 脂肪酸が豊富である。熱的に不安定で酸化しやすく、加熱調理に用いるべきではない。冷暗所で保管し、開封したらすみやかに消費することが推奨されている。

第 2 章　食べ物に関する考察（Consideration of Food）

　筆者はエゴマ油の単一食物としての適否判断をすべく、エゴマ油 4g をそのまま食べることにした。これを、2020 年 8 月 29 日から 2020 年 10 月 10 日までの期間、間欠的に継続した。味は魚の脂に似ていると感じた。オメガ 3 脂肪酸が豊富という共通点がその要因かもしれない。

　食べると背中腫れなどの不調があり、除去すると不調が解消したので、不適食物に位置づけた。

(14) ほうじ茶 （Roasted Green Tea）

　ほうじ茶は、飲料類に分類される単一食物である。緑茶の茶葉を焙煎することで生産される。緑茶よりもカフェイン含有量が少なく、身体にやさしいお茶と認知されている。

　筆者はほうじ茶の単一食物としての適否判断をすべく、茶葉 4g を浄水の熱湯400g に 1 分〜5 分間浸漬し、抽出したものを飲むことにした。これを、2021 年 1 月 29 日から 2022 年 8 月 11 日までの期間、間欠的に継続した。

　飲むと口内荒れなどの不調があり、茶葉の量を 1g 程度に減量しても解消しなかったので、不適食物に位置づけた。

(15) 海塩 （Sea Salt）

　海塩は調味類に分類される単一食物である。海塩は海水に各種処理を施すことで生産され、いわゆる岩塩とは区別される。海塩はおおまかに精製塩と天然縁に区分される。精製塩の生産にはイオン膜・立釜法などが用いられ、その塩化ナトリウム含有率は 99%以上である。いっぽう天然塩の生産には天日・平釜法などが用いられ、その塩化ナトリウム含有率は精製塩よりも低く、マグネシウムなどのミネラル分の含有率が高くなっている。価格は天然塩の方が高い傾向にある。

　筆者は海塩の単一食物としての適否判断をすべく、海塩 1g〜5g をそのまま食べることにした。これを、2021 年 2 月 25 日から 2024 年 7 月 25 日までの期間、間欠的に継続した。

　食べると手荒れなどの不調があり、量を 1g 程度に減量しても解消しなかったので、不適食物に位置づけた。なお、不調出現に関して精製塩と天然塩に違いは見られなかった。

第3章　不調に関する考察（Consideration of Sickness）

3.1 不調の定義（Definition of Sickness）

　本書では、不調（Sickness）と病気（Illness or Disease）を明確に区別する。本書での病気の定義は、症状に明確な診断が下され、病院で治療を受け付けてもらえる体調不良のこととする。具体例は、食道炎、胃腸炎、がん、睡眠時無呼吸症候群、糖尿病などである。これらについては病院での治療または経過観察をすべきであると考える。筆者にとって食物適否追究は健康法であり、病気の治療法ではない。そのため、本書では食物適否追究での病気改善について言及しない。

　いっぽう不調の定義は、症状に明確な診断が下されず、病院で治療を受け付けてもらえないか、見当違いの治療を施される体調不良のこととする。本書では、食物適否追究での不調改善について言及する。

　以下、あくまで個人の記録に基づく考察であり、他者への影響を保証するものではない。

3.2 不調感覚の定義（Definition of Sickness Sensation）

　第一章で述べたとおり、不調感覚は同じような不調出現を感じとる感覚のことを意味する。何時間後に不調出現が起きるのかは、食べ物の種類やそのときの体調に左右されるようである。筆者の感覚では、だいたい 15 時間以内には不調出現が起きる。この不調感覚を認識する能力は経験的に培っていくものであり、個人の間で共有するのが難しい。

　とはいえ、ある程度の指針を示しておけば、少しでも効率的に不調感覚を認識できるようになるかもしれない。そこで、あくまで筆者の不調感覚に基づいたものであるが、不調の分類を示しておく。次節以降で身体的不調と精神的不調を細かく分類する。先立って、不調の程度を大まかに、以下の 3 段階に区分しておく。

(1)軽度不調（Light Sickness）

　苦痛や不快感が弱く、多くの場合は体調不良として扱われない程度とする。

(2)中度不調（Medium Sickness）

　苦痛や不快感はそれなりに強いが、我慢すれば生活できる程度とする。

(3)重度不調（Heavy Sickness）

　苦痛や不快感が強く、生活に支障をきたす程度とする。

第3章 不調に関する考察（Consideration of Sickness）

3.3 身体的不調の分類（Classification of Physical Sickness）
　身体的不調の分類を、付録3の不調一覧に示す。

3.4 精神的不調の分類（Classification of Mental Sickness）
　精神的不調の分類を、付録3の不調一覧に示す。

3.5 身体的不調の実例（Examples of Physical Sickness）
　次に挙げるのは、筆者の経験に基づいた身体的不調の実例である。これらはあくまで筆者に特有の不調であり、人によっては該当しない可能性があるので、注意を要する。

(1) 寝癖（Bed Head）
　寝癖は、髪に関する不調に分類され、軽度不調である。起床後に、髪に折れ癖がついていたり、髪が妙な方向に立っていたりする状態を意味する。筆者は、寝癖が偶然ではなく立派な不調であると捉えている。自身の経験では例えば、牛乳を一定期間連続して飲んでいたとき、それまでなかった寝癖が連続して起こることがあった。このような経験から、何らかの不適食物を食べたときに寝癖が起こるものと予想する。

(2) クシャミ（Sneezing）
　クシャミは、鼻に関する不調に分類され、軽度不調である。連続するクシャミは不調と認識されても、単発のクシャミは偶然として見過ごされるだろう。しかし、筆者は単発のクシャミも偶然ではなく立派な不調であると捉えている。自身の経験では例えば、小麦または小麦を含む食べ物を食べたのちに、単発のクシャミがあった。このような経験から、何らかの不適食物を食べたときにクシャミが起こるものと予想する。

(3) 歯形舌（Tooth-Marked Tongue）
　歯形舌は、舌に関する不調に分類され、軽度不調である。舌先から根元にかけて歯形状のギザギザした跡がつく状態を意味する。筆者は物心ついたころから、歯形舌があることを自覚していた。そして、歯形舌が全然ないときもあることを認識していた。ただこの時点では、歯形舌について深くは考えていなかった。その後、東洋医学の知識から、歯形舌は何らかの不調を示す兆候であると捉えるようになった。しかし、それが何の不調なのか、何によって引き起こされているのかは検討がつかなかった。

第 3 章　不調に関する考察(Consideration of Sickness)

　食物適否追究を実践する中で、例えばあんこ、アイスクリームなどの甘い食べ物を食べた後に歯形舌が起きやすいように感じた。このような経験から、何らかの不適食物を食べたときに歯形舌が起こるものと予想する。

(4)　舌噛み (Tongue Biting)

　舌噛みは、舌に関する不調に分類され、中度不調である。食べ物を咀嚼しているときに、意図せず舌を噛んでしまう状態を意味する。筆者はときどき、何か食べているときに舌を噛む。そして、必ずといってよいほど噛んだ部分から出血がある。以前は偶然だと思っていたのだが、どうも何らかの不適食物を食べた後に起きているようである。しかも、舌噛みが起きたときの食事より前の食べ物が原因になっているようなのである。このような経験から、何らかの不適食物を食べたときに舌噛みが起こるものと予想する。また、舌噛みが出血をともなうのは、不適食物から取り入れられた有害な成分を体外に排出しようとする生理反応であると考えられる。

(5)　乳首出血 (Nipple Bleeding)

　乳首出血は、乳首に関する不調に分類され、重度不調である。乳首から血が噴き出す状態を意味する。筆者は不調の有無を確認するために、入浴時に手で全身をまんべんなく触っている。そのなかで、乳首を軽く掻いてみると、血が噴き出すことがあった。最初は、何か重病を抱えているのではないかと恐ろしくなった。ところがその恐ろしい乳首出血も、起こるときと起こらないときがはっきり分かれるようであった。筆者の経験では、そば、うどん、大豆などを食べた日の入浴時に乳首出血を数多く確認した。このような経験から、何らかの不適食物を食べたときに乳首出血が起こるものと予想する。近頃は適合食物が増えるとともに不適食物が減っているので、乳首出血はまったく起きなくなった。

(6)　過食欲 (Excessive Appetite)

　過食欲は、胃に関する不調に分類され、軽度不調である。通常よりも食欲が増して何か食べずにはいられなくなる状態を意味する。過食欲は、程度が常軌を逸したものでないかぎり、食欲旺盛で健康的な状態であると誤認されるだろう。筆者は食欲が強いときとそうでないときがあり、それらがはっきり分かれることを認識した。また、たくさん食べているのに空腹を感じたり、それほど食べていないのに空腹が満たされたりすることにも気づいた。筆者の経験では例えば、豚レバーを連続して食べたときに、過食欲が連続して起こったことがあった。このような経験から、何らかの不適食物を食べたときに過食欲が起こるものと予想する。

第 3 章　不調に関する考察（Consideration of Sickness）

　過食欲が罪深いのは、それを我慢するのが不快なだけでなく、さらなる不適食物の呼び水になってしまうところである。本来は食べなくてよいはずの不適食物を、空腹を満たすために食べてしまうのだ。それによってさらに過食欲が強くなるという悪循環におちいってしまう。

(7) 便通悪化（Bowel Worsening）

　便通悪化は、腸に関する不調に分類され、軽度不調である。通常よりも便の見た目が悪い、通常よりも便の出が悪い、といった状態を意味する。通常の便は、きれいなバナナ形で黄土色か茶色である。これに対し見た目が悪い便は、小さくコロコロしている、水につかると形が崩れる、表面がボコボコしている、未消化の食べ物が混ざっている、異様に細長い、色が黒に近い、といった特徴がある。また筆者の経験上、健全な状態では毎日必ず1回は便通があり、尻を拭いたとき紙に便がつかない。便の出が悪いというのは、これと逆の状態である。

　便通悪化は、不適食物を食べた後の最も分かりやすい兆候かもしれない。筆者の場合は、あらゆる不適食物で便通悪化が起きる。世間でいわれるとおり、便は不調についての貴重な情報源である。

(8) 多尿（Excessive Urine）

　多尿は、腎臓に関する不調に分類され、軽度不調である。通常よりも尿の量が多い状態を意味する。筆者は用を足す際に、尿が出る秒数を数えている。通常はだいたい10秒である。これに対し、例えば20秒、40秒、60秒といった長さになることがあるのだ。決して水分を多く取ったわけではない。尿の秒数を数えた経験から、多尿は別の不調に付随して起こっていることに気づいた。そこで、何らかの不適食物を食べたときに多尿が起こることが分かった。筆者の場合は、あらゆる不適食物で多尿が起きる。便と同様に、尿は不適食物を食べたことを伝える貴重な情報源である。

(9) 寒気（Chill）

　寒気は、全身に関する不調に分類され、中度不調である。寒気を感じる気温ではないのに、寒気を感じて震えてしまう状態を意味する。筆者はある一日の終わりに、今日は寒い日だったと思っていたところ、テレビのニュース番組では今日は暖かい日だったと逆のことを伝えていて、愕然としたことがあった。そのときに、寒気は自分だけに起きているのだと自覚した。寒気にはだいたい多尿、頻尿などの不調が合併する。そこで、何らかの不適食物を食べたときに寒気が起こることが分かった。

第3章 不調に関する考察（Consideration of Sickness）

3.6 精神的不調の実例（Examples of Mental Sickness）

次に挙げるのは、筆者の経験に基づいた精神的不調の実例である。これらはあくまで筆者に特有の不調であり、人によっては該当しない可能性があるので、注意を要する。

(1) 不安（Anxiety）

不安は、精神面の中度不調である。原因のない不安を感じる状態である。不安の内容は、これをやって怒られたらどうしようとか、ここを通り過ぎるときに殴られたらどうしようとか、消極的な思考に基づくものである。通常なら、これをやって文句をいわれる筋合いはないとか、ここを通り過ぎて何が悪いのだといった具合に、堂々としていられるのだ。不安のある日とない日がはっきりと分かれ、なおかつ身体的不調が合併することから、不安の原因は不適食物であると予想する。

(2) 意欲低下（Less Willingness）

意欲低下は、精神面の中度不調である。何かをするのがおっくうに感じる状態である。何かというのは、食器を洗うとか、掃除をするとか、入浴するとか、通常は簡単に思えることである。前々からやると決めて楽しみにしていたことが、直前になって急に面倒に感じられることもあった。意欲低下のある日とない日がはっきりと分かれ、なおかつ身体的不調が合併することから、意欲低下の原因は不適食物であると予想する。

(3) 思考停滞（Stagnation of Thinking）

思考停滞は、精神面の中度不調である。頭の回転が悪くなったように感じられる状態である。頭の回転が悪くなったとは、簡単にできていた仕事が急にできなくなったとか、人の名前が思い出せないとか、言いたい言葉が思い浮かばない、といった具合である。思考停滞のある日とない日がはっきりと分かれ、なおかつ身体的不調が合併することから、思考停滞の原因は不適食物であると予想する。

(4) 神経過敏（Excessive Sensibility）

神経過敏は、精神面の中度不調である。外的要因に対して過敏に反応してしまう状態である。例えば筆者は、人の衣服から発せられる衣料洗剤の匂いが不快で、気分を悪くすることがたまにある。匂いを発する人とは仕事で毎日接していたが、不快に感じたのは数ヶ月に1回くらいであった。その人が匂いの強い衣料洗剤を

第3章　不調に関する考察（Consideration of Sickness）

数ヶ月に1回だけ使うということは考えにくいから、筆者が過敏になっているのだと自覚した。神経過敏のある日とない日がはっきりと分かれ、なおかつ身体的不調が合併することから、神経過敏の原因は不適食物であると予想する。

(5) 自己嫌悪（Self-loathing）

　自己嫌悪は、精神面の中度不調である。急に過去の失敗や恥を思い出して、自責の念を抱いてしまう状態である。筆者は過去の失敗や恥に対する自責の念から、死にたいと無意識につぶやくことがある。これは行き場のない自責の念を、言葉という形で発散させるという生理反応であると考えられる。その過去の失敗や恥というのは、冷静なときに考えるとささいなことであり、思い出しもしない。自己嫌悪のある日とない日がはっきりと分かれ、なおかつ身体的不調が合併することから、自己嫌悪の原因は不適食物であると予想する。

(6) イライラ（Irritation）

　イライラは、精神面の中度不調である。通常は何とも思わないことに対して苛立ちを感じてしまう状態である。例えば筆者が車を運転しているときに、割り込んでくる車に対して罵声を浴びせることがあった。しかし別の日には、割り込まれても怒りを覚えず、そういう人もいるのだ、自分は安全運転を心がけよう、と受け流していた。同じ人格の人間かと疑いたくなるほどである。イライラのある日とない日がはっきりと分かれ、なおかつ身体的不調が合併することから、イライラの原因は不適食物であると予想する。

(7) 悪夢（Nightmare）

　悪夢は、精神面の中度不調である。睡眠時に普段は見ないはずの怖い夢を見るという不調である。筆者の場合は、高い所から落ちる、街中を全裸で歩いている、約束の場所にいつまでたってもたどりつけない、といった悪夢を見ることがたまにある。悪夢とは別の不調の再確認のために、あえて不適食物を食べてみたところ、その日の夜に悪夢が出現した。このような経験から、悪夢の原因は不適食物であると予想する。

第4章 食物適否追究の実践（Practice of Food Suitability Pursuit）

4.1 実践前の留意事項（Attention prior to the Practice）

　食物適否追究の実践は、あくまで筆者の個人的な行動であり、他者への影響を保証するものではない。現時点で、食物適否追究の実践を他者へ積極的に勧めるつもりはない。実践した結果、体調不良におちいってしまう懸念が拭いきれないからである。この点に留意したうえで、食物適否追究の実践について手順を述べる。

4.2 食べ物の選定（Selection of Food）

　食物適否追究の実践は、まず食べ物を選んで食べてみることから始まる。初級者は、それまで食べてきたものをしばらく継続すればよいだろう。適否判断に行きづまりを感じてきたら、食べたことのない新しい食べ物を選ぶようにする。新しい食べ物は、食品店で物色したり、食べ物に関する書籍を読んだりすると見つかるかもしれない。

　食べ物を選ぶうえでは、栄養学の基本知識が役に立つ。どんな種類の食べ物があって、それらがどんな栄養成分を含んでいるか、という知識である。栄養学に関して筆者がおすすめする書籍は、食品成分表である。食品成分表には食品名が数多く記載されており、カロリー、タンパク質、脂質、炭水化物などの含有量が細かく掲載されている。

4.3 食事記録の作成（Documentation of Meal Records）

　食べ物を選んで食べてみたら、食事記録を作成する。食事記録の記入例は、付録1の食事記録に示すとおりである。食事内容は漏らさず食事記録に残す必要がある。食事記録の作成は難しくないが、はじめは面倒に感じられるかもしれない。

　手書きで作成する場合は、何度も消したり書いたりできるように、鉛筆かシャープペンを用いるのがよい。食事記録をパソコンで管理する場合でも、記入様式を紙に印刷して手書きすることをおすすめする。食事記録では頭に浮かんだことを迅速に記入する必要があり、そのたびにパソコンを起動するのは煩わしいからである。

　食べ物の質量を計量する必要があるので、電子はかりの準備をおすすめする。いろいろと質量を量ってみると、どの食べ物のどんな大きさがいくらの質量になるか、という感覚が身につくだろう。そうすると、外出時など電子はかりを持ち合わせていない状況でも、目測で質量を見つもることができる。

第4章 食物適否追究の実践（Practice of Food Suitability Pursuit）

4.4 不調の観察 （Observation of Sickness）

　食事記録を作成したら、次は不調を観察する。観察するといっても、気を張っておく必要はない。いったん食事と不調のことは忘れて、日常生活に戻ってかまわない。休憩などでひと息つくときに、自身の身体面と精神面の状態を振り返って、不調出現の有無を確認すればよい。例えば筆者は入浴時に全身をまんべんなく触り、皮膚荒れ、突起、しこり、痒み、痛み、出血などの有無を確認している。

　不調出現が起きたら、どのような不調感覚かを認識し、不調名を食事記録に記入する。どのような不調名か検討がつかない場合は、第3章で述べた不調の分類を参照して、近いものを選んで記入すればよい。この分類以外の不調感覚があれば、自身で定義して加えればよい。

　どの不調名をどの食べ物に対応させればよいか、判断に迷うことだろう。とりあえず、どの食べ物に対応させてもよい。間違っていても、確信を持ったときに修正すれば問題ない。

4.5 適否判断の実施 （Implementation of Suitability Judgement）

　食べ物と不調名の対応関係が定まってきたら、適否判断を下す。不調名が記載されている食べ物は不適食物に位置づける。不調名が記載されていない食べ物については、思いきって適合食物に位置づけてもよいし、保留にしてもよい。これらの適否判断が間違っていてもまったく問題はない。適否判断は何度も間違いながら進めていくものである。筆者は、適合食物を1つ見つけるのに6年を要したのである・・・。

第 5 章　食物適否追究の効果（Effects of Food Suitability Pursuit）

5.1 検証前の留意事項（Attention prior to Confirming the Effects）

　これら食物適否追究の効果は、筆者の経験だけで検証されたものである。あくまで個人の記録に基づく検証であり、他者への影響を保証するものではない。

5.2 不調の解消（Easing Sickness）

　適合食物を増やすとともに不適食物を減らすことで、不調を解消できる。筆者の食事記録と体調記録を用いて、これを検証する。食事記録は付録1に、体調記録は付録4に示す。

　まず体調記録の2024年1月1日から2024年8月31日までの期間について、体調点数の変化をグラフ化したものが図5.1である。線形は、体調点数の変化を近似直線で表したものである。体調点数の変化を見ると、日を追うごとに右肩上がりとなっていることが分かる。

　いっぽう食事記録では、2024年1月1日から2024年8月31日までの期間について、各月を代表する日付を1つずつ選んだ。それらの日付に対して適合食物○と不適食物×の数を数えると、表5.1が得られた。日を追うごとに適合食物の数は増え、不適食物の数は減っていることが分かる。

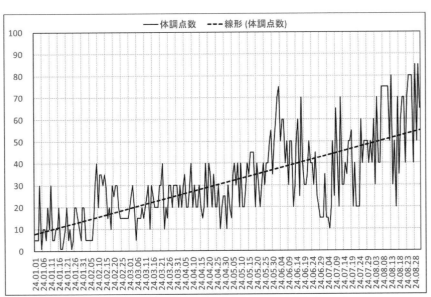

図 5.1　体調点数の変化（Changes of Health Score）

第5章　食物適否追究の効果(Effects of Food Suitability Pursuit)

表 5.1 適合食物と不適食物の数（Numbers of Suitable and Unsuitable Food）

日	240101	240212	240314	240413	240515	240618	240719	240825
○	2 個	3 個	4 個	4 個	4 個	4 個	5 個	6 個
×	5 個	7 個	6 個	8 個	7 個	7 個	3 個	2 個

5.3 食事量の低減 （Reducing Meal Amount）

　適合食物を増やすとともに不適食物を減らすことで、食事量の低減を図れる。筆者の食事記録を用いて、これを検証する。食事記録は付録 1 に示す。

　2024 年 8 月 25 日の食事内容は、浄水 1200g、ポップコーン 50g、岩塩 1g、鶏からあげ 150g、ラクトアイス 1 個、ニンジン 100g、ササニシキ米 320g、ゆで卵 42g である。前節の表 5.1 が示すとおり、以前よりも適合食物の数は増え、不適食物の数は減っている。筆者はこの日の食事で空腹が満たされることを確認した。

　ここで摂取カロリーを算出する。浄水と岩塩は 0kcal として最初から除外する。食べ物 100g または 1 個あたりのカロリーは、ポップコーン 350kcal、鶏からあげ 238kcal、ラクトアイス 224kcal、ニンジン 39kcal、ササニシキ米 168kcal、ゆで卵 151kcal である。これらから、摂取カロリーは次のとおり算出できる。

　$(50×350＋150×238＋100×39＋320×168＋42×151)÷100＋1×224＝1395.6$
すなわち、1396kcal 程度である。日本人男性の 1 日摂取カロリーの平均は 2000kcal 程度であるから、その 70%程度である。

5.4 食費の低減 （Reducing Meal Costs）

　適合食物を増やすとともに不適食物を減らすことで、食費の低減を図れる。前節の食事内容を用いて、その食費を算出することで検証する。

　浄水は 0 円として最初から除外する。また、ササニシキ米は炊飯前の 150g に置き換える。食べ物 100g または 1 個あたりの値段は、ポップコーン 50 円、岩塩 250 円、鶏からあげ 200 円、ラクトアイス 60 円、ニンジン 40 円、ササニシキ米 50 円、ゆで卵 30 円である。これらから、食費は次のとおり算出できる。

　$(50×50＋1×250＋150×200＋100×40＋150×50＋42×30)÷100＋1×60＝515.1$
すなわち、515 円程度である。これを 1 ヶ月の食費に換算すると、515 円×31 日 ＝15965 円となる。日本人男性の食費の月平均は 40000 円程度であるから、その 40%程度である。

付録1　筆者の食事記録（Author's Meal Records）

筆者の食事記録を次頁以降に示す。ここで、各項目について説明する。

(1)　日付（Date）
　食事をした日の西暦年月日を記載している。同じ日付をすべての行に記入しているのは、食事記録をパソコンで管理する場合、食べ物の選択表示に必要な情報だからである。手書きの場合は、その日の最上行だけに記入し、以下の行は省略して空欄にしてもよい。

(2)　食物名（Name of Food）
　食事を構成する食べ物の名前を記載している。食物名は簡潔なものとし、記入欄に収まるようにすべきである。食事記録の作成に習熟してくると、どのような食物名にするのが合理的か分かってくるだろう。なお、行の高さを広げたり、文字の大きさを小さくしたりすることは見栄えを悪くするので避けた方がよい。

(3)　数量（Amount）
　食べ物の数量を朝昼夕に分けて記載している。数量の単位はグラム（g）が一般的であるが、これ以外を用いてもよい。例としては、個数、枚数、ミリグラム（mg）などが挙げられる。これらが混在していても問題ないが、どの食物名にどの単位を用いたか、記憶しておく必要がある。朝昼夕の時間帯は、作成者が自由に決めてよい。筆者は、6時00分から11時59分までを朝、12時00分から17時59分までを昼、18時00分から23時59分までを夕と決めている。

(4)　適否（Suitability）
　食べ物に下した適否判断の結果を記載している。不適食物の場合は「×」、適合食物の場合は「〇」を記載している。適合食物であっても適合量を超過した場合は「過多」と記載している。

(5)　不調名（Name of Sickness）
　不調出現があった場合に、その不調名を記載している。1つの食物名に複数の不調名を対応させる場合は、読点「、」などで区切るようにする。1行で収まらない場合には、空いている他の行を任意に選んで記入してもよい。

付録1 筆者の食事記録（Author's Meal Records）

日付	食物名	数量			適否	不調名
		朝	昼	夕		
21.04.01	白米	240		360	×	
21.04.01	大根	112		100	×	
21.04.01	キャベツ	130		110	×	
21.04.01	浄水	500		500	○	
21.04.01	豚ロース	30		45	×	腹痛、下痢
21.04.01	ほうじ茶	400			×	
21.04.01	玄米茶		400		×	
21.04.02	白米	360		480	×	
21.04.02	大根	120		88	×	
21.04.02	キャベツ	100		111	×	
21.04.02	浄水	500		500	○	
21.04.02	鶏むね	45			×	倦怠感
21.04.02	玄米茶	400			×	
21.04.02	ほうじ茶		400		×	
21.04.02	牛もも			45	×	倦怠感
21.04.03	白米	480		480	×	
21.04.03	大根	100		120	×	
21.04.03	キャベツ	110		130	×	
21.04.03	浄水	500		500	○	
21.04.03	ほうじ茶	400	350		×	
21.04.03	玄米茶	400			×	
21.04.04	白米	360	120		×	
21.04.04	大根	100		100	×	
21.04.04	キャベツ	110		147	×	
21.04.04	浄水	500		500	○	
21.04.04	ほうじ茶	400			×	
21.04.04	玄米茶	400			×	
21.04.04	白米			240	×	ふらつき
21.04.05	白米	240	240	300	×	
21.04.05	大根	110		97	×	
21.04.05	キャベツ	110		130	×	
21.04.05	浄水	500		500	○	
21.04.05	玄米茶	670			×	
21.04.06	白米	360	360	480	×	
21.04.06	大根	94		120	×	口内荒れ
21.04.06	キャベツ	120		90	×	
21.04.06	浄水	500		500	○	
21.04.06	ほうじ茶		500		×	
21.04.07	白米	480	480	480	×	
21.04.07	大根	129		154	×	
21.04.07	キャベツ	80		54	×	
21.04.07	浄水	500		500	○	
21.04.07	玄米茶		450		×	
21.04.08	白米	480	480	480	×	
21.04.08	キャベツ	58	103	129	×	
21.04.08	浄水	500	500	500	○	
21.04.09	ほうじ茶	450	450	450	×	
21.04.09	白米	480	480	240	×	
21.04.10	みそ	30			×	痒み、腫れ、膝痛、歯茎痛
21.04.10	浄水	500			○	
21.04.10	白米	360	360	360	×	

付録1 筆者の食事記録（Author's Meal Records）

日付	食物名	数量			適否	不調名
		朝	昼	夕		
21.04.10	ほうじ茶	400	400	400	×	
21.04.11	ほうじ茶	900	450	450	×	
21.04.11	白米	360	240		×	
21.04.11	白米			240	×	
21.04.12	ほうじ茶	900	450	450	×	
21.04.12	白米	240	240	240	×	
21.04.13	ほうじ茶	450	450		×	
21.04.13	玄米茶	450			×	
21.04.13	白米	240	240	240	×	
21.04.14	玄米茶	900	400		×	
21.04.14	白米	240	240	240	×	
21.04.14	キャベツ		155	150	×	
21.04.14	浄水		200	200	○	
21.04.15	キャベツ	155			×	
21.04.15	浄水	200	200	200	○	
21.04.15	白米	240	240	240	×	
21.04.15	玄米茶	400	400	400	×	
21.04.15	キャベツ		239	165	×	
21.04.15	クルミ			20	×	
21.04.16	キャベツ	102	122	120	×	
21.04.16	浄水	200	200	200	○	
21.04.16	海塩	2	2	2	×	胃酸過多、胃痛
21.04.16	クルミ	20	15	10	×	
21.04.16	白米	240	240	240	×	
21.04.16	玄米茶	400	300	400	×	
21.04.17	キャベツ	162		160	×	
21.04.17	浄水	200		200	○	
21.04.17	クルミ	20		20	×	
21.04.17	白米	360		360	×	
21.04.17	ほうじ茶	500	1000		×	
21.04.18	キャベツ	160			×	
21.04.18	浄水	200		200	○	
21.04.18	海塩	1		1	×	
21.04.18	クルミ	20		20	×	
21.04.18	白米	360		360	×	
21.04.18	ほうじ茶	450	900	450	×	
21.04.18	ニンジン			155	過多	
21.04.19	キャベツ	160			×	
21.04.19	浄水	200		200	○	
21.04.19	海塩	1		1	×	
21.04.19	クルミ	20		20	×	
21.04.19	玄米	360			×	
21.04.19	ほうじ茶	450	900	450	×	
21.04.19	大根			160	×	口内突起、倦怠感
21.04.19	白米			360	×	
21.04.20	レタス	160			×	
21.04.20	浄水	200		200	○	
21.04.20	海塩	1		1	×	
21.04.20	クルミ	20		10	×	
21.04.20	玄米	360			×	

付録1 筆者の食事記録（Author's Meal Records）

日付	食物名	数量			適否	不調名
		朝	昼	夕		
21.04.20	ほうじ茶	450	900		×	
21.04.20	きぬ豆腐			200	×	
21.04.20	ニンジン			156	過多	
21.04.20	白米			360	×	
21.04.21	キャベツ	130		115	×	
21.04.21	ニンジン	112		115	過多	腹負担、手荒れ、寒気
21.04.21	浄水	200		200	○	
21.04.21	海塩	1		1	×	
21.04.21	クルミ	20		10	×	
21.04.21	玄米	360			×	
21.04.21	玄米茶	450			×	
21.04.21	ほうじ茶		900	450	×	
21.04.21	きぬ豆腐			200	×	
21.04.21	白米			360	×	
21.04.22	キャベツ	100		105	×	
21.04.22	ニンジン	60		57	○	
21.04.22	浄水	200		200	○	
21.04.22	海塩	1		1	×	
21.04.22	クルミ	15		20	×	腹負担、手荒れ、寒気
21.04.22	きぬ豆腐	150		150	×	
21.04.22	白米	360		360	×	
21.04.22	ほうじ茶	450	900	450	×	
21.04.23	キャベツ	160			×	腹負担、手荒れ、寒気
21.04.23	浄水	200		200	○	
21.04.23	海塩	1		1	×	
21.04.23	クルミ	20		20	×	腹負担、手荒れ、寒気
21.04.23	きぬ豆腐	150		200	×	
21.04.23	白米	360		360	×	
21.04.23	ほうじ茶	450	900	450	×	
21.04.23	ニンジン			120	○	
21.04.24	キャベツ	160			×	腹負担、手荒れ、寒気
21.04.24	浄水	200		200	○	
21.04.24	海塩	1		1	×	
21.04.24	クルミ	20		20	×	
21.04.24	きぬ豆腐	200		150	×	
21.04.24	白米	360		360	×	
21.04.24	ほうじ茶	450	900	450	×	
21.04.24	ニンジン			142	過多	腹負担、手荒れ、寒気
21.04.25	キャベツ	193			×	腹負担、手荒れ、寒気
21.04.25	浄水	200		200	○	
21.04.25	海塩	1		1	×	
21.04.25	クルミ	20		20	×	
21.04.25	きぬ豆腐	150		150	×	
21.04.25	白米	360		360	×	
21.04.25	ほうじ茶	900	450	450	×	
21.04.25	ニンジン			150	過多	腹負担、手荒れ、寒気
21.04.26	キャベツ	188			×	腹負担、手荒れ、寒気
21.04.26	浄水	200		200	○	
21.04.26	海塩	2		2	×	
21.04.26	クルミ	20		20	×	
21.04.26	きぬ豆腐	150		150	×	
21.04.26	白米	360		360	×	
21.04.26	ほうじ茶	450	900		×	
21.04.26	レタス			185	×	腹負担、手荒れ、寒気

付録1　筆者の食事記録（Author's Meal Records）

日付	食物名	数量			適否	不調名
		朝	昼	夕		
21.04.27	キャベツ	200			×	腹負担、手荒れ、寒気
21.04.27	浄水	200		200	○	
21.04.27	海塩	2		1	×	
21.04.27	クルミ	20		20	×	
21.04.27	白米	360		360	×	
21.04.27	ほうじ茶	450	900	450	×	
21.04.27	ニンジン			150	過多	腹負担、手荒れ、寒気
21.04.28	キャベツ	190			×	腹負担、手荒れ、寒気
21.04.28	浄水	200		200	○	
21.04.28	海塩	1		1	×	
21.04.28	クルミ	20		20	×	
21.04.28	玄米	360			×	
21.04.28	ほうじ茶	900	450	450	×	
21.04.28	ニンジン			155	過多	腹負担、手荒れ、寒気
21.04.28	白米			360	×	
21.04.29	こまつな	150			×	腹負担、手荒れ、寒気
21.04.29	浄水	200		200	○	
21.04.29	海塩	1		1	×	
21.04.29	クルミ	20		30	×	
21.04.29	玄米	360			×	
21.04.29	ほうじ茶	450	900	450	×	
21.04.29	キャベツ			188	×	腹負担、手荒れ、寒気
21.04.29	白米			360	×	
21.04.30	ニンジン	170			過多	腹負担、手荒れ、寒気
21.04.30	浄水	200			○	
21.04.30	海塩	1		1	×	
21.04.30	クルミ	30		30	×	
21.04.30	玄米	360			×	
21.04.30	ほうじ茶	450	900	450	×	
21.04.30	白米			360	×	
21.05.01	浄水	200			○	
21.05.01	海塩	1		2	×	
21.05.01	クルミ	30			×	
21.05.01	玄米	360			×	
21.05.01	きぬ豆腐	150			×	
21.05.01	玄米茶	450	450		×	
21.05.01	白米			360	×	
21.05.01	クルミ			30	×	口内荒れ、鼻血
21.05.01	ほうじ茶			450	×	
21.05.02	浄水	200		200	○	
21.05.02	白米	360		360	×	
21.05.02	海塩	1		1	×	
21.05.02	きぬ豆腐	150			×	
21.05.02	ほうじ茶	900	450	450	×	
21.05.02	キャベツ			99	×	
21.05.03	浄水	200		200	○	
21.05.03	海塩	1		1	×	
21.05.03	ニンジン	89			○	
21.05.03	クルミ	23		20	×	腹負担、手荒れ、寒気
21.05.03	白米	360		360	×	
21.05.03	充てん豆腐	150			×	
21.05.03	ほうじ茶	900	450	450	×	
21.05.03	キャベツ			94	×	腹負担、手荒れ、寒気

付録1 筆者の食事記録（Author's Meal Records）

日付	食物名	数量			適否	不調名
		朝	昼	夕		
21.05.04	浄水	200		200	○	
21.05.04	海塩	1		1	×	
21.05.04	ニンジン	90			○	
21.05.04	充てん豆腐	150			×	
21.05.04	クルミ	20		30	×	腹負担、手荒れ、寒気
21.05.04	玄米	360			×	
21.05.04	ほうじ茶	450	900	450	×	
21.05.04	白米			360	×	
21.05.05	浄水	200		200	○	
21.05.05	海塩	1		1	×	
21.05.05	クルミ	20			×	
21.05.05	白米	360		360	×	
21.05.05	充てん豆腐	150			×	
21.05.05	ほうじ茶	450	900	450	×	
21.05.05	クルミ			30	×	
21.05.05	キャベツ			100	×	腹負担、口内荒れ
21.05.06	浄水	200		200	○	
21.05.06	海塩	2		2	×	
21.05.06	クルミ	20		25	×	
21.05.06	白米	480		420	×	便臭、足指痒み
21.05.06	きぬ豆腐	150		150	×	口内荒れ、鼻血
21.05.06	ほうじ茶	450	900	450	×	
21.05.07	浄水	200			○	
21.05.07	海塩	2		2	×	
21.05.07	クルミ	25		25	×	
21.05.07	白米	420		420	×	腹負担
21.05.07	ほうじ茶	900	450	450	×	
21.05.08	浄水	200			○	
21.05.08	海塩	2		2	×	
21.05.08	クルミ	25		25	×	
21.05.08	玄米	360			×	
21.05.08	きぬ豆腐	150			×	
21.05.08	ほうじ茶	450	900	450	×	
21.05.08	白米			360	×	
21.05.09	浄水	600	400	200	○	
21.05.09	海塩	2		2	×	
21.05.09	クルミ	25		25	×	寒気、眠気、不安
21.05.09	玄米	360			×	
21.05.09	きぬ豆腐	150			×	
21.05.09	白米			360	×	
21.05.10	浄水	400			○	
21.05.10	海塩	2		2	×	
21.05.10	クルミ	25		25	×	寒気、眠気、不安
21.05.10	玄米	360			×	
21.05.10	きぬ豆腐	200			×	
21.05.10	浄水	500	500		○	
21.05.10	白米			360	×	
21.05.10	水道水			500	TBD	
21.05.11	水道水	1000	500	500	TBD	
21.05.11	海塩	2		2	×	
21.05.11	クルミ	25		25	×	
21.05.11	玄米	360			×	

付録1 筆者の食事記録（Author's Meal Records）

日付	食物名	数量			適否		不調名
		朝	昼	夕			
21.05.11	きぬ豆腐	150			×		
21.05.11	白米			360	×		
21.05.12	ボトル水	200			TBD		
21.05.12	海塩	2		2	×		
21.05.12	クルミ	25		25	×		
21.05.12	玄米	360			×		
21.05.12	きぬ豆腐	200			×		
21.05.12	白米			360	×		
21.05.13	海塩	2		2	×		
21.05.13	クルミ	25		25	×		
21.05.13	玄米	360			×		
21.05.13	きぬ豆腐	150			×		
21.05.13	キャベツ	145		115	×		
21.05.13	白米			360	×		
21.05.14	海塩	2		2	×		
21.05.14	クルミ	25		25	×		
21.05.14	玄米	360			×		
21.05.14	きぬ豆腐	200			×		
21.05.14	ほうじ茶		450	450	×		
21.05.14	白米			360	×		
21.05.15	海塩	2		2	×		
21.05.15	クルミ	25		25	×		
21.05.15	白米	360		360	×		
21.05.15	きぬ豆腐	150			×		
21.05.15	キャベツ	54		53	×		下痢
21.05.15	ほうじ茶	450		450	×		
21.05.16	ほうじ茶	450	450		×		
21.05.16	海塩	2		2	×		
21.05.16	クルミ	25		25	×		
21.05.16	白米	360		360	×		
21.05.16	きぬ豆腐	200			×		
21.05.17	海塩	2		2	×		
21.05.17	クルミ	30		30	×		倦怠感
21.05.17	白米	360		360	×		
21.05.17	きぬ豆腐	200			×		
21.05.17	ほうじ茶	300		300	×		
21.05.18	海塩	2		2	×		
21.05.18	クルミ	30			×		
21.05.18	白米	360		360	×		倦怠感
21.05.18	きぬ豆腐	200			×		
21.05.18	ほうじ茶	400		400	×		
21.05.19	ほうじ茶	800	400		×		
21.05.19	白米	360		360	×		
21.05.19	海塩	2		2	×		
21.05.19	クルミ	20		20	×		
21.05.19	きぬ豆腐	200			×		
21.05.20	ほうじ茶	800	400		×		
21.05.20	白米	180		180	×		脱力
21.05.20	海塩	1		1	×		
21.05.20	クルミ	10		10	×		
21.05.20	きぬ豆腐	200			×		

付録1　筆者の食事記録（Author's Meal Records）

日付	食物名	数量			適否	不調名
		朝	昼	夕		
21.05.21	ほうじ茶	800		400	×	
21.05.21	クルミ		10	30	×	
21.05.21	白米		180	540	×	
21.05.21	海塩		1	3	×	
21.05.21	きぬ豆腐			200	×	
21.05.22	ほうじ茶	900		400	×	
21.05.22	クルミ			40	×	
21.05.22	白米			720	×	腹負担
21.05.22	きぬ豆腐			200	×	
21.05.22	海塩			4	×	
21.05.23	ほうじ茶	800		400	×	
21.05.23	クルミ		10	20	×	
21.05.23	白米		180	540	×	腹負担
21.05.23	海塩		1	2	×	
21.05.23	きぬ豆腐			200	×	
21.05.23	キャベツ			212	×	手荒れ
21.05.24	ほうじ茶	800		400	×	
21.05.24	クルミ	10	10	10	×	
21.05.24	白米	180	180	180	×	
21.05.24	海塩	1	1	1	×	
21.05.24	きぬ豆腐			200	×	
21.05.25	ほうじ茶	800	400		×	
21.05.25	クルミ	10	15	15	×	
21.05.25	白米	180	180	180	×	
21.05.25	海塩	1	1	2	×	
21.05.25	きぬ豆腐	200		200	×	
21.05.25	ゴールドキウイ		109		×	
21.05.25	みかん			230	×	
21.05.26	ほうじ茶	300	400	300	×	
21.05.26	クルミ	25		25	×	
21.05.26	白米	270		270	×	
21.05.26	海塩	2		2	×	
21.05.26	きぬ豆腐	200		200	×	
21.05.26	りんご	257			×	痛突起、便通悪化
21.05.26	グリーンキウイ			97	×	
21.05.27	ほうじ茶	400	450		×	
21.05.27	アボカド	59			×	左胸痛、右目痛、倦怠感、鼻水
21.05.27	白米	270		270	×	
21.05.27	海塩	2		2	×	
21.05.27	きぬ豆腐	200		200	×	
21.05.27	ゴールドキウイ	94			×	
21.05.27	みかん			200	×	
21.05.27	クルミ	9		25	×	
21.05.28	ほうじ茶	850	450		×	
21.05.28	クルミ	25		25	×	
21.05.28	白米	270		270	×	
21.05.28	海塩	2		2	×	
21.05.28	きぬ豆腐	200		200	×	
21.05.28	バナナ	138			×	
21.05.28	ゴールドキウイ			95	×	
21.05.29	ほうじ茶	450	450		×	

付録1 筆者の食事記録（Author's Meal Records）

日付	食物名	数量			適否	不調名
		朝	昼	夕		
21.05.29	クルミ	25			×	
21.05.29	白米	270		270	×	
21.05.29	海塩	2		2	×	
21.05.29	ヨーグルト	200			×	口内荒れ、痒み、腹負担、寒気
21.05.29	バナナ	130		124	×	
21.05.29	きぬ豆腐			200	×	
21.05.29	ゴールドキウイ		91		×	
21.05.29	みかん			211	×	
21.05.30	ほうじ茶	450			×	
21.05.30	クルミ	10	10	10	×	
21.05.30	白米	270		270	×	
21.05.30	海塩	2		2	×	
21.05.30	きぬ豆腐	200		200	×	
21.05.30	バナナ	100		95	×	
21.05.30	ゴールドキウイ	92			×	
21.05.30	玄米茶		450	450	×	
21.05.30	みかん			185	×	
21.05.31	ほうじ茶	450		450	×	
21.05.31	クルミ	15	15	15	×	
21.05.31	白米	270		270	×	
21.05.31	海塩	2		2	×	
21.05.31	きぬ豆腐	200		200	×	
21.05.31	バナナ	88			×	
21.05.31	ゴールドキウイ	119		116	×	
21.05.31	玄米茶		450		×	
21.05.31	みかん			189	×	
21.06.01	ほうじ茶	450	450	450	×	
21.06.01	クルミ	20		20	×	
21.06.01	白米	270		270	×	
21.06.01	海塩	2	1	2	×	
21.06.01	きぬ豆腐	200			×	左胸痛
21.06.01	ゴールドキウイ	110			×	
21.06.01	アーモンド		20		×	
21.06.01	サンマ煮			75	×	
21.06.01	みかん			177	×	
21.06.02	ほうじ茶	450			×	
21.06.02	クルミ	20			×	
21.06.02	白米	270		270	×	
21.06.02	海塩	2	2	2	×	
21.06.02	サンマ煮	63			×	
21.06.02	バナナ	99			×	脱力、眠気、目荒れ
21.06.02	玄米茶	450		450	×	
21.06.02	カシューナッツ		20		×	
21.06.02	うどん		400		×	
21.06.02	アーモンド			20	×	
21.06.02	きぬ豆腐			200	×	
21.06.02	みかん			146	×	
21.06.03	玄米茶	900			×	
21.06.03	海塩	2		2	×	
21.06.03	クルミ	8	8	8	×	
21.06.03	カシューナッツ	8	8	12	×	
21.06.03	アーモンド	4	4		×	口内右下奥荒れ
21.06.03	白米	270		270	×	
21.06.03	きぬ豆腐			100	×	
21.06.03	しらす	30			×	赤突起

付録1 筆者の食事記録（Author's Meal Records）

日付	食物名	数量			適否	不調名
		朝	昼	夕		
21.06.03	みかん			90	×	
21.06.03	ゴールドキウイ	69		64	×	
21.06.03	うどん		400		×	
21.06.03	ほうじ茶		450		×	
21.06.03	サンマ煮			29	×	
21.06.04	ほうじ茶	900			×	
21.06.04	海塩	2	1	2	×	
21.06.04	クルミ	8	8		×	
21.06.04	カシューナッツ	12	12	20	×	舌痛
21.06.04	白米	270		270	×	
21.06.04	きぬ豆腐	100			×	口内荒れ、ふらつき、腹負担、寒気
21.06.04	サンマ煮	35			×	
21.06.04	みかん	86		84	×	
21.06.04	ゴールドキウイ	63		53	×	
21.06.04	うどん		400		×	
21.06.04	玄米茶		450		×	
21.06.04	鶏もも			35	×	
21.06.04	きぬ豆腐			100	×	
21.06.05	玄米茶	450			×	
21.06.05	海塩	2	2	2	×	
21.06.05	カシューナッツ	20	20		×	ふらつき、口内噛み、舌痛、右目荒れ
21.06.05	白米	270		270	×	
21.06.05	きぬ豆腐	100			×	
21.06.05	サンマ煮	34			×	
21.06.05	ゴールドキウイ	62		50	×	
21.06.05	みかん	85		95	×	
21.06.05	うどん		400		×	
21.06.05	エゴマ油		4		×	
21.06.05	ほうじ茶	450	450		×	
21.06.05	豚もも			35	×	腹痛
21.06.05	きぬ豆腐			100	×	
21.06.06	ほうじ茶	900			×	
21.06.06	海塩	2	1	2	×	
21.06.06	クルミ	16			×	
21.06.06	白米	270		270	×	
21.06.06	ニンジン	47		53	○	
21.06.06	きぬ豆腐	100		100	×	便通悪化、鼻突起、左胸痛
21.06.06	サンマ煮	35			×	
21.06.06	みかん	78		96	×	
21.06.06	ゴールドキウイ	57		56	×	
21.06.06	うどん		400		×	
21.06.06	エゴマ油		4		×	
21.06.06	玄米茶			450	×	
21.06.06	鶏もも			35	×	
21.06.07	ほうじ茶	450			×	
21.06.07	海塩	2	1	2	×	
21.06.07	白米	270		270	×	
21.06.07	ニンジン	48		54	○	
21.06.07	サンマ煮	37			×	
21.06.07	きぬ豆腐	100		100	×	便通悪化、鼻突起、左胸痛
21.06.07	みかん	76		85	×	
21.06.07	ゴールドキウイ	57		48	×	
21.06.07	玄米茶		450	450	×	
21.06.07	うどん		400		×	
21.06.07	豚もも			35	×	倦怠感

付録1　筆者の食事記録（Author's Meal Records）

日付	食物名	数量 朝	昼	夕	適否	不調名
21.06.08	玄米茶	900	450		×	
21.06.08	海塩	2		3	×	
21.06.08	白米	270		270	×	
21.06.08	サンマ煮	37			×	
21.06.08	きぬ豆腐	100		100	×	
21.06.08	みかん	75		81	×	
21.06.08	ゴールドキウイ	56		50	×	
21.06.08	さつまいも		270		×	
21.06.08	鶏むね			35	×	
21.06.09	ほうじ茶	450			×	
21.06.09	海塩	2		3	×	
21.06.09	さつまいも	422			×	
21.06.09	きぬ豆腐	100		100	×	
21.06.09	サンマ煮	33			×	
21.06.09	みかん	72		112	×	
21.06.09	ゴールドキウイ	52		48	×	
21.06.09	玄米茶		450	450	×	
21.06.09	フランスパン		196		×	口内噛み、腹負担
21.06.09	白米			360	×	
21.06.09	豚もも			38	×	
21.06.10	玄米茶	450	450		×	
21.06.10	海塩	3		3	×	
21.06.10	さつまいも	418			×	
21.06.10	きぬ豆腐	100		100	×	
21.06.10	サンマ煮	35			×	
21.06.10	みかん	108		76	×	
21.06.10	ゴールドキウイ	55		46	×	
21.06.10	うどん		600		×	
21.06.10	ほうじ茶			450	×	
21.06.10	クルミ			3	×	
21.06.10	白米			360	×	
21.06.10	鶏むね			37	×	
21.06.11	ほうじ茶	450	450		×	
21.06.11	カシューナッツ	10			×	
21.06.11	海塩	3	1	3	×	
21.06.11	さつまいも	449			×	
21.06.11	きぬ豆腐	100			×	
21.06.11	ヒラメ	56			×	頭皮突起
21.06.11	みかん	80		100	×	
21.06.11	ゴールドキウイ	51		52	×	
21.06.11	うどん		600		×	
21.06.11	玄米茶	450			×	
21.06.11	白米			360	×	
21.06.11	豚もも			40	×	
21.06.11	もめん豆腐			100	×	
21.06.12	ほうじ茶	900		450	×	
21.06.12	海塩	3	1	3	×	
21.06.12	さつまいも	472			×	
21.06.12	もめん豆腐	100		100	×	
21.06.12	サンマ煮	34			×	
21.06.12	みかん	92		85	×	
21.06.12	ゴールドキウイ	54			×	
21.06.12	うどん		600		×	
21.06.12	白米			360	×	
21.06.12	鶏むね			35	×	

付録1　筆者の食事記録（Author's Meal Records）

日付	食物名	数量			適否	不調名
		朝	昼	夕		
21.06.13	ほうじ茶	900		450	×	
21.06.13	海塩	3	1	3	×	
21.06.13	さつまいも	480			×	
21.06.13	もめん豆腐	100			×	
21.06.13	サンマ煮	36			×	
21.06.13	みかん		90	106	×	
21.06.13	うどん		600		×	
21.06.13	白米			360	×	
21.06.13	豚もも			40	×	
21.06.13	きぬ豆腐			100	×	
21.06.14	玄米茶	450	450		×	
21.06.14	海塩	2		2	×	
21.06.14	さつまいも	512			×	
21.06.14	きぬ豆腐	100			×	口内荒れ
21.06.14	サンマ煮	35			×	
21.06.14	みかん	109	111	110	×	鼻詰り
21.06.14	うどん		600		×	
21.06.14	ほうじ茶			450	×	
21.06.14	白米			360	×	
21.06.14	鶏むね			35	×	
21.06.14	もめん豆腐			100	×	
21.06.15	玄米茶	450	450		×	
21.06.15	海塩	2		2	×	
21.06.15	さつまいも	513			×	
21.06.15	もめん豆腐	100		100	×	
21.06.15	サンマ煮	27			×	
21.06.15	みかん	95	86	91	×	鼻詰り
21.06.15	うどん		600		×	
21.06.15	ほうじ茶			450	×	
21.06.15	白米			360	×	
21.06.15	豚もも			40	×	腹負担
21.06.16	ほうじ茶	450	450	450	×	
21.06.16	海塩	3		3	×	
21.06.16	さつまいも	456			×	
21.06.16	もめん豆腐	100		100	×	
21.06.16	サンマ煮	37			×	
21.06.16	みかん	92			×	鼻詰り
21.06.16	うどん		600		×	
21.06.16	白米			360	×	
21.06.16	鶏むね			35	×	
21.06.17	ほうじ茶	450	450	450	×	
21.06.17	海塩	3		3	×	
21.06.17	さつまいも	486			×	
21.06.17	もめん豆腐	100		100	×	
21.06.17	サンマ煮	31			×	
21.06.17	うどん		600		×	
21.06.17	白米			480	×	
21.06.18	ほうじ茶	450	450	450	×	
21.06.18	海塩	3		3	×	
21.06.18	さつまいも	582			×	
21.06.18	もめん豆腐	100		100	×	
21.06.18	そば		480		×	右目痛、背中痛、局部荒れ
21.06.18	白米			480	×	
21.06.19	ほうじ茶	450	450	450	×	

付録1　筆者の食事記録（Author's Meal Records）

日付	食物名	数量 朝	昼	夕	適否	不調名
21.06.19	海塩	3		3	×	
21.06.19	さつまいも	504			×	
21.06.19	もめん豆腐	100		100	×	
21.06.19	じゃがいも	145			×	鼻突起、右目痛、局部荒れ
21.06.19	うどん		533		×	
21.06.19	スイートコーン		191		×	右目痛
21.06.19	白米			480	×	
21.06.19	サンマ煮			34	×	腹負担
21.06.20	ほうじ茶	450	450	450	×	
21.06.20	海塩	3		3	×	
21.06.20	さつまいも	615			×	
21.06.20	もめん豆腐	100			×	
21.06.20	うどん		800		×	
21.06.20	白米			480	×	
21.06.20	豚もも			38	×	
21.06.21	ほうじ茶	450	450		×	
21.06.21	海塩	3		3	×	
21.06.21	さつまいも	524			×	
21.06.21	もめん豆腐	100			×	
21.06.21	うどん		800		×	
21.06.21	サンマ煮		26		×	
21.06.21	玄米茶			450	×	
21.06.21	白米			480	×	
21.06.21	鶏むね			35	×	
21.06.22	ほうじ茶	450	450	450	×	
21.06.22	海塩	3	3		×	
21.06.22	さつまいも	611			×	
21.06.22	もめん豆腐	100	100		×	
21.06.22	白米		480		×	舌痛、口内炎
21.06.22	うどん			800	×	
21.06.23	玄米茶	900		450	×	
21.06.23	海塩	3	2		×	
21.06.23	白米	480			×	腹痛、鼻痛、口内炎
21.06.23	もめん豆腐	100			×	右胸痛
21.06.23	さつまいも		584		×	
21.06.23	うどん			800	×	
21.06.24	ほうじ茶	450	450		×	
21.06.24	海塩	2	2		×	
21.06.24	白米	360			×	腹負担
21.06.24	サンマ煮	141			×	局部荒れ
21.06.24	さつまいも		622		×	
21.06.24	もめん豆腐		200		×	
21.06.24	玄米茶			450	×	
21.06.24	うどん			800	×	
21.06.25	玄米茶	450			×	
21.06.25	海塩	2	2		×	
21.06.25	白米	360			×	腹負担
21.06.25	もめん豆腐	100			×	
21.06.25	ほうじ茶		450	450	×	
21.06.25	さつまいも		645		×	
21.06.25	もめん豆腐		100		×	左胸痛
21.06.25	うどん			800	×	
21.06.26	玄米茶	450			×	

付録1 筆者の食事記録（Author's Meal Records）

日付	食物名	数量			適否	不調名
		朝	昼	夕		
21.06.26	海塩	2	2		×	
21.06.26	白米	360			×	腹負担
21.06.26	もめん豆腐	200			×	
21.06.26	玄米茶		450	300	×	右目荒れ、痒み
21.06.26	さつまいも		615		×	
21.06.26	うどん			800	×	
21.06.27	ほうじ茶	450		450	×	
21.06.27	海塩	2	2		×	
21.06.27	白米	360			×	腹負担
21.06.27	鶏むね	125			×	鼻詰り、痒み
21.06.27	さつまいも		601		×	
21.06.27	うどん			800	×	
21.06.28	ほうじ茶	450		450	×	
21.06.28	海塩	2	2		×	
21.06.28	白米	360			×	腹痛、下痢
21.06.28	もめん豆腐	200			×	
21.06.28	さつまいも		633		×	
21.06.28	うどん			800	×	
21.06.29	ほうじ茶	450			×	
21.06.29	白米	480			×	腹痛、下痢
21.06.29	もめん豆腐	200			×	
21.06.29	海塩	2	2	2	×	
21.06.29	さつまいも		612	594	×	
21.06.29	玄米茶			450	×	
21.06.30	玄米茶	450		450	×	
21.06.30	うどん	800			×	
21.06.30	さつまいも		593		×	腹負担、眠気
21.06.30	海塩		2	2	×	
21.06.30	白米			180	×	
21.06.30	もめん豆腐			200	×	
21.06.30	サンマ煮			128	×	腹負担
21.07.01	玄米茶	450		450	×	
21.07.01	うどん	800			×	
21.07.01	さつまいも		298		×	腹負担、眠気
21.07.01	海塩		2	2	×	
21.07.01	白米			360	×	
21.07.01	もめん豆腐			200	×	
21.07.02	ほうじ茶	450			×	
21.07.02	うどん	800			×	
21.07.02	さつまいも		563		×	
21.07.02	海塩		2	2	×	
21.07.02	玄米茶			450	×	
21.07.02	白米			360	×	
21.07.02	もめん豆腐			200	×	
21.07.03	玄米茶	450			×	
21.07.03	うどん	800			×	
21.07.03	さつまいも		581		×	腹負担、眠気
21.07.03	もめん豆腐		150	150	×	背中突起
21.07.03	海塩		4	2	×	
21.07.03	ほうじ茶			450	×	
21.07.03	白米			360	×	
21.07.04	ほうじ茶	450			×	

付録1 筆者の食事記録（Author's Meal Records）

日付	食物名	数量 朝	昼	夕	適否	不調名
21.07.04	うどん	800			×	
21.07.04	玄米茶		450	450	×	
21.07.04	海塩		3	2	×	
21.07.04	さつまいも		589		×	腹負担、眠気
21.07.04	白米			360	×	
21.07.04	もめん豆腐			200	×	
21.07.05	ほうじ茶	450		450	×	
21.07.05	うどん	800			×	
21.07.05	海塩		2	2	×	
21.07.05	さつまいも		615		×	
21.07.05	白米			360	×	
21.07.05	もめん豆腐			200	×	
21.07.06	玄米茶	450		450	×	
21.07.06	うどん	800			×	
21.07.06	海塩		2	2	×	
21.07.06	さつまいも		633		×	
21.07.06	白米			360	×	
21.07.07	ほうじ茶	450		450	×	
21.07.07	うどん	800			×	眠気、口内噛み
21.07.07	海塩		2	2	×	
21.07.07	さつまいも		603		×	
21.07.07	白米			360	×	
21.07.07	きぬ豆腐			200	×	
21.07.08	ほうじ茶	450			×	
21.07.08	うどん	800			×	
21.07.08	海塩		2	2	×	
21.07.08	さつまいも		643		×	
21.07.08	玄米茶			450	×	
21.07.08	白米			360	×	
21.07.08	もめん豆腐			200	×	
21.07.09	ほうじ茶	450			×	
21.07.09	中力小麦品	220			×	皮膚荒れ、痒み
21.07.09	浄水	220			○	
21.07.09	海塩	2	2	2	×	
21.07.09	さつまいも		627		×	
21.07.09	玄米茶			450	×	
21.07.09	白米			360	×	
21.07.10	ほうじ茶	450			×	
21.07.10	中力小麦品	200			×	皮膚荒れ、痒み
21.07.10	浄水	200			○	
21.07.10	海塩		2	2	×	
21.07.10	さつまいも		590		×	
21.07.10	玄米茶			450	×	
21.07.10	白米			360	×	
21.07.11	ほうじ茶	450			×	
21.07.11	もめん豆腐	200			×	
21.07.11	海塩	2			×	
21.07.11	サンマ煮	146			×	眠気、吐き気、腹負担
21.07.11	クルミ		30		×	
21.07.11	玄米茶			450	×	
21.07.11	白米			360	×	
21.07.12	ほうじ茶	450			×	

付録1　筆者の食事記録（Author's Meal Records）

日付	食物名	数量			適否	不調名
		朝	昼	夕		
21.07.12	中力小麦品	170			×	耳出汁
21.07.12	浄水	170			○	
21.07.12	海塩	2	2	2	×	
21.07.12	さつまいも		481		×	
21.07.12	きぬ豆腐		200		×	
21.07.12	玄米茶			450	×	
21.07.12	クルミ			30	×	
21.07.12	白米			360	×	
21.07.13	ほうじ茶	450			×	
21.07.13	さつまいも	444	476		×	
21.07.13	海塩	2	2	2	×	
21.07.13	もめん豆腐		200		×	
21.07.13	玄米茶			450	×	
21.07.13	白米			360	×	
21.07.14	ほうじ茶	450			×	
21.07.14	さつまいも	527	468		×	
21.07.14	海塩	2	2	2	×	
21.07.14	玄米茶			450	×	
21.07.14	白米			360	×	
21.07.15	ほうじ茶	450			×	
21.07.15	さつまいも	541	506		×	
21.07.15	海塩	2	2	2	×	
21.07.15	玄米茶			450	×	
21.07.15	白米			360	×	
21.07.16	ほうじ茶	450			×	
21.07.16	海塩	2	2	2	×	
21.07.16	玄米茶			450	×	
21.07.16	白米	360	360	360	×	
21.07.17	ほうじ茶	450			×	
21.07.17	うどん		800		×	
21.07.17	きぬ豆腐		200		×	
21.07.17	海塩			2	×	
21.07.17	玄米茶			450	×	
21.07.17	白米			360	×	
21.07.18	ほうじ茶	450			×	
21.07.18	さつまいも	490			×	
21.07.18	きぬ豆腐	200			×	
21.07.18	海塩	2		2	×	
21.07.18	玄米茶		450		×	
21.07.18	うどん		800		×	
21.07.18	白米			360	×	
21.07.19	ほうじ茶	450		450	×	
21.07.19	さつまいも	518			×	
21.07.19	きぬ豆腐	200			×	
21.07.19	海塩	2	2	2	×	
21.07.19	玄米茶		450		×	
21.07.19	うどん		800		×	
21.07.19	白米			360	×	
21.07.20	ほうじ茶	450		450	×	
21.07.20	さつまいも	502		500	×	
21.07.20	きぬ豆腐	200			×	
21.07.20	海塩	2	2	2	×	

付録1 筆者の食事記録(Author's Meal Records)

日付	食物名	数量			適否	不調名
		朝	昼	夕		
21.07.20	玄米茶		450		×	
21.07.20	白米		360		×	
21.07.21	玄米茶	450		450	×	
21.07.21	白米	360		360	×	
21.07.21	きぬ豆腐	200	200		×	
21.07.21	海塩	2			×	
21.07.21	ほうじ茶		400		×	
21.07.21	さつまいも		555		×	
21.07.22	玄米茶	450		450	×	
21.07.22	白米	360			×	
21.07.22	きぬ豆腐	200	200		×	
21.07.22	ほうじ茶		450		×	
21.07.22	さつまいも		575		×	
21.07.22	中力小麦品			200	×	痒み
21.07.22	浄水			200	○	
21.07.23	ほうじ茶	450	450		×	
21.07.23	白米	480			×	
21.07.23	玄米茶	450			×	
21.07.23	さつまいも		580		×	
21.07.23	きぬ豆腐			200	×	
21.07.24	玄米茶	450		450	×	
21.07.24	白米	480			×	
21.07.24	ほうじ茶		450		×	
21.07.24	きぬ豆腐		400		×	
21.07.24	さつまいも			609	×	
21.07.25	ほうじ茶	450		450	×	
21.07.25	白米	480			×	
21.07.25	海塩	1	1	1	×	
21.07.25	玄米茶		450		×	
21.07.25	きぬ豆腐		200		×	
21.07.25	さつまいも		612		×	
21.07.26	玄米茶	450		450	×	
21.07.26	白米	540			×	
21.07.26	海塩	1			×	
21.07.26	ほうじ茶		450		×	
21.07.26	さつまいも			545	×	
21.07.27	ほうじ茶	450		450	×	
21.07.27	白米	540			×	
21.07.27	海塩	1			×	
21.07.27	玄米茶		450		×	
21.07.27	さつまいも			588	×	
21.07.28	玄米茶	450		450	×	
21.07.28	白米	540		360	×	
21.07.28	海塩	1			×	
21.07.28	ほうじ茶		450		×	
21.07.28	豚もも		177		×	
21.07.29	ほうじ茶	450		450	×	
21.07.29	白米	480			×	
21.07.29	海塩	1			×	
21.07.29	玄米茶		450		×	
21.07.29	鶏もも		206		×	

付録1　筆者の食事記録（Author's Meal Records）

日付	食物名	数量			適否	不調名
		朝	昼	夕		
21.07.29	キャベツ			200	×	腹負担
21.07.29	うどん			400	×	痒み、目尻荒れ
21.07.30	玄米茶	450	450		×	
21.07.30	さつまいも	331			×	
21.07.30	海塩	2			×	
21.07.30	きぬ豆腐	200			×	
21.07.30	ほうじ茶	450			×	
21.07.30	サバ	206			×	
21.07.30	白米		240		×	
21.07.30	うどん			400	×	痒み、目尻荒れ
21.07.31	ほうじ茶	450		450	×	
21.07.31	さつまいも	360			×	
21.07.31	海塩	2			×	
21.07.31	きぬ豆腐	200			×	
21.07.31	玄米茶		450		×	
21.07.31	白米		270		×	
21.07.31	ブリ		210		×	
21.07.31	うどん			400	×	痒み、視力低下
21.08.01	玄米茶	450		450	×	
21.08.01	さつまいも	385			×	
21.08.01	海塩	2			×	
21.08.01	きぬ豆腐	200			×	
21.08.01	ほうじ茶		450		×	
21.08.01	白米		300		×	
21.08.01	鮭		220		×	腹負担、口内噛み、耳出汁
21.08.02	ほうじ茶	450		450	×	
21.08.02	さつまいも	388			×	
21.08.02	海塩	2			×	
21.08.02	きぬ豆腐	200			×	
21.08.02	玄米茶		450		×	
21.08.02	豚もも		188		×	
21.08.02	白米		300		×	
21.08.03	玄米茶	450		450	×	
21.08.03	さつまいも	430			×	
21.08.03	海塩	2		1	×	
21.08.03	きぬ豆腐	200			×	
21.08.03	ほうじ茶		450		×	
21.08.03	鶏もも		190		×	腹負担
21.08.03	白米			360	×	
21.08.04	ほうじ茶	450		450	×	
21.08.04	さつまいも	450			×	
21.08.04	海塩	2		2	×	
21.08.04	きぬ豆腐	200			×	
21.08.04	玄米茶		450		×	
21.08.04	ブリ		170		×	
21.08.04	白米			360	×	
21.08.05	玄米茶	450		450	×	
21.08.05	さつまいも	444			×	
21.08.05	海塩	1	1	1	×	
21.08.05	きぬ豆腐	200			×	
21.08.05	ほうじ茶		450		×	
21.08.05	鶏むね		230		×	
21.08.05	浄水			450	○	

付録1 筆者の食事記録（Author's Meal Records）

日付	食物名	数量			適否	不調名
		朝	昼	夕		
21.08.05	白米			360	×	
21.08.06	玄米茶	450		450	×	
21.08.06	さつまいも	449			×	
21.08.06	海塩	1	1	1	×	
21.08.06	きぬ豆腐	200			×	
21.08.06	ほうじ茶		450		×	
21.08.06	豚もも		110		×	
21.08.06	浄水			450	○	
21.08.06	白米			300	×	
21.08.07	玄米茶	450		450	×	
21.08.07	さつまいも	366			×	
21.08.07	海塩	1	1	1	×	
21.08.07	きぬ豆腐	200			×	
21.08.07	ほうじ茶		450	450	×	
21.08.07	鶏むね		203		×	
21.08.07	白米			300	×	
21.08.08	玄米茶	450		450	×	
21.08.08	さつまいも	390			×	
21.08.08	海塩	1	1	1	×	
21.08.08	きぬ豆腐	200			×	目荒れ
21.08.08	ほうじ茶		450	450	×	
21.08.08	アジ		115		×	腹負担、耳出汁
21.08.08	鶏むね		170		×	
21.08.08	白米			300	×	
21.08.09	玄米茶	450		450	×	
21.08.09	さつまいも	372			×	
21.08.09	海塩	1	1	1	×	
21.08.09	きぬ豆腐	200			×	目荒れ
21.08.09	ほうじ茶		450	450	×	
21.08.09	鶏むね		250		×	
21.08.09	白米			300	×	
21.08.10	玄米茶	450		450	×	
21.08.10	さつまいも	360			×	
21.08.10	海塩	1	1	1	×	
21.08.10	ほうじ茶		450		×	
21.08.10	鶏むね		270		×	
21.08.10	浄水			900	○	
21.08.10	白米			300	×	
21.08.11	浄水	450	450	900	○	
21.08.11	さつまいも	381			×	
21.08.11	海塩	1	1	1	×	
21.08.11	鶏むね		295		×	
21.08.11	白米			300	×	
21.08.12	浄水	450	450	450	○	
21.08.12	さつまいも	419			×	
21.08.12	海塩	1		1	×	
21.08.12	鶏むね		295		×	
21.08.12	白米			300	×	
21.08.13	浄水	450		450	○	
21.08.13	さつまいも	401			×	
21.08.13	海塩	1	1	1	×	
21.08.13	豚もも		164		×	

47

付録1 筆者の食事記録（Author's Meal Records）

日付	食物名	数量			適否	不調名
		朝	昼	夕		
21.08.13	玄米茶		450		×	
21.08.13	ほうじ茶			450	×	
21.08.13	白米			360	×	
21.08.14	浄水	450		450	○	
21.08.14	さつまいも	428			×	
21.08.14	海塩	1	1	1	×	
21.08.14	鶏むね		311		×	
21.08.14	ほうじ茶		450	450	×	
21.08.14	白米			360	×	
21.08.15	浄水	450		450	○	
21.08.15	さつまいも	405			×	
21.08.15	海塩	1	1	1	×	
21.08.15	鶏もも		195		×	
21.08.15	ほうじ茶		450	450	×	
21.08.15	白米			300	×	
21.08.16	浄水	450		450	○	
21.08.16	白米	300		300	×	
21.08.16	海塩	1	1	1	×	
21.08.16	鶏むね		240		×	局部荒れ、便通悪化
21.08.16	ほうじ茶		450	450	×	
21.08.17	ほうじ茶	450			×	
21.08.17	白米	300		300	×	
21.08.17	海塩	1	1	1	×	
21.08.17	鶏むね		217		×	耳裏突起
21.08.17	玄米茶		450		×	
21.08.17	浄水			450	○	
21.08.18	浄水	450			○	
21.08.18	白米	300		300	×	
21.08.18	海塩	2		2	×	
21.08.18	鶏むね	235		120	×	
21.08.18	ほうじ茶		450	450	×	
21.08.19	ほうじ茶	450	450	450	×	
21.08.19	白米	360		360	×	
21.08.19	海塩	2		2	×	
21.08.19	鶏むね	100		97	×	
21.08.19	ピーマン		205		×	
21.08.19	カボチャ		270		×	クシャミ、痒み、鼻水
21.08.20	浄水	450		450	○	
21.08.20	白米	360		360	×	
21.08.20	海塩	2		2	×	
21.08.20	鶏むね	195		125	×	
21.08.20	レタス	150			×	
21.08.20	ほうじ茶		450		×	
21.08.20	ゴーヤ		147		×	痒み、眠気、口内荒れ
21.08.20	玄米茶			450	×	
21.08.20	こまつな			115	×	下痢、痛突起
21.08.20	鶏ささみ			120	×	
21.08.21	浄水	450			○	
21.08.21	白米	360		360	×	
21.08.21	海塩	2		2	×	
21.08.21	豚もも	181			×	
21.08.21	こまつな	80			×	目荒れ、下痢

付録1 筆者の食事記録（Author's Meal Records）

日付	食物名	数量			適否	不調名
		朝	昼	夕		
21.08.21	ほうじ茶		450	450	×	
21.08.21	オクラ		133		×	痒み
21.08.21	さつまいも		396		×	痒み
21.08.21	モロヘイヤ			70	×	痒み
21.08.21	鶏むね			245	×	
21.08.22	浄水	450		450	○	
21.08.22	白米	360		360	×	
21.08.22	海塩	2		2	×	
21.08.22	鶏もも	64			×	
21.08.22	ピーマン	151		99	×	
21.08.22	ほうじ茶		450		×	
21.08.22	ニンジン		124		○	
21.08.22	玉ねぎ		144		×	胃負担、鼻糞
21.08.22	鶏むね			262	×	
21.08.23	浄水	450	450	450	○	
21.08.23	白米	360	360	360	×	
21.08.23	海塩	1	1	1	×	
21.08.23	鶏むね	90	110	73	×	
21.08.23	ニンジン	135			過多	
21.08.23	ピーマン		109		×	
21.08.23	レタス			85	×	口内刺激、痒み
21.08.24	浄水	450	450	450	○	
21.08.24	白米	360	360	360	×	
21.08.24	海塩	1	1	1	×	
21.08.24	鶏むね	97			×	膝痛、頭痛、寒気、局部荒れ
21.08.24	ピーマン	77	93		×	
21.08.24	ニンジン	96		60	○	
21.08.24	鶏むね		77	115	×	
21.08.24	オクラ			70	×	
21.08.25	玄米茶	450		450	×	
21.08.25	白米	360	360	360	×	
21.08.25	海塩	1	1	1	×	
21.08.25	鶏むね	57	70	57	×	
21.08.25	ピーマン	72		66	×	
21.08.25	オクラ	57		60	×	
21.08.25	ほうじ茶		450		×	
21.08.25	ニンジン		130		過多	口内噛み、耳出汁
21.08.26	ほうじ茶	450		450	×	
21.08.26	白米	360	360	360	×	
21.08.26	海塩	1	1	1	×	
21.08.26	鶏むね	53	28		×	
21.08.26	ピーマン	81	65		×	
21.08.26	オクラ	57	55	80	×	皮膚荒れ、腹負担、痒み
21.08.26	玄米茶		450		×	
21.08.26	白米			360	×	
21.08.26	鶏むね			118	×	
21.08.27	玄米茶	450		450	×	
21.08.27	白米	360	360	360	×	
21.08.27	海塩	1	1	1	×	
21.08.27	鶏むね	100	59		×	
21.08.27	ほうじ茶		450		×	
21.08.27	豚もも			62	×	皮膚荒れ、ささくれ
21.08.28	ほうじ茶	450		450	×	

付録1 筆者の食事記録（Author's Meal Records）

日付	食物名	数量 朝	昼	夕	適否	不調名
21.08.28	白米	360	360		×	
21.08.28	海塩	1	1	1	×	
21.08.28	鶏むね	120		117	×	
21.08.28	玄米茶		450		×	
21.08.28	サバ		103		×	眉間突起、痒み、左胸痛、耳出汁、眠気
21.08.28	白米			360	×	
21.08.28	浄水			450	○	
21.08.29	玄米茶	450		450	×	
21.08.29	白米	360	360	360	×	
21.08.29	海塩	1	1	1	×	
21.08.29	鶏むね	114	130	115	×	
21.08.29	ほうじ茶		450		×	
21.08.29	ピーマン		80		×	痒み、目荒れ、眠気、出汁、軽腹痛
21.08.30	ほうじ茶	450		450	×	
21.08.30	白米	360		360	×	
21.08.30	海塩	1	1	1	×	
21.08.30	鶏むね	132	76		×	局部荒れ
21.08.30	玄米茶		450		×	
21.08.30	玄米		360		×	
21.08.30	鶏むね			111	×	
21.08.31	玄米茶	450		450	×	
21.08.31	白米	360			×	
21.08.31	海塩	1	1	1	×	
21.08.31	鶏むね	88	110	96	×	
21.08.31	ほうじ茶		450		×	
21.08.31	玄米		360	360	×	痒み
21.09.01	ほうじ茶	450			×	
21.09.01	玄米	360	360	360	×	痒み
21.09.01	海塩	1	1	1	×	
21.09.01	鶏むね	84	97	77	×	舌痛、指荒れ
21.09.01	緑茶		450		×	
21.09.01	緑茶			450	×	眠気、痒み
21.09.02	緑茶	900	450	450	×	眠気、痒み
21.09.02	玄米	360			×	
21.09.02	海塩	1	1	1	×	
21.09.02	鶏むね		70	74	×	
21.09.02	白米		360	360	×	
21.09.03	緑茶	450	450		×	痒み、鼻糞、口内炎、局部荒れ、口内血味
21.09.03	玄米	360			×	
21.09.03	海塩	1	1	1	×	
21.09.03	鶏むね	48	49	69	×	
21.09.03	白米		360	360	×	
21.09.03	浄水			900	○	
21.09.04	浄水	450	450	900	○	
21.09.04	玄米	360			×	
21.09.04	海塩	1	1	1	×	
21.09.04	鶏むね	50	43	45	×	
21.09.04	白米		360	360	×	
21.09.05	浄水	450	450	450	○	
21.09.05	玄米	360			×	痒み、頭痛
21.09.05	海塩	1	1	1	×	
21.09.05	鶏むね	69	57	32	×	

付録1 筆者の食事記録（Author's Meal Records）

日付	食物名	数量			適否	不調名
		朝	昼	夕		
21.09.05	白米		360	360	×	
21.09.06	浄水	450	450	450	○	
21.09.06	白米	360	360	360	×	
21.09.06	海塩	1	1	1	×	
21.09.06	鶏むね	60	80	57	×	
21.09.07	浄水	450	450	450	○	
21.09.07	白米	360	360	360	×	
21.09.07	海塩	1	1	1	×	
21.09.07	鶏むね	37	23	36	×	
21.09.08	浄水	450	450		○	
21.09.08	白米	360	360	360	×	
21.09.08	海塩	1	1	1	×	
21.09.08	鶏むね	39	44	36	×	
21.09.08	緑茶			450	×	
21.09.08	ほうじ茶			450	×	
21.09.09	ほうじ茶	450	450	450	×	口内荒れ
21.09.09	白米	360	360	360	×	
21.09.09	海塩	1	1	1	×	
21.09.09	鶏むね	28	26	28	×	
21.09.09	浄水			450	○	
21.09.10	ほうじ茶	450			×	
21.09.10	玄米	360			×	膝痛、皮膚荒れ
21.09.10	海塩	1	1	1	×	
21.09.10	鶏むね	39	48	55	×	
21.09.10	浄水		450	900	○	
21.09.10	白米		360	360	×	
21.09.11	玄米茶	450			×	
21.09.11	白米	360	360	360	×	
21.09.11	海塩	1			×	
21.09.11	浄水		450	900	○	
21.09.11	きぬ豆腐		200		×	痒み、腹負担、左胸痛
21.09.11	梅干			15	×	
21.09.12	玄米茶	450			×	痒み、膝痛、鼻水、クシャミ
21.09.12	白米	360	360	360	×	
21.09.12	海塩	1			×	
21.09.12	浄水		450	450	○	
21.09.12	梅干		12		×	腹痛
21.09.12	白菜漬け			113	×	痒み
21.09.13	浄水	450		450	○	
21.09.13	白米	360	360	360	×	
21.09.13	大根	49			×	口内出血、痒み
21.09.13	白菜漬け	77			×	
21.09.13	ほうじ茶		450		×	
21.09.13	梅干		13		×	
21.09.13	海塩			1	×	
21.09.13	鶏むね			38	×	
21.09.14	ほうじ茶	450			×	
21.09.14	海塩	2	2	2	×	
21.09.14	白米	360	360	360	×	
21.09.14	浄水		450	450	○	
21.09.14	鶏むね			55	×	

付録1　筆者の食事記録（Author's Meal Records）

日付	食物名	数量			適否	不調名
		朝	昼	夕		
21.09.15	ほうじ茶	450			×	
21.09.15	海塩	2	2	2	×	
21.09.15	白米	360	360	360	×	
21.09.15	浄水		450	450	○	
21.09.15	鶏むね			63	×	
21.09.16	ほうじ茶	450			×	
21.09.16	白米	360	360		×	
21.09.16	浄水		450	450	○	
21.09.16	鶏むね			82	×	
21.09.16	白米			360	×	
21.09.17	浄水	450	900		○	
21.09.17	ほうじ茶			450	×	
21.09.17	梅干			12	×	
21.09.17	白米			360	×	
21.09.17	鶏むね			18	×	
21.09.17	鶏皮			30	×	
21.09.18	ほうじ茶	450			×	
21.09.18	エゴマ油	4			×	左鼻突起、背中腫れ、局部出血
21.09.18	梅干	11	13	9	×	
21.09.18	白米	360	360	360	×	
21.09.18	鶏むね		82		×	
21.09.18	鶏皮		14		×	
21.09.18	浄水		450	450	○	
21.09.19	ほうじ茶	450	450	450	×	
21.09.19	白米	360	360	360	×	
21.09.19	鶏むね	95		50	×	
21.09.19	鶏皮	15		6	×	
21.09.20	ほうじ茶	450	450		×	
21.09.20	白米	360	360	360	×	
21.09.20	鶏むね	52			×	
21.09.20	鶏皮	24			×	
21.09.20	鶏もも		50	51	×	皮膚荒れ
21.09.20	浄水			450	○	
21.09.21	ほうじ茶	450			×	
21.09.21	白米	360	360	360	×	
21.09.21	鶏もも	63	58		×	皮膚荒れ
21.09.21	浄水		450	450	○	
21.09.21	鶏むね			75	×	
21.09.21	玄米茶			450	×	
21.09.21	浄水			200	○	
21.09.22	浄水	450	450	450	○	
21.09.22	白米	360	360	360	×	
21.09.23	浄水	900	450	450	○	
21.09.23	鶏むね			104	×	
21.09.23	海塩			1	×	
21.09.24	玄米茶	450			×	
21.09.24	海塩	1			×	
21.09.24	鶏もも		76		×	口内違和感、目やに、重度出汁
21.09.24	緑茶		450	450	×	
21.09.24	みそ		15	15	×	

付録1　筆者の食事記録（Author's Meal Records）

日付	食物名	数量			適否	不調名
		朝	昼	夕		
21.09.24	緑茶			450	×	
21.09.25	緑茶	450	450		×	
21.09.25	海塩	1		2	×	
21.09.25	白米		360		×	
21.09.25	浄水			450	○	
21.09.26	浄水	450	450		○	
21.09.26	海塩	2		1	×	
21.09.26	白米	360		180	×	
21.09.26	きぬ豆腐		200	200	×	皮膚荒れ
21.09.26	ピーマン		97	98	×	
21.09.26	ニンジン		117	89	過多	便秘
21.09.26	玄米茶			450	×	
21.09.27	浄水	450		450	○	
21.09.27	海塩	2		2	×	
21.09.27	白米	240			×	
21.09.27	ピーマン	87			×	
21.09.27	ニンジン	123			過多	便秘
21.09.27	きぬ豆腐	200			×	皮膚荒れ
21.09.27	玄米茶		450		×	
21.09.27	さつまいも			329	×	重度出汁
21.09.27	サンマ煮			68	×	
21.09.27	ほうじ茶			450	×	
21.09.27	緑茶			450	×	
21.09.27	キャベツ			101	×	
21.09.27	みそ			15	×	
21.09.28	さつまいも	247			×	重度出汁
21.09.28	きぬ豆腐	200			×	皮膚荒れ
21.09.28	ニンジン	110			○	
21.09.28	ピーマン	55			×	便秘
21.09.28	海塩	2			×	
21.09.28	ほうじ茶	450		450	×	
21.09.28	緑茶		450		×	
21.09.28	白米			240	×	
21.09.28	サンマ煮			69	×	
21.09.28	キャベツ			110	×	
21.09.28	みそ			30	×	
21.09.28	浄水			450	○	
21.09.29	白米	240			×	
21.09.29	きぬ豆腐	200		200	×	皮膚荒れ
21.09.29	ニンジン	121			過多	便秘
21.09.29	ピーマン	58			×	
21.09.29	海塩	2		6	×	
21.09.29	ほうじ茶	450			×	
21.09.29	さつまいも			334	×	重度出汁、口内荒れ
21.09.29	みそ			15	×	
21.09.29	玄米茶			450	×	
21.09.29	キャベツ			134	×	
21.09.29	ヨーグルト			400	×	便通悪化
21.09.29	浄水		900	450	○	
21.09.30	ほうじ茶	450	450	450	×	
21.09.30	きぬ豆腐	200	200		×	皮膚荒れ
21.09.30	ヨーグルト	100		200	×	便通悪化
21.09.30	ピーマン	121			×	
21.09.30	白米	240		240	×	

付録1 筆者の食事記録（Author's Meal Records）

日付	食物名	数量 朝	昼	夕	適否	不調名
21.09.30	海塩	2			×	
21.09.30	もめん豆腐		200		×	
21.09.30	みそ		30		×	
21.09.30	サンマ煮			33	×	
21.09.30	キャベツ			127	×	
21.10.01	白米	240		240	×	
21.10.01	きぬ豆腐	200		200	×	皮膚荒れ
21.10.01	ヨーグルト	100		100	×	便通悪化
21.10.01	ピーマン	126			×	
21.10.01	キャベツ			153	×	
21.10.01	サンマ煮	35		31	×	
21.10.01	海塩	2			×	
21.10.01	ほうじ茶	450			×	
21.10.01	玄米茶		450		×	
21.10.01	浄水			450	○	
21.10.02	白米	240		360	×	右目痛、痒み
21.10.02	もめん豆腐	200			×	
21.10.02	ヨーグルト	100		100	×	便通悪化
21.10.02	サンマ煮	33			×	
21.10.02	キャベツ	158		160	×	
21.10.02	海塩	1		1	×	
21.10.02	ほうじ茶	450	450		×	
21.10.02	玄米茶			450	×	
21.10.02	きぬ豆腐			200	×	皮膚荒れ
21.10.03	白米	360		360	×	
21.10.03	きぬ豆腐	200		200	×	皮膚荒れ
21.10.03	ヨーグルト	100		100	×	便通悪化
21.10.03	キャベツ	148		166	×	
21.10.03	海塩	1		1	×	
21.10.03	ほうじ茶	450			×	
21.10.03	玄米茶		450		×	
21.10.03	緑茶			450	×	
21.10.03	緑茶			450	×	
21.10.03	サンマ煮			34	×	
21.10.04	白米	240		240	×	
21.10.04	キャベツ	160		165	×	
21.10.04	ヨーグルト	100		100	×	腹負担、頭痛、便通悪化
21.10.04	きぬ豆腐	200		200	×	皮膚荒れ、頭痛
21.10.04	サンマ煮	31		23	×	
21.10.04	海塩	2		2	×	
21.10.04	ほうじ茶	450			×	
21.10.04	緑茶		450		×	
21.10.04	緑茶			450	×	
21.10.04	浄水			450	○	
21.10.05	ほうじ茶	450			×	
21.10.05	海塩	2		2	×	
21.10.05	キャベツ	161		161	×	
21.10.05	きぬ豆腐	200		200	×	首荒れ
21.10.05	サンマ煮	33			×	
21.10.05	白米	240		360	×	
21.10.05	玄米茶		450		×	
21.10.05	緑茶			450	×	
21.10.05	緑茶			450	×	
21.10.06	ほうじ茶	450			×	

付録1 筆者の食事記録（Author's Meal Records）

日付	食物名	数量			適否	不調名
		朝	昼	夕		
21.10.06	海塩	2		2	×	
21.10.06	キャベツ	158		158	×	
21.10.06	白米	360		360	×	
21.10.06	緑茶		450		×	
21.10.06	浄水			450	○	
21.10.06	玄米茶			450	×	
21.10.07	ほうじ茶	450			×	
21.10.07	海塩	1		1	×	
21.10.07	ヨーグルト	1000			×	目やに、重度出汁、便通悪化
21.10.07	白米	360		360	×	
21.10.07	サンマ煮	100			×	
21.10.07	玄米茶		450		×	
21.10.07	浄水			450	○	
21.10.07	鶏むね			128	×	重度出汁
21.10.08	白米	360	360		×	
21.10.08	海塩	1	1		×	
21.10.08	浄水	450			○	
21.10.08	鶏むね	176			×	
21.10.08	玄米茶		450		×	
21.10.08	キャベツ		50		×	
21.10.08	緑茶			450	×	
21.10.09	白米	360	360		×	
21.10.09	海塩	1		3	×	
21.10.09	玄米茶	450			×	
21.10.09	キャベツ	50		50	×	
21.10.09	鶏むね		198		×	
21.10.09	浄水		450	450	○	
21.10.10	白米	360		360	×	
21.10.10	海塩	2		2	×	
21.10.10	ほうじ茶	450			×	
21.10.10	鶏むね	167			×	
21.10.10	キャベツ	60	60	60	×	
21.10.10	浄水		450	450	○	
21.10.11	ほうじ茶	450			×	
21.10.11	海塩	2		2	×	
21.10.11	白米	360		360	×	
21.10.11	鶏むね	209			×	指荒れ
21.10.11	キャベツ	90		90	×	
21.10.11	玄米茶		450	450	×	
21.10.12	ほうじ茶	450		450	×	
21.10.12	海塩	2			×	
21.10.12	白米	360	360	360	×	
21.10.12	キャベツ	90	90	90	×	重度出汁
21.10.12	鶏むね	150			×	寒気
21.10.12	玄米茶		450		×	
21.10.12	豚レバー		100		×	
21.10.13	玄米茶	450		450	×	
21.10.13	海塩	2	1	1	×	
21.10.13	白米	360	360	360	×	
21.10.13	キャベツ	90	90		×	
21.10.13	ほうじ茶		450		×	
21.10.13	鶏むね		75		×	痒み、局部荒れ
21.10.13	豚レバー		70		×	

付録1 筆者の食事記録（Author's Meal Records）

日付	食物名	数量			適否	不調名
		朝	昼	夕		
21.10.13	浄水			450	○	
21.10.13	豚ヒレ			60	×	
21.10.14	玄米茶	450			×	
21.10.14	海塩	1	1	1	×	
21.10.14	白米	360	360	360	×	
21.10.14	豚ヒレ	72			×	
21.10.14	浄水		450	900	○	
21.10.14	豚レバー		70		×	
21.10.14	鶏むね			75	×	痒み、もも荒れ
21.10.15	玄米茶	450			×	
21.10.15	海塩	1	1	1	×	
21.10.15	白米	360	360	360	×	
21.10.15	豚レバー	90		90	×	重度出汁
21.10.15	ほうじ茶		450		×	
21.10.15	豚ヒレ		100		×	
21.10.15	浄水			450	○	
21.10.15	キャベツ			90	×	
21.10.16	玄米茶	450			×	
21.10.16	海塩	1	1	1	×	
21.10.16	白米	360	360	360	×	
21.10.16	キャベツ	90	90		×	
21.10.16	豚ヒレ	86	53		×	
21.10.16	ほうじ茶		450	450	×	
21.10.17	ほうじ茶	450	450		×	
21.10.17	海塩	1	1	1	×	
21.10.17	白米	360	360	360	×	
21.10.17	キャベツ	60	60	90	×	
21.10.17	豚ヒレ	46	42	40	×	
21.10.17	玄米茶			450	×	
21.10.18	ほうじ茶	450			×	
21.10.18	海塩	1	1	1	×	
21.10.18	白米	240	240	240	×	
21.10.18	キャベツ	60	60	90	×	
21.10.18	豚ヒレ	29	55	59	×	
21.10.18	玄米茶		450	450	×	
21.10.19	玄米茶	450		450	×	
21.10.19	海塩	1	1	1	×	
21.10.19	白米	180	180	200	×	
21.10.19	キャベツ	90	90	90	×	
21.10.19	豚ヒレ	77	35	70	×	
21.10.19	豚レバー		35		×	
21.10.19	ほうじ茶		450		×	
21.10.20	玄米茶	450		450	×	
21.10.20	海塩	2	1	1	×	
21.10.20	白米	180	180	200	×	
21.10.20	キャベツ	120	120	120	×	
21.10.20	きぬ豆腐		50	50	×	
21.10.20	ほうじ茶		450		×	
21.10.21	ほうじ茶	450		450	×	
21.10.21	海塩	1	1	1	×	
21.10.21	白米	180	180	200	×	
21.10.21	キャベツ	120	120	120	×	

付録1 筆者の食事記録（Author's Meal Records）

日付	食物名	数量 朝	昼	夕	適否	不調名
21.10.21	きぬ豆腐	50	50	50	×	
21.10.21	クルミ		8	8	×	
21.10.21	玄米茶		450		×	
21.10.22	ほうじ茶	450		450	×	
21.10.22	海塩	2	1	1	×	
21.10.22	白米	180	180	200	×	
21.10.22	キャベツ	120	120	120	×	
21.10.22	きぬ豆腐	50	50	50	×	
21.10.22	クルミ	8	8	8	×	
21.10.22	しらす	15	15		×	局部荒れ、寒気、痒み、耳出汁、赤指突起
21.10.22	玄米茶		450		×	
21.10.23	玄米茶	450			×	
21.10.23	海塩	2	1	1	×	
21.10.23	白米	200	240	240	×	顔痒み、視力低下
21.10.23	キャベツ	120	120	120	×	
21.10.23	きぬ豆腐	50	50		×	首痒み、尻荒れ、便秘
21.10.23	クルミ	8	8	8	×	頭皮突起、目やに
21.10.23	ほうじ茶		450	450	×	
21.10.24	ほうじ茶	450	450	450	×	
21.10.24	海塩	1	1	1	×	
21.10.24	白米	240	240	120	×	
21.10.24	キャベツ	120	120	120	×	
21.10.24	クルミ	8	8		×	
21.10.24	きぬ豆腐			25	×	
21.10.25	ほうじ茶	450	450	450	×	
21.10.25	海塩	1	1	1	×	
21.10.25	白米	180	180	180	×	
21.10.25	キャベツ	150	150	150	×	
21.10.26	ほうじ茶	450			×	
21.10.26	海塩	1	1	1	×	
21.10.26	白米	180	180	180	×	
21.10.26	きぬ豆腐	25	25	25	×	
21.10.26	クルミ		2	2	×	
21.10.26	玄米茶		450	450	×	
21.10.27	ほうじ茶	450	450		×	
21.10.27	海塩	1	1	1	×	
21.10.27	白米	180	300	360	×	
21.10.27	きぬ豆腐	25	25	25	×	
21.10.27	クルミ	3	3	3	×	目やに、赤指突起
21.10.27	サンマ煮	10	10	10	×	
21.10.27	鶏むね		10	10	×	
21.10.27	豚ヒレ			10	×	
21.10.27	玄米茶			450	×	
21.10.28	ほうじ茶	450	450	450	×	
21.10.28	海塩	1	1	1	×	
21.10.28	白米	360	360	360	×	
21.10.28	ニンジン		20	20	○	
21.10.28	きぬ豆腐		25	25	×	
21.10.28	サンマ煮	10	10	10	×	
21.10.28	鶏むね	10	10	10	×	
21.10.28	豚ヒレ	10	10	10	×	
21.10.28	ピーマン		20	20	×	

付録1 筆者の食事記録（Author's Meal Records）

日付	食物名	数量			適否	不調名
		朝	昼	夕		
21.10.29	ほうじ茶	450	450	450	×	
21.10.29	海塩	2	2	2	×	
21.10.29	白米	360	360	360	×	
21.10.29	ニンジン	15	15	15	○	
21.10.29	ピーマン	15	15	15	×	
21.10.29	きぬ豆腐	25		25	×	
21.10.29	鶏むね	10	10	10	×	
21.10.29	豚ヒレ	10	10	10	×	
21.10.29	サンマ煮	10	10	10	×	
21.10.29	納豆		10		×	
21.10.29	キャベツ	15	15		×	寒気、痒み
21.10.29	玉ねぎ			15	×	耳出汁
21.10.29	みかん	20	20	18	×	
21.10.30	ほうじ茶	450	450	450	×	
21.10.30	海塩	2	2	2	×	
21.10.30	白米	360	360	360	×	
21.10.30	ニンジン	15	15	15	○	
21.10.30	ピーマン	15	15	15	×	
21.10.30	鶏むね	10	20	20	×	
21.10.30	納豆	10	10	10	×	
21.10.30	みかん	20	20	20	×	
21.10.30	玄米	30	30	30	×	
21.10.30	サンマ煮	10	10	10	×	
21.10.30	玉ねぎ	15	15	15	×	耳出汁、痒み、もも荒れ、唇割れ、鼻詰り
21.10.31	ほうじ茶	450	450	450	×	
21.10.31	海塩	2	2	2	×	
21.10.31	白米	360	360	360	×	
21.10.31	玄米	30			×	重度出汁、乳首痛、脇しこり、まぶた荒れ
21.10.31	ニンジン	15	15	15	○	
21.10.31	鶏むね	20	20	20	×	
21.10.31	サンマ煮	10	10	10	×	
21.10.31	納豆	10	10	10	×	
21.10.31	みかん	20	20	20	×	
21.10.31	ピーマン	15	15	15	×	
21.11.01	ほうじ茶	450	450	450	×	
21.11.01	海塩	2	2	2	×	
21.11.01	白米	360	360	360	×	
21.11.01	ニンジン	15	15	15	○	
21.11.01	鶏むね	10	10	10	×	
21.11.01	サンマ煮	10	10	10	×	
21.11.01	納豆	10	10	10	×	
21.11.01	みかん	20	20	20	×	
21.11.01	ピーマン	15	15	15	×	
21.11.02	ほうじ茶	450	450	450	×	
21.11.02	海塩	2	2	2	×	
21.11.02	白米	360	360	360	×	
21.11.02	ニンジン	15	15	15	○	
21.11.02	鶏むね	20	20	20	×	
21.11.02	サンマ煮	10	10	10	×	
21.11.02	みかん	20			×	
21.11.02	ピーマン	15	15	15	×	
21.11.03	ほうじ茶	450	450	450	×	
21.11.03	海塩	2	2	2	×	
21.11.03	白米	180	240	360	×	
21.11.03	ニンジン	15	15	15	○	

付録1 筆者の食事記録（Author's Meal Records）

日付	食物名	数量			適否	不調名
		朝	昼	夕		
21.11.03	鶏むね	10			×	
21.11.03	サンマ煮	10	10	10	×	
21.11.03	ピーマン	15	15	15	×	
21.11.04	ほうじ茶	450	450	450	×	
21.11.04	海塩	2	2	2	×	
21.11.04	白米	300	360	360	×	
21.11.04	ニンジン	15	15	15	○	
21.11.04	昆布			1	×	
21.11.04	ピーマン	15	15	15	×	
21.11.05	ほうじ茶	450	450	450	×	
21.11.05	海塩	2	2	2	×	
21.11.05	白米	360	360	360	×	
21.11.05	ニンジン	15	15	30	○	
21.11.05	昆布	1	2	1	×	
21.11.05	みかん	100			×	鼻詰り
21.11.05	ピーマン	15	15		×	寒気、痒み、出血
21.11.05	玉ねぎ		15		×	耳出汁、局部出汁、鼻詰り、肩出汁
21.11.06	ほうじ茶	450		450	×	
21.11.06	海塩	2	2	2	×	
21.11.06	白米	360	360	360	×	
21.11.06	ニンジン	20	25	25	○	
21.11.06	昆布	2	2	2	×	
21.11.06	玄米茶		450		×	
21.11.06	納豆		20		×	寒気、痒み、ゲップ、肩出汁、目痒み
21.11.06	みかん			164	×	鼻詰り
21.11.07	玄米茶	450		450	×	
21.11.07	海塩	2	2	2	×	
21.11.07	白米	360	360	360	×	
21.11.07	ニンジン	25	25	25	○	
21.11.07	昆布	2	2	2	×	
21.11.07	みかん		82		×	
21.11.07	ほうじ茶		450		×	
21.11.07	鶏むね			50	×	
21.11.08	ほうじ茶	450			×	
21.11.08	海塩	2	2	2	×	
21.11.08	白米	360	360	360	×	
21.11.08	ニンジン	25	25	25	○	
21.11.08	昆布	2	2	2	×	
21.11.08	みかん	95	96	86	×	鼻詰り、下痢
21.11.08	玄米茶		450	450	×	
21.11.09	ほうじ茶	450	450	450	×	
21.11.09	海塩	2	2	2	×	
21.11.09	白米	360	360	360	×	
21.11.09	ニンジン	25	25	25	○	
21.11.09	みかん	88	88	80	×	目やに、頭痛、鼻詰り、痒み、下痢、局部痛
21.11.10	ほうじ茶	450	450	450	×	
21.11.10	海塩	2	2		×	
21.11.10	白米	480	480		×	
21.11.10	ニンジン	25	25		○	
21.11.10	昆布	1	2		×	
21.11.11	ほうじ茶	450		450	×	
21.11.11	海塩		2	2	×	

付録1 筆者の食事記録（Author's Meal Records）

日付	食物名	数量 朝	昼	夕	適否	不調名
21.11.11	白米	240	480	360	×	
21.11.11	ニンジン	20	20		○	
21.11.11	浄水		450		○	
21.11.12	ほうじ茶	450			×	
21.11.12	海塩	2	2		×	
21.11.12	白米	360	360		×	目やに、尻荒れ、顔出汁、肩荒れ、寒気
21.11.12	浄水		450	450	○	
21.11.12	きぬ豆腐			200	×	
21.11.13	浄水	450	450	450	○	
21.11.13	海塩	2		2	×	
21.11.13	白米	180		180	×	
21.11.13	みかん			86	×	
21.11.14	浄水	450	450	450	○	
21.11.14	海塩	2	2	2	×	
21.11.14	白米	180	180	180	×	
21.11.14	キャベツ	32		30	×	眠気
21.11.14	ニンジン		30		○	
21.11.14	鶏むね	30			×	痒み、便通悪化
21.11.14	きぬ豆腐		200		×	
21.11.14	サンマ煮			30	×	痒み
21.11.15	浄水	450	450	450	○	
21.11.15	海塩	4	2	1	×	
21.11.15	白米	180	180	180	×	
21.11.15	キャベツ	30	30	30	×	
21.11.15	ニンジン			15	○	
21.11.15	鶏むね	30			×	痒み、便通悪化
21.11.15	納豆	135			×	痛突起
21.11.15	きぬ豆腐			50	×	
21.11.16	ほうじ茶	450			×	
21.11.16	海塩	2	2	2	×	
21.11.16	白米	180	180	180	×	
21.11.16	キャベツ	30	30	30	×	
21.11.16	ニンジン	15	15	15	○	
21.11.16	きぬ豆腐	50	50	50	×	
21.11.16	玄米茶		450	450	×	
21.11.17	ほうじ茶	450			×	
21.11.17	海塩	2	2	2	×	
21.11.17	白米	180	200	200	×	
21.11.17	キャベツ	40	40	40	×	
21.11.17	ニンジン	20			○	
21.11.17	きぬ豆腐	50	50	50	×	痒み、便通悪化、寒気
21.11.17	玄米茶		450	450	×	
21.11.18	ほうじ茶	450			×	
21.11.18	海塩	2	2	2	×	
21.11.18	白米	240	240	240	×	
21.11.18	キャベツ	40	40	40	×	
21.11.18	きぬ豆腐	50	50	50	×	
21.11.18	玄米茶		450	450	×	
21.11.19	ほうじ茶	450		450	×	
21.11.19	海塩	2	2	2	×	
21.11.19	白米	240	240	240	×	
21.11.19	キャベツ	20			×	

付録1 筆者の食事記録（Author's Meal Records）

日付	食物名	数量			適否	不調名
		朝	昼	夕		
21.11.19	きぬ豆腐	50	50	50	×	
21.11.19	玄米茶		450		×	
21.11.20	ほうじ茶	450	450	450	×	
21.11.20	海塩	2	2	2	×	
21.11.20	白米	240	240	240	×	
21.11.20	きぬ豆腐	50	100	100	×	
21.11.21	ほうじ茶	450	450		×	
21.11.21	海塩	2	2	2	×	
21.11.21	白米	240	240	120	×	
21.11.21	きぬ豆腐	100			×	
21.11.21	キャベツ	20	20	20	×	
21.11.21	もめん豆腐		100	100	×	
21.11.21	浄水			450	○	
21.11.22	ほうじ茶	450			×	
21.11.22	海塩	2	2	2	×	
21.11.22	白米	180	360	360	×	
21.11.22	きぬ豆腐	150	50		×	
21.11.22	サンマ煮			70	×	局部出血、顔出汁
21.11.23	浄水			350	○	
21.11.23	海塩	2			×	
21.11.23	白米	360			×	
21.11.23	きぬ豆腐	50			×	
21.11.24	浄水	200	200	400	○	
21.11.24	海塩	1		1	×	
21.11.24	白米	180		180	×	
21.11.24	きぬ豆腐	50		50	×	
21.11.24	キャベツ	20		20	×	
21.11.25	浄水	200		200	○	
21.11.25	海塩	1		1	×	
21.11.25	白米	180		240	×	
21.11.25	きぬ豆腐	50		100	×	
21.11.25	キャベツ	30			×	突起、耳出汁、寒気、肩出汁
21.11.26	浄水		200	400	○	
21.11.26	海塩		2	2	×	
21.11.26	白米		240	180	×	
21.11.26	きぬ豆腐		100		×	
21.11.27	浄水	200	200	400	○	
21.11.27	海塩	1			×	
21.11.27	白米	180			×	
21.11.27	マヨコーンパン		1		×	
21.11.27	デニッシュパン		1		×	
21.11.27	マーガリンパン		3		×	
21.11.27	みかん		360	360	×	
21.11.27	ソーセージ			100	×	
21.11.27	ハムカツ			60	×	
21.11.28	浄水	400	200		○	
21.11.28	ソーセージパン	1			×	
21.11.28	マーガリンパン	1			×	
21.11.28	グリーンカレー		200		×	
21.11.28	野菜サラダ		80		×	
21.11.28	スープ		200		×	

付録1　筆者の食事記録（Author's Meal Records）

日付	食物名	数量			適否	不調名
		朝	昼	夕		
21.11.28	フライドチキン		100		×	
21.11.28	クリームパイ		1		×	
21.11.28	クリームパン		1		×	
21.11.28	ハンバーガー		1		×	
21.11.28	ハンバーガー		1		×	
21.11.28	みかん		1440	720	×	
21.11.28	マヨコーンパン			1	×	
21.11.28	クリームパン			1	×	
21.11.29	浄水	200		600	○	
21.11.29	ハンバーガー	1			×	
21.11.29	クリームパン	2			×	
21.11.29	ドーナツ	1			×	
21.11.29	ラーメン		1		×	
21.11.29	ギョーザ		90		×	
21.11.29	みかん		900		×	
21.11.29	エッグトースト		1		×	
21.11.29	あんパン		1		×	
21.11.29	ヤンニョムチキン			150	×	
21.11.29	コッペパン			1	×	
21.11.29	メロンパン			1	×	
21.11.30	浄水	200		400	○	
21.11.30	サンドイッチ	1			×	
21.11.30	肉まん	3			×	
21.11.30	タルト	1			×	
21.11.30	タルト	1			×	
21.11.30	緑茶	400	200		×	
21.11.30	ラーメン		1		×	
21.11.30	ジャムパン			3	×	
21.11.30	みかん			1040	×	
21.12.01	浄水	200	600	800	○	
21.12.01	あんパン	3.5		0.5	×	
21.12.01	あんパン	1			×	
21.12.01	メロンパン	1			×	
21.12.01	ソーセージパン	1			×	
21.12.01	にぎり寿司		400		×	
21.12.01	つみれ汁		250		×	
21.12.01	しょうが		50		×	
21.12.01	食パン			240	×	
21.12.02	浄水	400	600	400	○	
21.12.02	あんパン	1.5			×	
21.12.02	食パン	120			×	
21.12.02	ゆで卵	50			○	
21.12.02	ラーメン		1		×	
21.12.02	無脂ヨーグルト			400	×	
21.12.02	きぬ豆腐			200	×	
21.12.03	浄水	400	400	400	○	
21.12.03	きぬ豆腐	200			×	
21.12.03	ゆで卵	150			過多	
21.12.03	ラーメン		1		×	
21.12.03	タルト		1		×	
21.12.03	ジャムパン		3		×	
21.12.03	チョコパン		1		×	
21.12.03	食パン			360	×	
21.12.03	蒸しパン			50	×	
21.12.03	無脂ヨーグルト			400	×	

付録1 筆者の食事記録（Author's Meal Records）

日付	食物名	数量 朝	昼	夕	適否		不調名
21.12.04	浄水	400	600	600	○		
21.12.04	食パン	360			×		
21.12.04	蒸しパン	100			×		
21.12.04	ジャムパン	1		3	×		
21.12.04	無脂ヨーグルト	100		300	×		
21.12.04	ゆで卵	50		50	過多		
21.12.04	きぬ豆腐	100			×		
21.12.04	ラーメン		1		×		
21.12.04	デニッシュパン		1		×		
21.12.04	あんパン		1		×		
21.12.04	クリームパン		1		×		
21.12.05	浄水	600	400	400	○		
21.12.05	食パン	570		360	×		
21.12.05	ゆで卵	100			過多		
21.12.05	鶏てりやき		300		×		
21.12.05	クリームパン		1		×		
21.12.05	アジフライ		200		×		
21.12.05	ホッケ			200	×		
21.12.05	みかん			240	×		
21.12.06	浄水	200	600		○		
21.12.06	豚カツ	150			×		
21.12.06	みかん	80	80	80	×		
21.12.06	食パン	140	180	180	×		
21.12.06	鶏てりやき		300		×		
21.12.06	アジフライ		100		×		
21.12.06	カレイフライ			150	×		
21.12.06	焼豚			100	×		
21.12.07	浄水	400	400	200	○		
21.12.07	焼豚	240			×		
21.12.07	みかん	80	80	80	×		
21.12.07	マフィン	280		280	×		
21.12.07	赤魚		100		×		
21.12.07	フランスパン		240		×		
21.12.07	ホッケ			200	×		
21.12.07	カステラ			260	×		
21.12.07	ジャム			40	×		
21.12.08	浄水	400	400	200	○		
21.12.08	ホッケ	200			×		
21.12.08	みかん	80	80	80	×		
21.12.08	ゆで卵	50	50	50	過多		
21.12.08	マフィン	280			×		
21.12.08	サバ		100		×		
21.12.08	フランスパン		240		×		
21.12.08	アジ			150	×		
21.12.09	浄水	400	400	200	○		
21.12.09	サバ	200			×		
21.12.09	ゆで卵	50			○		
21.12.09	みかん	80	80	80	×		
21.12.09	フランスパン	120	120		×		
21.12.09	鶏むね		240		×		
21.12.09	ホッケ			200	×		
21.12.09	食パン			120	×		
21.12.10	浄水	400	400	600	○		

付録1 筆者の食事記録（Author's Meal Records）

日付	食物名	数量			適否	不調名
		朝	昼	夕		
21.12.10	豚もも	150			×	
21.12.10	みかん	100	100	80	×	
21.12.10	食パン	120	120		×	
21.12.10	鶏むね		240		×	
21.12.10	マフィン		140	210	×	
21.12.10	カレイ			140	×	
21.12.11	浄水	400	600	400	○	
21.12.11	豚もも	164			×	
21.12.11	みかん	80			×	
21.12.11	マフィン	210			×	
21.12.11	鶏むね		200		×	
21.12.11	フランスパン		225		×	
21.12.11	カレイ			120	×	
21.12.11	白米			270	×	
21.12.12	浄水	400	600	600	○	
21.12.12	豚もも	140	170		×	
21.12.12	マフィン	210	350		×	
21.12.12	食パン		360	360	×	
21.12.12	フランスパン		75		×	
21.12.12	ジャム		40		×	
21.12.12	鶏むね			200	×	
21.12.13	浄水	600	400	600	○	
21.12.13	豚もも	157	150		×	
21.12.13	食パン	360	360		×	
21.12.14	浄水	400	600	600	○	
21.12.14	豚もも	90			×	
21.12.14	マフィン	210	350		×	
21.12.14	鶏むね		188		×	
21.12.14	食パン		360	360	×	
21.12.14	ジャム			50	×	
21.12.15	浄水	800	400	600	○	
21.12.15	鶏むね	190		180	×	
21.12.15	食パン	360			×	
21.12.15	ジャム	50	40		×	
21.12.15	マフィン		280	280	×	
21.12.15	粒あん			50	×	
21.12.16	浄水	400	400	600	○	
21.12.16	マフィン	280	280	420	×	
21.12.16	粒あん	50	50		×	
21.12.16	ピーナッツクリーム			50	×	
21.12.17	浄水	400	600	600	○	
21.12.17	マフィン	420	280	280	×	
21.12.17	ジャム	30			×	
21.12.17	ピーナッツクリーム	30			×	
21.12.17	粒あん	50			×	
21.12.17	バター		15	15	×	
21.12.17	コーンフレーク		180		×	
21.12.18	浄水	400	400	400	○	
21.12.18	マフィン	210	210	140	×	
21.12.18	バター	10	10	10	×	
21.12.18	みかん		160		×	
21.12.18	ゆで卵			50	○	

付録1 筆者の食事記録（Author's Meal Records）

日付	食物名	数量 朝	数量 昼	数量 夕	適否	不調名
21.12.19	浄水	400	400	400	○	
21.12.19	マフィン	210			×	
21.12.19	バター	10	10		×	
21.12.19	鶏むね		180		×	
21.12.19	焼豚			300	×	
21.12.20	浄水	200	200	400	○	
21.12.20	鶏むね			200	×	
21.12.20	マフィン			420	×	
21.12.20	バター			32	×	
21.12.20	みかん			90	×	
21.12.21	浄水	200	400	200	○	
21.12.21	鶏むね			200	×	
21.12.21	マヨネーズ			30	×	
21.12.21	マフィン			3	×	
21.12.21	食パン			180	×	
21.12.22	浄水	200	200	800	○	
21.12.22	鶏むね			200	×	
21.12.22	マフィン			280	×	
21.12.22	フランスパン			250	×	
21.12.23	浄水	200	400	400	○	
21.12.23	鶏むね			295	×	
21.12.23	マフィン			140	×	
21.12.23	食パン			120	×	
21.12.23	フランスパン			250	×	
21.12.24	浄水	200	200	400	○	
21.12.24	鶏むね			306	×	
21.12.24	食パン			240	×	
21.12.25	浄水	200	600	800	○	
21.12.25	食パン		405	375	×	
21.12.25	マフィン		420		×	
21.12.25	フランスパン		250		×	
21.12.26	浄水	400	400	400	○	
21.12.26	食パン	240			×	
21.12.26	マフィン	280		420	×	
21.12.26	フランスパン		300		×	
21.12.27	浄水	200	400	400	○	
21.12.27	マフィン	420	210	350	×	
21.12.27	粒あん	100			×	
21.12.27	ジャム		40		×	
21.12.27	コーンフレーク		30		×	
21.12.27	はちみつ			10	×	
21.12.27	みかん			240	×	
21.12.28	浄水	200	200	200	○	
21.12.28	マフィン	350		420	×	
21.12.28	コーンフレーク	30			×	
21.12.28	はちみつ	10			×	
21.12.28	フランスパン		280		×	
21.12.28	みかん		800	600	×	
21.12.29	浄水	200	200	400	○	

付録1　筆者の食事記録（Author's Meal Records）

日付	食物名	数量			適否	不調名
		朝	昼	夕		
21.12.29	マフィン	350	280	280	×	
21.12.30	浄水	200	400	400	○	
21.12.30	マフィン	420	210		×	
21.12.30	牛丼			1	×	
21.12.30	豚汁			250	×	
21.12.30	きぬ豆腐			150	×	
21.12.31	浄水	400	200	400	○	
21.12.31	マフィン	280			×	
21.12.31	バター	10			×	
21.12.31	牛丼		1		×	
21.12.31	キムチ		40		×	
21.12.31	豚汁		250		×	
21.12.31	牛丼			1	×	
21.12.31	牛煮込			100	×	
22.01.01	浄水	400		200	○	
22.01.01	牛丼		1		×	
22.01.01	きぬ豆腐		150		×	
22.01.01	マフィン		280	280	×	
22.01.01	白米			360	×	
22.01.01	豚汁			250	×	
22.01.02	浄水	400		200	○	
22.01.02	白米	360	360	360	×	
22.01.02	豚汁	250	250	250	×	
22.01.03	浄水	200	200	800	○	
22.01.03	白米	360	360		×	
22.01.03	みそ汁	200	200		×	
22.01.03	マフィン		280		×	
22.01.04	浄水	800	400	400	○	
22.01.04	マフィン	140	140		×	
22.01.04	食パン		120		×	
22.01.04	おにぎり			240	×	
22.01.05	浄水	400	200	600	○	
22.01.05	白米	180	180	180	×	
22.01.05	海塩	4			×	
22.01.05	牛煮込			100	×	
22.01.05	豚汁			250	×	
22.01.06	浄水	400	400	400	○	
22.01.06	白米	180	180	180	×	
22.01.06	海塩	4			×	
22.01.07	浄水	400	200		○	
22.01.07	食パン	120	240	360	×	
22.01.07	ボトル水		200	200	TBD	
22.01.07	ソーセージ			100	×	
22.01.07	マヨコーンパン			1	×	
22.01.08	ボトル水	400	400	400	TBD	
22.01.08	マヨコーンパン	1			×	
22.01.08	あんパン	1			×	
22.01.08	食パン	180			×	
22.01.08	ハム	40			×	
22.01.08	魚肉ソーセージ	140	70		×	

付録1　筆者の食事記録（Author's Meal Records）

日付	食物名	数量			適否	不調名
		朝	昼	夕		
22.01.08	コーンフレーク	24			×	
22.01.08	デニッシュパン		1		×	
22.01.08	チョコパン		1		×	
22.01.08	デニッシュパン		1		×	
22.01.08	白米			360	×	
22.01.09	ボトル水	200	200		TBD	
22.01.09	白米	540	180	540	×	
22.01.09	海塩	4			×	
22.01.09	野菜ジュース		200	160	×	
22.01.10	ボトル水	400		200	TBD	
22.01.10	食パン	360	180	360	×	
22.01.10	野菜ジュース	180	200	180	×	
22.01.10	マフィン		280		×	
22.01.10	きぬ豆腐		150		×	顔重度出汁
22.01.11	ボトル水	200	600	200	TBD	
22.01.11	マフィン	280			×	
22.01.11	野菜ジュース	180			×	
22.01.11	食パン		360		×	
22.01.12	ボトル水	200	600	600	TBD	
22.01.12	食パン	360	180	300	×	
22.01.12	きぬ豆腐	150			×	顔重度出汁
22.01.12	マフィン		210		×	
22.01.13	ボトル水	400	200	600	TBD	
22.01.13	食パン	360		180	×	
22.01.13	全粒粉パン		240		×	
22.01.13	ライ麦パン		180		×	顔重度出汁
22.01.13	マフィン			70	×	
22.01.13	VBサプリ			8	×	
22.01.14	ボトル水	200	600	400	TBD	
22.01.14	食パン			240	×	
22.01.15	ボトル水	400	200	200	TBD	
22.01.15	食パン	240	120		×	
22.01.15	白米		360	360	×	
22.01.15	海塩		2		×	
22.01.15	アセロラドリンク		200	200	×	
22.01.15	魚肉ソーセージ			70	×	
22.01.16	ボトル水	200	200	200	TBD	
22.01.16	白米	540	180	540	×	
22.01.16	海塩	4			×	
22.01.16	ツナ缶		1		×	左乳首痛
22.01.16	アセロラドリンク			150	×	
22.01.17	ボトル水	200	400	200	TBD	
22.01.17	白米	540		540	×	
22.01.17	海塩	2		1	×	
22.01.17	食パン		360		×	
22.01.18	ボトル水	200	400	200	TBD	
22.01.18	食パン	300			×	
22.01.18	アセロラドリンク		150	150	×	
22.01.18	白米		360	480	×	
22.01.18	食パン		120		×	

付録1 筆者の食事記録（Author's Meal Records）

日付	食物名	数量			適否	不調名
		朝	昼	夕		
22.01.19	ボトル水	400	400	400	TBD	
22.01.19	食パン	120	240	180	×	
22.01.19	魚肉ソーセージ		265	180	×	
22.01.19	ビンチョウ		180		×	
22.01.19	海塩		2		×	
22.01.19	アセロラドリンク			200	×	
22.01.20	ボトル水	200	600	600	TBD	
22.01.20	食パン	180			×	
22.01.20	魚肉ソーセージ	110			×	
22.01.20	アセロラドリンク	100		200	×	
22.01.20	食パン		180	180	×	
22.01.20	ちくわ		120	150	×	
22.01.20	コーンフレーク		30		×	
22.01.20	かまぼこ		200		×	
22.01.21	ボトル水	400	600	200	TBD	
22.01.21	食パン	240		240	×	
22.01.21	コーンフレーク	30		30	×	顔重度出汁
22.01.21	野菜ジュース			180	×	
22.01.22	ボトル水	400	400	200	TBD	
22.01.22	食パン	240	120	240	×	
22.01.22	ビスケットパン		2		×	
22.01.22	鶏ささみ		150		×	
22.01.23	ボトル水	400	600	400	TBD	
22.01.23	食パン	240	240	240	×	
22.01.23	ビンチョウ		150	150	×	
22.01.24	ボトル水	200	400	600	TBD	
22.01.24	食パン	120			×	
22.01.24	ビンチョウ	100			×	
22.01.24	アセロラドリンク	200			×	
22.01.24	ビスケットパン	2			×	
22.01.24	インドカレー		120		×	
22.01.24	インドカレー		120		×	
22.01.24	野菜サラダ		80		×	
22.01.24	ナン		360		×	
22.01.24	コーヒー		150		×	
22.01.24	ほうじ茶		450		×	
22.01.24	カツ丼			1	×	
22.01.24	豚汁			100	×	
22.01.25	ほうじ茶	450			×	
22.01.25	焼きそば		250		×	
22.01.25	パスタ		150		×	
22.01.25	鮭		80		×	
22.01.25	赤魚		80		×	
22.01.25	ポテトサラダ		100		×	
22.01.25	大学いも		40		×	
22.01.25	トマト		20		×	
22.01.25	スープ		180		×	
22.01.25	漬物		30		×	
22.01.25	大根		30		×	
22.01.25	納豆		45		×	
22.01.25	ボトル水		200	200	TBD	
22.01.25	コーヒー		150		×	
22.01.25	牛丼			1	×	

付録1　筆者の食事記録（Author's Meal Records）

日付	食物名	数量			適否	不調名
		朝	昼	夕		
22.01.25	山芋とろろ			60	×	
22.01.25	みそ汁			200	×	
22.01.25	漬物			30	×	
22.01.26	ほうじ茶	450			×	
22.01.26	食パン	120			×	
22.01.26	うどん		250		×	
22.01.26	イカ天		60		×	
22.01.26	カボチャ天		60		×	
22.01.26	レンコン天		60		×	
22.01.26	ボトル水		400	200	TBD	
22.01.26	白米			360	×	
22.01.26	中華あんかけ			300	×	
22.01.26	中華スープ			200	×	
22.01.26	野菜サラダ			80	×	
22.01.26	マカロニ和え			20	×	
22.01.27	ほうじ茶	450		450	×	
22.01.27	食パン	60		180	×	
22.01.27	インドカレー		120		×	
22.01.27	インドカレー		120		×	
22.01.27	ナン		360		×	
22.01.27	野菜サラダ		80		×	
22.01.27	ラッシー		180		×	
22.01.27	ボトル水		400		TBD	
22.01.28	ほうじ茶	450			×	
22.01.28	食パン	120	120		×	
22.01.28	うどん		250	400	×	
22.01.28	ボトル水		400	200	TBD	
22.01.29	ほうじ茶	450		450	×	
22.01.29	魚肉ソーセージ	70			×	
22.01.29	インドカレー		250		×	
22.01.29	ナン		360		×	
22.01.29	野菜サラダ		80		×	
22.01.29	チャイ		150		×	
22.01.29	ボトル水		400		TBD	
22.01.30	ボトル水	200	400	400	TBD	
22.01.30	魚肉ソーセージ	55			×	
22.01.30	インドカレー		250		×	
22.01.30	ナン		360		×	
22.01.30	野菜サラダ		80		×	
22.01.30	ラッシー		180		×	
22.01.31	ボトル水	400	400	100	TBD	
22.01.31	食パン	360			×	
22.01.31	インドカレー		180		×	
22.01.31	サフランライス		300		×	
22.01.31	野菜サラダ		80		×	
22.01.31	弁当			1	×	
22.02.01	ボトル水	400	100	300	TBD	
22.02.01	食パン	120			×	
22.02.01	おにぎり		200		×	
22.02.01	緑茶			100	×	
22.02.01	白米			240	×	
22.02.01	みそ汁			200	×	
22.02.01	野菜サラダ			80	×	

付録1 筆者の食事記録（Author's Meal Records）

日付	食物名	数量			適否	不調名
		朝	昼	夕		
22.02.01	マカロニ和え			20	×	
22.02.01	鶏からあげ			180	×	
22.02.01	切干大根			20	×	
22.02.01	漬物			20	×	
22.02.02	ボトル水	300	200	200	TBD	
22.02.02	おにぎり	200			×	
22.02.02	ベーグル		100		×	
22.02.02	白米			240	×	
22.02.02	みそ汁			200	×	
22.02.02	野菜サラダ			80	×	
22.02.02	マカロニ和え			20	×	
22.02.02	豚しょうが焼			150	×	
22.02.02	切干大根			20	×	
22.02.02	漬物			20	×	
22.02.02	緑茶			150	×	
22.02.03	ボトル水	300	200	200	TBD	
22.02.03	食パン	240			×	
22.02.03	フランスパン		100		×	
22.02.03	緑茶			150	×	
22.02.03	白米			240	×	
22.02.03	みそ汁			200	×	
22.02.03	野菜サラダ			80	×	
22.02.03	マカロニ和え			20	×	
22.02.03	鶏からあげ			180	×	
22.02.03	切干大根			20	×	
22.02.03	漬物			20	×	
22.02.04	ボトル水	400	100	100	TBD	
22.02.04	フランスパン	100			×	
22.02.04	白米		360	240	×	
22.02.04	みそ汁			200	×	
22.02.04	野菜サラダ			80	×	
22.02.04	マカロニ和え			20	×	
22.02.04	ホッケ			150	×	
22.02.04	切干大根			20	×	
22.02.04	漬物			20	×	
22.02.05	ボトル水	200	200	300	TBD	
22.02.05	白米	180	180		×	
22.02.05	鶏からあげ		150	150	×	
22.02.05	マフィン			140	×	
22.02.06	ボトル水	300	400	400	TBD	
22.02.06	マフィン	140			×	
22.02.06	鶏からあげ	150			×	
22.02.06	もめん豆腐		200		×	
22.02.06	チーズ		15		×	
22.02.06	ハム		40		×	
22.02.06	アジフライ			200	×	
22.02.06	ゆで卵			50	○	
22.02.07	ボトル水	200	200	300	TBD	
22.02.07	白米	180		180	×	
22.02.07	ゆで卵	50	50		過多	
22.02.07	もめん豆腐	200			×	
22.02.07	鶏ささみ		150	150	×	
22.02.08	ボトル水	300	200	200	TBD	

付録1 筆者の食事記録（Author's Meal Records）

日付	食物名	数量			適否	不調名
		朝	昼	夕		
22.02.08	白米	180	180	180	×	
22.02.08	鶏ささみ	200			×	
22.02.08	タラ		100		×	
22.02.08	マグロカマ			150	×	
22.02.09	ボトル水	400	100	200	TBD	
22.02.09	鶏ささみ	150		150	×	
22.02.09	白米	180			×	
22.02.09	海塩	2		2	×	
22.02.09	さつまいも		207		×	
22.02.09	タラ		120		×	
22.02.09	うどん			100	×	
22.02.10	ボトル水	300		400	TBD	
22.02.10	鶏ささみ	134		129	×	
22.02.10	さつまいも	204			×	
22.02.10	海塩	2	2	2	×	
22.02.10	ゆで卵	100			過多	
22.02.10	白米		180	180	×	
22.02.11	ボトル水	400	200	300	TBD	
22.02.11	鶏ささみ	161	133	150	×	
22.02.11	白米	180	180	180	×	
22.02.11	海塩	2	2	2	×	
22.02.11	ブロッコリー			38	×	
22.02.12	ボトル水	400	200	400	TBD	
22.02.12	鶏ささみ	77	55	45	×	
22.02.12	ブロッコリー	38	39	35	×	
22.02.12	白米	180	180	180	×	
22.02.12	海塩	2	2	1	×	
22.02.12	マーガリンパン		2		×	
22.02.12	食パン		135	225	×	
22.02.13	ボトル水	400	500	400	TBD	
22.02.13	鶏ささみ	62	53	47	×	
22.02.13	ブロッコリー	43	42	39	×	
22.02.13	白米	180	180	180	×	
22.02.13	海塩	2			×	
22.02.13	マーガリンパン	1			×	
22.02.13	デニッシュパン	2			×	
22.02.13	食パン		120		×	
22.02.13	マフィン			140	×	
22.02.14	ボトル水	400	200	500	TBD	
22.02.14	鶏ささみ	78	71	68	×	
22.02.14	白米	180	180	180	×	
22.02.14	海塩	1	2		×	
22.02.14	食パン	120	240	240	×	
22.02.14	マフィン		140		×	
22.02.14	うどん		100		×	
22.02.15	ボトル水	200	200		TBD	
22.02.15	鶏ささみ	67	61	73	×	
22.02.15	白米	360	360	360	×	
22.02.15	海塩	2	2	2	×	
22.02.16	ボトル水	400	200	200	TBD	
22.02.16	鶏ささみ	77	71	70	×	
22.02.16	白米	180			×	

付録1 筆者の食事記録（Author's Meal Records）

日付	食物名	数量			適否	不調名
		朝	昼	夕		
22.02.16	海塩	2			×	
22.02.16	食パン		120	120	×	
22.02.16	ブロッコリー		48	40	×	
22.02.17	ボトル水	400		200	TBD	
22.02.17	鶏ささみ	66	110	100	×	
22.02.17	食パン	120		120	×	
22.02.17	白米		180		×	
22.02.17	海塩		2	1	×	
22.02.18	ボトル水	400	400	400	TBD	
22.02.18	鶏ささみ	26	26	27	×	
22.02.18	食パン	120	120		×	
22.02.18	ブロッコリー		38	28	×	
22.02.18	白米			180	×	
22.02.18	海塩			2	×	
22.02.19	ボトル水	400	200	400	TBD	
22.02.19	ブロッコリー	65	62	62	×	
22.02.19	食パン	120	120		×	
22.02.19	海塩	1	1	2	×	
22.02.19	デニッシュパン		1		×	
22.02.19	白米			240	×	
22.02.20	ボトル水	400	100	200	TBD	
22.02.20	ブロッコリー	97	106	99	×	
22.02.20	食パン	120			×	
22.02.20	海塩	1		3	×	
22.02.20	白米		240	240	×	
22.02.21	ボトル水	400	200	200	TBD	
22.02.21	ブロッコリー	40			×	
22.02.21	白米	240	240	360	×	
22.02.21	海塩	2	2	2	×	
22.02.21	豚もも		16	15	×	
22.02.22	ボトル水	400	200	200	TBD	
22.02.22	豚もも	15	15	15	×	
22.02.22	白米	240	360	240	×	
22.02.22	海塩	2	2	2	×	
22.02.23	ボトル水	400	200	200	TBD	
22.02.23	豚もも	5	5		×	
22.02.23	白米	240	360	360	×	
22.02.23	海塩	2	3	2	×	
22.02.23	ブロッコリー		10		×	
22.02.24	ボトル水	400	200	200	TBD	
22.02.24	白米	360	180	360	×	
22.02.24	海塩	2	2	2	×	
22.02.24	豚もも		60		×	
22.02.24	ブロッコリー		60		×	
22.02.25	ボトル水	400	200	200	TBD	
22.02.25	白米	360	180	360	×	
22.02.25	海塩	2	2	2	×	
22.02.25	鶏ささみ		110		×	
22.02.25	ブロッコリー		68		×	
22.02.26	ボトル水	400	200	200	TBD	

付録1 筆者の食事記録（Author's Meal Records）

日付	食物名	数量			適否	不調名
		朝	昼	夕		
22.02.26	白米	180	180	180	×	
22.02.26	海塩	2	2	2	×	
22.02.26	鶏ささみ		132		×	
22.02.26	ブロッコリー		75		×	
22.02.27	ボトル水	400	200	200	TBD	
22.02.27	白米	180	180	180	×	
22.02.27	海塩	2	2		×	
22.02.27	鶏ささみ		138		×	
22.02.27	サバ			130	×	
22.02.28	ボトル水	400	300	200	TBD	
22.02.28	白米	240	240	240	×	
22.02.28	鶏ささみ	72	71	76	×	
22.02.28	海塩	2	2	2	×	
22.02.28	マヨコーンパン		1		×	
22.03.01	ボトル水	400	300	100	TBD	
22.03.01	鶏ささみ	74	73	68	×	
22.03.01	白米	240	240	240	×	
22.03.01	海塩	2	2	2	×	
22.03.02	ボトル水	400	200	200	TBD	
22.03.02	鶏ささみ	79	53		×	
22.03.02	白米	180		180	×	
22.03.02	海塩	2	1	2	×	
22.03.03	ボトル水	400	300	100	TBD	
22.03.03	白米	180	180	180	×	
22.03.03	海塩	2	2	2	×	
22.03.04	ボトル水	200			TBD	
22.03.04	白米	180	360		×	
22.03.04	ほうじ茶	450		450	×	
22.03.04	ドーナツ		1		×	
22.03.04	あんパン		1		×	
22.03.04	ビスケット		59		×	
22.03.04	まんじゅう		1		×	
22.03.04	まんじゅう		1		×	
22.03.04	まんじゅう		1		×	
22.03.04	カステラ			100	×	
22.03.05	ほうじ茶	450		450	×	
22.03.05	白米	360		360	×	
22.03.05	さつまいも		300		×	
22.03.05	鶏むね		170		×	
22.03.05	まんじゅう		1		×	
22.03.05	まんじゅう		1		×	
22.03.05	玄米茶		450		×	
22.03.05	かりんとう		80	60	×	
22.03.05	昆布			2	×	
22.03.05	カステラ			200	×	
22.03.06	ほうじ茶	450	450		×	
22.03.06	白米	360		360	×	
22.03.06	ブロッコリー	87			×	
22.03.06	かりんとう		100		×	
22.03.06	クッキー		10		×	
22.03.06	ビスケット		6		×	
22.03.06	ボトル水			100	TBD	

付録1 筆者の食事記録（Author's Meal Records）

日付	食物名	数量			適否	不調名
		朝	昼	夕		
22.03.06	昆布			3	×	
22.03.07	ほうじ茶	450	450		×	
22.03.07	さつまいも	333			×	
22.03.07	白米		360	360	×	
22.03.07	きぬ豆腐		200		×	
22.03.07	大福		1		×	
22.03.07	串団子		180		×	
22.03.07	ようかん		180		×	
22.03.07	ボトル水			100	TBD	
22.03.07	ブロッコリー			57	×	
22.03.08	ほうじ茶	450	450	450	×	
22.03.08	さつまいも	390			×	
22.03.08	白米		360	360	×	
22.03.09	ほうじ茶	450	450	450	×	
22.03.09	白米	360		360	×	
22.03.09	まんじゅう		2		×	
22.03.09	まんじゅう		2		×	
22.03.10	ほうじ茶	450	450		×	
22.03.10	白米	180	180	360	×	
22.03.10	まんじゅう	2			×	
22.03.10	まんじゅう	2			×	
22.03.10	豚もも	71		109	×	
22.03.10	クリームパン		3		×	
22.03.11	ほうじ茶	450	450	450	×	
22.03.11	クリームパン	1.5			×	
22.03.11	白米	180	360	360	×	
22.03.11	シュークリーム	180			×	
22.03.11	ゆで卵		50		○	
22.03.12	ほうじ茶	450			×	
22.03.12	白米	360		180	×	
22.03.12	クリームパン	1.5	1.5	3	×	
22.03.12	鶏からあげ		154		×	
22.03.12	アセロラドリンク		200		×	
22.03.12	ボトル水			200	TBD	
22.03.13	ボトル水	400			TBD	
22.03.13	白米	360		360	×	
22.03.13	鶏からあげ		196		×	
22.03.13	ほうじ茶		450	450	×	
22.03.13	アセロラドリンク		200		×	
22.03.13	クリームパン			1.5	×	
22.03.13	ういろう			140	×	
22.03.14	ほうじ茶	450	200	200	×	
22.03.14	白米	360			×	
22.03.14	チョコレート		154	66	×	
22.03.14	クリームパン		1.5		×	
22.03.15	ほうじ茶	450	300		×	
22.03.15	白米	360		360	×	
22.03.15	海塩	1			×	
22.03.15	そば		400		×	
22.03.15	クリームパン		1.5		×	
22.03.15	アセロラドリンク			550	×	

付録1 筆者の食事記録（Author's Meal Records）

日付	食物名	数量 朝	昼	夕	適否	不調名
22.03.15	ふりかけ			5	×	
22.03.16	ほうじ茶	450			×	
22.03.16	白米	360	360		×	
22.03.16	ふりかけ	4			×	
22.03.16	浄水		400		○	
22.03.16	海塩		1		×	
22.03.16	クロワッサン			50	×	
22.03.16	クリームパン			1	×	
22.03.16	ボトル水			200	TBD	
22.03.17	ボトル水	200	200	200	TBD	
22.03.17	白米	360			×	
22.03.17	ほうじ茶		450		×	
22.03.17	うどん		540		×	
22.03.18	ボトル水	200		200	TBD	
22.03.18	白米	360	360	360	×	
22.03.18	ほうじ茶	450	450		×	
22.03.18	海塩		1	1	×	
22.03.19	ほうじ茶	450	450	450	×	
22.03.19	白米	360	360	360	×	
22.03.19	海塩	1	1		×	
22.03.19	鶏ささみ		138		×	
22.03.19	チョコレート		50		×	
22.03.20	ほうじ茶	450	450		×	
22.03.20	白米	360		360	×	
22.03.20	海塩	1			×	
22.03.22	アセロラドリンク	150	150	250	×	
22.03.20	牛丼		1.4		×	
22.03.20	みたらし団子		200		×	
22.03.21	ほうじ茶	450	450		×	
22.03.21	白米	360			×	
22.03.21	海塩	1			×	
22.03.21	酢飯		300	300	×	
22.03.21	マグロ		100	60	×	
22.03.21	エンガワ			40	×	
22.03.21	ボトル水			500	TBD	
22.03.22	ほうじ茶	450	450		×	
22.03.22	白米	360	360	360	×	
22.03.22	海塩	1		1	×	
22.03.22	アセロラドリンク		200		×	
22.03.23	ほうじ茶	450		450	×	
22.03.23	白米	480			×	
22.03.23	海塩	1			×	
22.03.23	ボトル水		400	200	TBD	
22.03.24	ボトル水	400	400	400	TBD	
22.03.24	白米		360		×	
22.03.24	ポークカレー		200		×	
22.03.24	豚カツ		80		×	
22.03.24	中華スープ		200		×	
22.03.24	マカロニ和え		20		×	
22.03.25	ボトル水	400	400	400	TBD	

付録1 筆者の食事記録（Author's Meal Records）

日付	食物名	朝	昼	夕	適否	不調名
22.03.25	白米		360	240	×	
22.03.25	マーボー豆腐		300		×	
22.03.25	中華スープ		200		×	
22.03.25	コーヒー		150		×	
22.03.25	みそ汁			200	×	
22.03.25	漬物			20	×	
22.03.25	切干大根			20	×	
22.03.25	野菜サラダ			80	×	
22.03.25	マカロニ和え			20	×	
22.03.25	ポテトコロッケ			200	×	
22.03.26	ボトル水	400	200	200	TBD	
22.03.26	白米		360		×	
22.03.26	みそ汁		180		×	
22.03.26	メンチカツ		150		×	
22.03.26	野菜サラダ		80		×	
22.03.26	アイスコーヒー		150		×	
22.03.26	コーヒー		150		×	
22.03.27	ボトル水	400	200	200	TBD	
22.03.27	白米		540		×	
22.03.27	ポークカレー		250		×	
22.03.27	野菜サラダ		80		×	
22.03.27	みそ汁		180		×	
22.03.27	アイスコーヒー		150		×	
22.03.27	コーヒー		150		×	
22.03.27	ポテトコロッケ			200	×	
22.03.28	ボトル水	400	400		TBD	
22.03.28	白米		360		×	
22.03.28	マーボー豆腐		300		×	
22.03.28	中華スープ		200		×	
22.03.28	ポテトコロッケ		200		×	
22.03.28	野菜サラダ		80		×	
22.03.28	チキンライス			1	×	
22.03.28	わかめスープ			150	×	
22.03.29	ボトル水	400	400	200	TBD	
22.03.29	白米		360	360	×	
22.03.29	中華あんかけ		300		×	
22.03.29	マーボー豆腐			300	×	
22.03.29	中華スープ		200		×	
22.03.29	漬物			20	×	
22.03.30	ボトル水	400		400	TBD	
22.03.30	白米		360		×	
22.03.30	マーボー豆腐		300		×	
22.03.30	中華スープ		200		×	
22.03.30	漬物		20		×	
22.03.31	ボトル水	400	400	200	TBD	
22.03.31	白米		360	180	×	
22.03.31	魚刺身		80		×	
22.03.31	きぬ豆腐			200	×	
22.04.01	ボトル水	400	200	200	TBD	
22.04.01	白米		360	180	×	
22.04.01	ポテトコロッケ		400		×	
22.04.01	野菜サラダ		80		×	
22.04.01	マカロニ和え		20		×	

付録1 筆者の食事記録（Author's Meal Records）

日付	食物名	数量			適否	不調名
		朝	昼	夕		
22.04.01	ソフトクリーム		1		×	
22.04.01	アイスミルク			1	×	
22.04.01	アイスクリーム			1	×	
22.04.01	アイスミルク			1	×	
22.04.02	ボトル水	400	200		TBD	
22.04.02	白米		200		×	
22.04.02	みそ汁		180		×	
22.04.02	漬物		10		×	
22.04.02	野菜炒め		200		×	
22.04.02	揚げギョーザ		20		×	
22.04.02	アイスクリーム		2		×	
22.04.02	ポテトコロッケ		800	400	×	
22.04.03	ボトル水	400	400	200	TBD	
22.04.03	白米	180	180	180	×	
22.04.03	ポテトコロッケ	200	200	200	×	
22.04.04	ボトル水	400	400	200	TBD	
22.04.04	白米	180	180	180	×	
22.04.04	ポテトコロッケ		400	500	×	
22.04.04	野菜サラダ		80		×	
22.04.04	マカロニ和え		20		×	
22.04.05	ボトル水	400	400	400	TBD	
22.04.05	じゃがいも	150	130	260	×	
22.04.05	白米	180	180	180	×	
22.04.05	海塩	1	1	1	×	
22.04.06	ボトル水	400			TBD	
22.04.06	じゃがいも	160	160		×	
22.04.06	白米	180	180	180	×	
22.04.06	海塩	1	1	1	×	
22.04.06	ヨーグルト		400		×	
22.04.06	ミルクアイス		1		×	
22.04.06	アイスミルク		1		×	
22.04.06	ラクトアイス		5	5	×	
22.04.06	牛乳			200	×	
22.04.07	ボトル水	200	600	200	TBD	
22.04.07	白米	180	180	180	×	
22.04.07	牛乳	200		100	×	
22.04.07	クリームパン		1.5		×	
22.04.07	じゃがいも		160		×	
22.04.07	海塩		1		×	
22.04.07	食パン			120	×	
22.04.07	ヨーグルト			200	×	
22.04.07	ラクトアイス			1	×	
22.04.08	ボトル水	200	600	200	TBD	
22.04.08	ヨーグルト	100		100	×	
22.04.08	牛乳	200		200	×	
22.04.08	白米	180	180	180	×	
22.04.08	海塩	1	1	1	×	
22.04.08	アイスキャンデー	1	1		×	
22.04.09	ボトル水	400	400	200	TBD	
22.04.09	白米	180	180	360	×	
22.04.09	ポテトコロッケ	200			×	
22.04.09	マフィン		140		×	

付録1 筆者の食事記録（Author's Meal Records）

日付	食物名	数量 朝	昼	夕	適否	不調名
22.04.10	ほうじ茶	450			×	
22.04.10	白米	360		360	×	
22.04.10	海塩	1			×	
22.04.10	ポテトコロッケ		320		×	
22.04.10	ボトル水		400	200	TBD	
22.04.11	ほうじ茶	450		450	×	
22.04.11	白米	360			×	
22.04.11	海塩	1			×	
22.04.11	アジフライ		100		×	
22.04.11	ボトル水		400	200	TBD	
22.04.11	イカフライ		146		×	
22.04.11	きぬ豆腐		100		×	
22.04.11	牛乳		100		×	
22.04.11	食パン		120	120	×	
22.04.11	肉野菜炒め			200	×	
22.04.11	ラクトアイス			2	×	
22.04.11	アイスキャンデー			1	×	
22.04.12	ほうじ茶	450			×	
22.04.12	白米	360			×	
22.04.12	チキンカツ	80			×	
22.04.12	ポテトコロッケ	100			×	
22.04.12	メヒカリ揚げ	65			×	
22.04.12	チョコレート	22	22		×	
22.04.12	ボトル水		200	400	TBD	
22.04.12	海鮮シュウマイ		250		×	
22.04.12	きぬ豆腐		100		×	
22.04.12	牛乳		100		×	
22.04.12	マフィン			280	×	
22.04.12	ラクトアイス			4	×	
22.04.13	ほうじ茶	450			×	
22.04.13	白米	360			×	
22.04.13	牛乳	200			×	
22.04.13	ちくわ	50			×	
22.04.13	ボトル水		400	400	TBD	
22.04.13	じゃがいも		150		×	
22.04.13	ニラレバ炒め		100		×	
22.04.13	タコヤキ		160		×	
22.04.13	ラクトアイス		3		×	
22.04.13	マフィン		140	140	×	
22.04.13	エビ			82	×	
22.04.13	大福			5	×	
22.04.13	まんじゅう			5	×	
22.04.14	ほうじ茶	450			×	
22.04.14	白米	360			×	
22.04.14	ホタテ	77			×	
22.04.14	ボトル水		400	400	TBD	
22.04.14	マフィン		140		×	
22.04.14	まんじゅう		4		×	
22.04.14	大福		1		×	
22.04.14	ちくわ		50		×	
22.04.14	ポテトコロッケ			200	×	
22.04.14	野菜サラダ			80	×	
22.04.14	マカロニ和え			20	×	
22.04.14	ホタルイカ			78	×	
22.04.14	ヨーグルト			100	×	

付録1　筆者の食事記録（Author's Meal Records）

日付	食物名	数量			適否	不調名
		朝	昼	夕		
22.04.14	チョコレート			22	×	
22.04.15	ほうじ茶	450			×	
22.04.15	白米	360			×	
22.04.15	ちくわ	50			×	
22.04.15	じゃがいも	98			×	
22.04.15	アサリ		104		×	
22.04.15	ボトル水		400	400	TBD	
22.04.15	マフィン		140	140	×	
22.04.15	ビンチョウ			103	×	
22.04.15	ヨーグルト			100	×	
22.04.15	まんじゅう			1	×	
22.04.16	ほうじ茶	450			×	
22.04.16	白米	360			×	
22.04.16	ホタテ	69			×	
22.04.16	アイスキャンデー	1			×	
22.04.16	ボトル水		400	400	TBD	
22.04.16	マヨコーンパン		1		×	
22.04.16	ビンチョウ		90		×	
22.04.16	マフィン		140		×	
22.04.16	せんべい			70	×	
22.04.16	大福			1	×	
22.04.16	まんじゅう			1	×	
22.04.17	ほうじ茶	450			×	
22.04.17	白米	360			×	
22.04.17	ホタルイカ	96			×	
22.04.17	ボトル水		400	200	TBD	
22.04.17	ホタテ		40		×	
22.04.17	ビンチョウ		50		×	
22.04.17	マフィン		140		×	
22.04.17	ヨーグルト			100	×	
22.04.17	大福			1	×	
22.04.17	せんべい			21	×	
22.04.17	まんじゅう			1	×	
22.04.18	ほうじ茶	450			×	
22.04.18	白米	360			×	
22.04.18	つぶ貝	75			×	
22.04.18	ボトル水		400	200	TBD	
22.04.18	食パン		120		×	
22.04.18	エビ		56		×	
22.04.18	マフィン		140		×	
22.04.18	大福			2	×	
22.04.18	せんべい			21	×	
22.04.18	まんじゅう			1	×	
22.04.18	まんじゅう			1	×	
22.04.19	ほうじ茶	450			×	
22.04.19	白米	360		180	×	
22.04.19	肉野菜炒め	200			×	
22.04.19	ボトル水		600	200	TBD	
22.04.19	食パン		120		×	
22.04.19	マフィン		140		×	
22.04.20	ほうじ茶	450			×	
22.04.20	食パン	120		120	×	
22.04.20	マフィン	140			×	
22.04.20	ホタルイカ	93			×	

付録1 筆者の食事記録（Author's Meal Records）

日付	食物名	数量 朝	昼	夕	適否	不調名
22.04.20	ボトル水		600	200	TBD	
22.04.20	白米		360		×	
22.04.20	ヨーグルト		100		×	
22.04.20	ポテトコロッケ			200	×	
22.04.20	野菜サラダ			80	×	
22.04.20	マカロニ和え			20	×	
22.04.21	ほうじ茶	450			×	
22.04.21	食パン	120		120	×	
22.04.21	マフィン	140		140	×	
22.04.21	サンマ煮	68			×	
22.04.21	ボトル水	200	400	400	TBD	
22.04.21	白米		360		×	
22.04.21	まんじゅう		1		×	
22.04.21	まんじゅう		1		×	
22.04.22	ほうじ茶	450			×	
22.04.22	パスタ	380			×	
22.04.22	ホタテ	97			×	
22.04.22	ボトル水	200	400	200	TBD	
22.04.22	白米		360		×	
22.04.22	食パン		120	120	×	
22.04.22	マフィン			140	×	
22.04.23	ほうじ茶	450			×	
22.04.23	食パン	120	120	120	×	
22.04.23	マフィン	140		140	×	
22.04.23	ホタルイカ	98			×	
22.04.23	ボトル水	200	400	400	TBD	
22.04.23	ゴールドキウイ	100			×	
22.04.23	白米		360		×	
22.04.23	ようかん			120	×	
22.04.23	まんじゅう			2	×	
22.04.23	せんべい			84	×	
22.04.23	アイスキャンデー			1	×	
22.04.24	ほうじ茶	450			×	
22.04.24	食パン	120		120	×	
22.04.24	マフィン	70		140	×	
22.04.24	ホタテ	100			×	
22.04.24	ボトル水	200	400	400	TBD	
22.04.24	白米		540		×	
22.04.24	ポークカレー		250		×	
22.04.24	豚カツ		100		×	
22.04.24	野菜サラダ		80		×	
22.04.24	みそ汁		180		×	
22.04.24	アイスコーヒー		150		×	
22.04.25	ほうじ茶	450			×	
22.04.25	食パン	180			×	
22.04.25	マフィン	70	140		×	
22.04.25	ボトル水	200	400	400	TBD	
22.04.25	けんちん汁		500		×	
22.04.25	そば		400		×	
22.04.25	アイスミルク		1		×	
22.04.25	白米			360	×	
22.04.25	アイスミルク			1	×	
22.04.26	ほうじ茶	450			×	
22.04.26	食パン	120		240	×	

付録1 筆者の食事記録（Author's Meal Records）

日付	食物名	数量			適否	不調名
		朝	昼	夕		
22.04.26	マフィン	140		140	×	
22.04.26	ボトル水	200	400	400	TBD	
22.04.26	白米		360		×	
22.04.26	ホタルイカ		116		×	
22.04.26	ゴールドキウイ		108		×	
22.04.26	カステラ		200		×	
22.04.27	ほうじ茶	450			×	
22.04.27	食パン	120		120	×	
22.04.27	マフィン	140		140	×	
22.04.27	ボトル水	200	400	400	TBD	
22.04.27	白米		360		×	
22.04.27	ホタルイカ		116		×	
22.04.27	ゴールドキウイ		111		×	
22.04.27	粒あん			99	×	
22.04.28	ほうじ茶	450			×	
22.04.28	食パン	120	120	120	×	
22.04.28	マフィン	140	140	140	×	
22.04.28	ゴールドキウイ	105			×	
22.04.28	ボトル水	200	400	400	TBD	
22.04.28	白米		360		×	
22.04.28	エビ		53		×	
22.04.28	ホタルイカ			116	×	
22.04.29	ほうじ茶	450			×	
22.04.29	食パン	120			×	
22.04.29	マフィン	140		560	×	
22.04.29	ボトル水	200		400	TBD	
22.04.29	粒あん	100			×	
22.04.29	白米		360		×	
22.04.29	ビンチョウ		109		×	
22.04.29	クッキー		5	10	×	
22.04.30	ほうじ茶	450			×	
22.04.30	マフィン	280	140		×	
22.04.30	ボトル水	200	400	400	TBD	
22.04.30	粒あん	100			×	
22.04.30	白米		360		×	
22.04.30	ビンチョウ		115		×	
22.04.30	自作パン			360	×	
22.04.30	クッキー			15	×	
22.05.01	ほうじ茶	450			×	
22.05.01	自作パン	240		240	×	
22.05.01	ミックスシーフード	43			×	
22.05.01	ボトル水	200	400	400	TBD	
22.05.01	カステラ	100			×	
22.05.01	白米		360		×	
22.05.01	ホタルイカ		102		×	
22.05.01	マフィン		140		×	
22.05.01	クッキー		6	8	×	
22.05.01	ようかん			148	×	
22.05.02	ほうじ茶	450	450		×	
22.05.02	自作パン	360		240	×	
22.05.02	エビ	50			×	
22.05.02	ボトル水	200	200	200	TBD	
22.05.02	まんじゅう	1			×	
22.05.02	白米		360		×	

付録1　筆者の食事記録（Author's Meal Records）

日付	食物名	数量			適否	不調名
		朝	昼	夕		
22.05.02	カキ		71		×	
22.05.02	マフィン		140	140	×	
22.05.02	食パン			120	×	
22.05.03	ほうじ茶	450			×	
22.05.03	自作パン	240			×	
22.05.03	ボトル水	200	200	400	TBD	
22.05.03	白米		240		×	
22.05.03	みそ汁		200		×	
22.05.03	焼鳥		150		×	
22.05.03	キャベツ		80	210	×	
22.05.03	マフィン		140	140	×	
22.05.03	ビスケット			17	×	
22.05.04	ほうじ茶	450			×	
22.05.04	マフィン	140		140	×	
22.05.04	粒あん	100			×	
22.05.04	ボトル水	200	600	400	TBD	
22.05.04	ホタルイカ		63		×	
22.05.04	ビンチョウ		64		×	
22.05.04	白米		360		×	
22.05.04	ようかん			164	×	
22.05.05	ほうじ茶	450			×	
22.05.05	マフィン	350			×	
22.05.05	粒あん	100			×	
22.05.05	アセロラドリンク	200	400	200	×	
22.05.05	ホタルイカ		61		×	
22.05.06	ビンチョウ		64		×	
22.05.05	白米		360		×	
22.05.05	ようかん		206		×	
22.05.05	アイスクリーム		2		×	
22.05.05	牛丼			1.4	×	
22.05.05	ボトル水			200	TBD	
22.05.05	食パン			360	×	
22.05.06	ほうじ茶	450			×	
22.05.06	アセロラドリンク	400		400	×	
22.05.06	ナン		360		×	
22.05.06	インドカレー		200		×	
22.05.06	野菜サラダ		80		×	
22.05.06	チャイ		150		×	
22.05.06	アイスクリーム		2		×	
22.05.06	ボトル水		400	200	TBD	
22.05.06	VCサプリ		4	4	×	
22.05.06	ホタルイカ			73	×	
22.05.06	ビンチョウ			91	×	
22.05.06	白米			360	×	
22.05.07	ほうじ茶	450			×	
22.05.07	VCサプリ	4	4	4	×	
22.05.07	マフィン	280			×	
22.05.07	チョコレート	66			×	
22.05.07	ボトル水		300	200	TBD	
22.05.07	カツ丼		1		×	
22.05.07	みそ汁		180		×	
22.05.07	アイスコーヒー		150		×	
22.05.07	アイスクリーム		2		×	
22.05.07	白米			360	×	
22.05.07	アジフライ			108	×	

付録1　筆者の食事記録（Author's Meal Records）

日付	食物名	数量			適否	不調名
		朝	昼	夕		
22.05.07	アセロラドリンク			200	×	
22.05.08	ほうじ茶	450			×	
22.05.08	VCサプリ	4	4	4	×	
22.05.08	マフィン	280			×	
22.05.08	アジフライ	101			×	
22.05.08	アセロラドリンク	200		200	×	
22.05.08	ボトル水		500	400	TBD	
22.05.08	ラーメン		1		×	
22.05.08	白米		360	360	×	
22.05.08	目玉焼き		100		×	
22.05.08	豚焼肉		30		×	
22.05.08	アイスクリーム		1	3	×	
22.05.08	みそ汁			180	×	
22.05.08	野菜サラダ			80	×	
22.05.08	豚しょうが焼			150	×	
22.05.09	ほうじ茶	450			×	
22.05.09	VCサプリ	4	4	4	×	
22.05.09	マフィン	280	140	140	×	
22.05.09	食パン	120		240	×	
22.05.09	粒あん	100			×	
22.05.09	ボトル水		300	400	TBD	
22.05.09	白米		300		×	
22.05.09	中華スープ		200		×	
22.05.09	マーボー豆腐		300		×	
22.05.09	白菜漬け		10		×	
22.05.09	きな粉餅		240		×	
22.05.09	豚もも		99		×	
22.05.09	アセロラドリンク		200		×	
22.05.09	アイスクリーム			5	×	
22.05.10	ほうじ茶	450			×	
22.05.10	VCサプリ	4	4	4	×	
22.05.10	白米	360		360	×	
22.05.10	豚もも	101	10		×	
22.05.10	牛乳	100			×	
22.05.10	ボトル水		400	200	TBD	
22.05.10	ブリ		150		×	
22.05.10	マフィン		280		×	
22.05.10	アイスクリーム		3	1	×	
22.05.10	ホタルイカ			78	×	
22.05.10	アセロラドリンク			200	×	
22.05.11	ほうじ茶	450			×	
22.05.11	VCサプリ	4	4	4	×	
22.05.11	豚もも	96			×	
22.05.11	マフィン	140	280		×	
22.05.11	アイスクリーム	1			×	
22.05.11	ボトル水		600	200	TBD	
22.05.11	白米		360	360	×	
22.05.11	チンジャオロース		180		×	
22.05.11	ラーメン		1		×	
22.05.11	パイ菓子		14	12	×	
22.05.11	ホタルイカ			80	×	
22.05.11	アセロラドリンク			400	×	
22.05.12	ほうじ茶	450			×	
22.05.12	VCサプリ	4	4	4	×	
22.05.12	マフィン	280			×	

付録1 筆者の食事記録(Author's Meal Records)

日付	食物名	数量			適否	不調名
		朝	昼	夕		
22.05.12	アセロラドリンク	200		600	×	
22.05.12	ボトル水		400	200	TBD	
22.05.12	白米		360	360	×	
22.05.12	回鍋肉		180		×	
22.05.12	ラーメン		1		×	
22.05.12	ビスケット		130		×	
22.05.12	パイ菓子		14	12	×	
22.05.12	ハンバーガー			3	×	
22.05.13	ほうじ茶	450			×	
22.05.13	VCサプリ	4	4	4	×	
22.05.13	マフィン	140	140	140	×	
22.05.13	アセロラドリンク	200	200	200	×	
22.05.13	ボトル水		300	200	TBD	
22.05.13	白米		285	360	×	
22.05.13	みそ汁		180		×	
22.05.13	野菜サラダ		140		×	
22.05.13	エビチリ		100		×	
22.05.13	豚もも		113		×	
22.05.13	マグロ			88	×	
22.05.13	バター			17	×	
22.05.14	ほうじ茶	450			×	
22.05.14	VCサプリ	4	4	4	×	
22.05.14	マフィン	140			×	
22.05.14	バター	12			×	
22.05.14	ボトル水		600	200	TBD	
22.05.14	白米		360	360	×	
22.05.14	豚もも		122		×	
22.05.14	ビスケット		148	162	×	
22.05.14	ホタルイカ			68	×	
22.05.14	パイ菓子			18	×	
22.05.15	ほうじ茶	450			×	
22.05.15	VCサプリ	4	4		×	
22.05.15	マフィン	140	140	140	×	
22.05.15	鶏もも	93			×	
22.05.15	ボトル水	200	600	800	TBD	
22.05.15	パイ菓子	10			×	
22.05.15	ビスケット	100			×	
22.05.15	豚もも		81		×	
22.05.15	ビスケット		310		×	
22.05.15	ホタルイカ			76	×	
22.05.15	マグロ			46	×	
22.05.16	ほうじ茶	450			×	
22.05.16	マフィン	280		280	×	
22.05.16	ボトル水	200	600	400	TBD	
22.05.16	白米		360		×	
22.05.16	豚もも		81		×	
22.05.16	VCサプリ		3	4	×	
22.05.16	ビスケット		111		×	
22.05.16	ビスケット		100		×	
22.05.17	ほうじ茶	450	450		×	
22.05.17	VCサプリ	4	4	4	×	
22.05.17	白米	360	285	360	×	
22.05.17	鶏もも	85			×	
22.05.17	ボトル水	200		200	TBD	
22.05.17	卵スープ		180		×	

付録1 筆者の食事記録（Author's Meal Records）

日付	食物名	数量			適否	不調名
		朝	昼	夕		
22.05.17	野菜サラダ		80		×	
22.05.17	チンジャオロース		300		×	
22.05.17	豚もも			83	×	
22.05.18	ほうじ茶	450	450		×	
22.05.18	VCサプリ	4	4	4	×	
22.05.18	白米		285	720	×	
22.05.18	みそ汁		180		×	
22.05.18	野菜サラダ		80		×	
22.05.18	肉野菜炒め		300		×	
22.05.18	ボトル水		200	200	TBD	
22.05.18	ビスケット			163	×	
22.05.19	ほうじ茶	900			×	
22.05.19	白米	360	460	360	×	
22.05.19	牛カルビ		80		×	
22.05.19	みそ汁		180		×	
22.05.19	ボトル水		200	400	TBD	
22.05.19	VCサプリ			4	×	
22.05.20	ボトル水	200	600	200	TBD	
22.05.20	白米	360	300	360	×	
22.05.20	VCサプリ	4	4		×	
22.05.20	海塩	2			×	
22.05.20	ほうじ茶	450			×	
22.05.20	みそ汁		200		×	
22.05.20	漬物		20		×	
22.05.20	煮豆		20		×	
22.05.20	サバ		160		×	
22.05.21	ほうじ茶	450			×	
22.05.21	VCサプリ	4			×	
22.05.21	白米	360	600		×	
22.05.21	チキンソテー		150		×	
22.05.21	野菜サラダ		100		×	
22.05.21	みそ汁		180		×	
22.05.21	ボトル水		400	200	TBD	
22.05.21	アイスミルク			1	×	
22.05.21	ビスケット			130	×	
22.05.22	ほうじ茶	450			×	
22.05.22	VCサプリ	4			×	
22.05.22	白米	480	600		×	
22.05.22	ボトル水	200	200	400	TBD	
22.05.22	ハンバーグ		170		×	痒み
22.05.22	野菜サラダ		80		×	
22.05.22	みそ汁		180		×	
22.05.22	ドーナツ			1	×	
22.05.22	ドーナツ			1	×	
22.05.22	ドーナツ			1	×	
22.05.23	ボトル水	400	400	400	TBD	
22.05.23	VCサプリ	4		4	×	
22.05.23	白米	480	343	360	×	
22.05.23	肉野菜炒め		350		×	
22.05.23	野菜サラダ		80		×	
22.05.23	みそ汁		180		×	
22.05.23	マーガリンパン			3	×	
22.05.24	ボトル水	400			TBD	

付録1 筆者の食事記録（Author's Meal Records）

日付	食物名	数量			適否	不調名
		朝	昼	夕		
22.05.24	VCサプリ	4			×	
22.05.24	白米	540	540	360	×	
22.05.24	ほうじ茶			450	×	
22.05.24	ドーナツ			2	×	
22.05.24	パイ菓子			10	×	
22.05.24	海塩			1	×	
22.05.25	ボトル水	400	600	200	TBD	
22.05.25	VCサプリ	4		4	×	
22.05.25	白米	540	625	360	×	
22.05.25	海塩	1			×	
22.05.25	鶏ねぎ塩炒め		250		×	
22.05.25	野菜サラダ		50		×	
22.05.25	みそ汁		150		×	
22.05.25	ドーナツ		2		×	
22.05.25	パイ菓子		10		×	
22.05.26	ボトル水	400	400	200	TBD	
22.05.26	VCサプリ	4		4	×	
22.05.26	白米	720	620	540	×	
22.05.26	海塩	2		1	×	
22.05.26	肉野菜炒め		300		×	
22.05.26	みそ汁		180		×	
22.05.27	ボトル水	400	400	400	TBD	
22.05.27	VCサプリ	4		4	×	
22.05.27	白米	720	625	540	×	
22.05.27	海塩	2			×	
22.05.27	鶏ねぎ塩炒め		250		×	
22.05.27	野菜サラダ		50		×	
22.05.27	みそ汁		150		×	
22.05.28	ボトル水	400	400	200	TBD	
22.05.28	VCサプリ	4		4	×	
22.05.28	白米	540	540	360	×	
22.05.28	海塩	1	1		×	
22.05.29	ボトル水	200	600	400	TBD	
22.05.29	VCサプリ	4		4	×	
22.05.29	マーガリンパン	1			×	
22.05.29	クロワッサン	50			×	
22.05.29	白米		480		×	
22.05.29	チキンソテー		150		×	
22.05.29	野菜サラダ		100		×	
22.05.29	みそ汁		180		×	
22.05.29	ほうじ茶		450		×	
22.05.29	アイスミルク			1	×	
22.05.29	蒸しパン			5	×	
22.05.29	デニッシュパン			1	×	
22.05.30	ボトル水	200		200	TBD	
22.05.30	VCサプリ	4		4	×	
22.05.30	白米	720			×	
22.05.30	牛もも	80			×	腹負担
22.05.30	ほうじ茶	450	450		×	
22.05.30	メロンパン			1	×	
22.05.30	デニッシュパン			1	×	
22.05.30	デニッシュパン			1	×	
22.05.31	ボトル水	200	200	400	TBD	

付録1 筆者の食事記録（Author's Meal Records）

日付	食物名	数量			適否	不調名
		朝	昼	夕		
22.05.31	VCサプリ	4			×	
22.05.31	白米	720		360	×	
22.05.31	鶏もも	128			×	
22.05.31	海塩	1		1	×	
22.05.31	ほうじ茶	450			×	
22.05.31	マフィン		280		×	腕出汁
22.06.01	ボトル水	200	400	200	TBD	
22.06.01	VCサプリ	4		4	×	
22.06.01	白米	720		360	×	
22.06.01	鶏もも	110			×	
22.06.01	海塩	2		2	×	
22.06.01	ほうじ茶	400			×	
22.06.01	ようかん		150		×	
22.06.02	ボトル水	200	400	200	TBD	
22.06.02	VCサプリ	4		4	×	
22.06.02	白米	720		360	×	
22.06.02	鶏もも	110			×	
22.06.02	海塩	4	4	2	×	
22.06.02	ほうじ茶	450			×	
22.06.02	デニッシュパン			1	×	口内荒れ、頭重、下痢
22.06.03	ボトル水	200	400	400	TBD	
22.06.03	VCサプリ	4		4	×	
22.06.03	白米	540			×	
22.06.03	鶏もも	140			×	
22.06.03	海塩	5	4		×	
22.06.03	ほうじ茶	400			×	
22.06.03	ビスケット		155		×	指痒み、下痢
22.06.03	アイスミルク		1		×	
22.06.03	ようかん			150	×	
22.06.04	ボトル水	400	400	400	TBD	
22.06.04	VCサプリ	4		4	×	
22.06.04	白米	720		360	×	
22.06.04	鶏もも	108			×	
22.06.04	海塩	5	2	3	×	
22.06.04	キャベツ	81			×	耳突起
22.06.04	アイスミルク		1		×	
22.06.04	ようかん		155		×	
22.06.05	ほうじ茶	500			×	
22.06.05	VCサプリ	4		4	×	
22.06.05	白米	720			×	
22.06.05	きぬ豆腐	200			×	眠気、痒み、倦怠感
22.06.05	海塩	5	3		×	
22.06.05	ボトル水		400	400	TBD	
22.06.05	ビスケット		120	190	×	
22.06.05	アイスミルク		1		×	
22.06.06	ほうじ茶	500			×	
22.06.06	VCサプリ	4			×	
22.06.06	白米	360		360	×	
22.06.06	海塩	3		1	×	
22.06.06	キャベツ	104			×	耳突起、目やに
22.06.06	ボトル水		400	200	TBD	
22.06.06	マーガリンパン		1		×	
22.06.06	食パン		180		×	
22.06.06	パイ菓子			6	×	

付録1 筆者の食事記録（Author's Meal Records）

日付	食物名	数量			適否	不調名
		朝	昼	夕		
22.06.07	ほうじ茶	500			×	
22.06.07	VCサプリ	4			×	
22.06.07	白米	720			×	
22.06.07	鶏もも	123			×	
22.06.07	海塩	5	2		×	
22.06.07	マーガリンパン		1		×	
22.06.07	ボトル水	200	400	200	TBD	
22.06.07	クリームパン			1	×	耳突起、顔突起、出汁
22.06.07	アイスミルク			1	×	
22.06.08	ボトル水	400	200		TBD	
22.06.08	VCサプリ	4			×	
22.06.08	白米	720		420	×	
22.06.08	鶏もも	131			×	
22.06.08	海塩	4		3	×	
22.06.08	オリーブ油	14			×	
22.06.08	ほうじ茶			450	×	
22.06.09	ボトル水	200	200	400	TBD	
22.06.09	VCサプリ	4		4	×	
22.06.09	白米	360	360	360	×	
22.06.09	鶏もも	120			×	
22.06.09	海塩	3	2	2	×	
22.06.09	ほうじ茶	450			×	
22.06.09	パイ菓子			7	×	
22.06.10	ボトル水	200	400	400	TBD	
22.06.10	VCサプリ	4		4	×	
22.06.10	マフィン	280			×	
22.06.10	鶏むね	130			×	
22.06.10	海塩	1	2	1	×	
22.06.10	ほうじ茶	450			×	
22.06.10	白米		360	360	×	
22.06.10	マーガリンパン		1		×	腹負担
22.06.10	食パン		180		×	
22.06.11	ボトル水	200	400	200	TBD	
22.06.11	VCサプリ	4			×	
22.06.11	マフィン	280			×	
22.06.11	ほうじ茶	450			×	
22.06.11	白米		340	360	×	
22.06.11	野菜炒め		300		×	痒み
22.06.11	みそ汁		180		×	
22.06.11	デニッシュパン		1		×	腹負担
22.06.11	食パン		120		×	
22.06.11	海塩			1	×	
22.06.11	アイスミルク			2	×	
22.06.12	ボトル水	200	400	200	TBD	
22.06.12	VCサプリ	4		4	×	
22.06.12	マフィン	280			×	
22.06.12	ほうじ茶	450			×	
22.06.12	白米		340	240	×	
22.06.12	海塩		2		×	
22.06.12	アイスクリーム		1		×	眠気
22.06.12	アイスミルク		1		×	
22.06.12	食パン		240		×	
22.06.12	アイスミルク			1	×	
22.06.12	デニッシュパン			1	×	

付録1　筆者の食事記録（Author's Meal Records）

日付	食物名	数量			適否	不調名
		朝	昼	夕		
22.06.13	ボトル水	200	400	400	TBD	
22.06.13	VCサプリ	4		4	×	
22.06.13	マフィン	280			×	
22.06.13	ほうじ茶	450			×	
22.06.13	にぎり寿司		400		×	足痺れ、耳突起
22.06.13	食パン		240		×	
22.06.13	アイスクリーム		1		×	えずき
22.06.13	白米			270	×	
22.06.13	海塩			2	×	
22.06.13	ヨーグルト			100	×	痒み
22.06.14	ボトル水	200		200	TBD	
22.06.14	VCサプリ	4			×	
22.06.14	マフィン	280			×	
22.06.14	バター	11			×	こめかみ突起
22.06.14	ほうじ茶	450	450		×	
22.06.14	白米		360	270	×	
22.06.14	海塩		2	1	×	
22.06.14	食パン		180		×	
22.06.14	アイスミルク			2	×	
22.06.15	ボトル水	200	400	400	TBD	
22.06.15	VCサプリ	4		4	×	
22.06.15	食パン	180	180		×	
22.06.15	ほうじ茶	450			×	
22.06.15	イカフライ		120		×	寒気
22.06.15	白米		270	270	×	
22.06.15	海塩		2	2	×	
22.06.16	ボトル水	200	200	400	TBD	
22.06.16	食パン	180			×	
22.06.16	イカ	49			×	腹痛
22.06.16	ほうじ茶	450			×	
22.06.16	白米		270	270	×	
22.06.16	海塩		2	2	×	
22.06.16	イカ		90		×	
22.06.16	マフィン		210	140	×	
22.06.16	VCサプリ			4	×	
22.06.17	ボトル水	200	200	400	TBD	
22.06.17	VCサプリ	4			×	
22.06.17	マフィン	210	210	210	×	
22.06.17	ほうじ茶	450			×	
22.06.17	鶏むね	120			×	
22.06.17	白米		270	270	×	
22.06.17	海塩		2		×	
22.06.17	アセロラドリンク		200		×	痒み、腹負担
22.06.19	ボトル水	200	400	400	TBD	
22.06.19	VCサプリ	4			×	
22.06.19	マフィン	210	210	210	×	耳突起、出汁、痒み、目荒れ
22.06.19	ほうじ茶	450			×	
22.06.19	鶏むね	110			×	
22.06.19	白米			360	×	
22.06.19	海塩			2	×	
22.06.19	上白糖			8	×	
22.06.20	ボトル水	200	400	400	TBD	
22.06.20	VCサプリ	4		4	×	

付録1　筆者の食事記録（Author's Meal Records）

日付	食物名	数量			適否	不調名
		朝	昼	夕		
22.06.20	マフィン	210			×	
22.06.20	ほうじ茶	450			×	
22.06.20	白米		270	270	×	
22.06.20	海塩		2	1	×	
22.06.20	食パン		120		×	
22.06.20	アイスミルク			2	×	
22.06.21	ボトル水	200	400	200	TBD	
22.06.21	VCサプリ	4			×	
22.06.21	食パン	180	180	180	×	
22.06.21	ほうじ茶	450			×	
22.06.21	白米		270	270	×	
22.06.21	ラクトアイス			1	×	
22.06.22	ボトル水	200	200	400	TBD	
22.06.22	VCサプリ	4		4	×	
22.06.22	食パン	180	180		×	
22.06.22	玄米茶	450			×	
22.06.22	白米		360	360	×	
22.06.23	ボトル水	600	400	200	TBD	
22.06.23	VCサプリ	4		4	×	
22.06.23	食パン	180	180	180	×	
22.06.23	白米		360	360	×	
22.06.23	ほうじ茶		450		×	
22.06.23	海塩			1	×	
22.06.24	ボトル水	200	400	600	TBD	
22.06.24	VCサプリ	4		4	×	
22.06.24	食パン	180	180		×	
22.06.24	ほうじ茶	450			×	
22.06.24	白米		270	270	×	
22.06.24	海塩		2	2	×	
22.06.24	鶏もも		270		×	乳首出血
22.06.25	ボトル水	200	200	200	TBD	
22.06.25	VCサプリ	4			×	
22.06.25	食パン	180			×	
22.06.25	ほうじ茶	450			×	
22.06.25	白米		270	270	×	
22.06.25	海塩			2	×	
22.06.25	玄米茶			400	×	
22.06.26	ボトル水	200		200	TBD	
22.06.26	VCサプリ	4			×	
22.06.26	白米	270		270	×	
22.06.26	海塩	2		2	×	
22.06.26	ほうじ茶	400		400	×	
22.06.26	マフィン		280		×	
22.06.26	玄米茶		400		×	
22.06.27	ボトル水	200	200	200	TBD	
22.06.27	VCサプリ	4			×	
22.06.27	白米	270	270		×	
22.06.27	海塩	2			×	
22.06.27	ほうじ茶	400			×	
22.06.27	玄米茶		400		×	
22.06.28	ボトル水	400	400	400	TBD	
22.06.28	VCサプリ	4		4	×	

付録1 筆者の食事記録（Author's Meal Records）

日付	食物名	数量 朝	昼	夕	適否	不調名
22.06.28	海塩	2			×	
22.06.28	鶏もも		230		×	下痢、左膝痛、乳首出血、腹負担、口横切れ
22.06.28	マフィン			280	×	
22.06.29	ボトル水	400	400	400	TBD	
22.06.29	VCサプリ	4			×	
22.06.29	海塩	2	2	2	×	
22.06.29	キャベツ		210		×	耳突起、腹負担
22.06.29	白米			360	×	
22.06.30	ボトル水	400	400	400	TBD	
22.06.30	VCサプリ	4			×	
22.06.30	海塩	2	2	2	×	
22.06.30	白米	360		360	×	
22.06.30	鶏むね	230			×	口内噛み
22.06.30	ほうじ茶		400		×	
22.06.30	アイスミルク			1	×	腹負担、皮膚荒れ
22.06.30	食パン			60	×	
22.07.01	ボトル水	200	600	400	TBD	
22.07.01	VCサプリ	4			×	
22.07.01	白米	360		360	×	
22.07.01	ほうじ茶	400			×	
22.07.01	食パン	60		60	×	
22.07.01	ポテトコロッケ		80		×	唇出血、乳首出汁、皮膚荒れ、左膝痛
22.07.01	みそ			16	×	目やに、痒み
22.07.02	ボトル水	200	600	400	TBD	
22.07.02	VCサプリ	4			×	
22.07.02	海塩	1	2		×	
22.07.02	白米	360		360	×	
22.07.02	食パン	60		60	×	
22.07.02	ほうじ茶	400			×	
22.07.03	ボトル水	200	200	200	TBD	
22.07.03	白米	360		360	×	
22.07.03	海塩	2		2	×	
22.07.03	ほうじ茶	400			×	
22.07.03	コーヒー		300		×	
22.07.04	ボトル水	200	200	400	TBD	
22.07.04	白米	360		240	×	腹負担
22.07.04	海塩	2		2	×	
22.07.04	コーヒー	300			×	
22.07.04	牛煮込		80		×	腹負担
22.07.04	ほうじ茶		400		×	
22.07.04	VCサプリ			4	×	
22.07.05	ボトル水	200	200	600	TBD	
22.07.05	VCサプリ	4			×	
22.07.05	白米	240			×	
22.07.05	海塩	2			×	
22.07.05	コーヒー	200			×	
22.07.05	食パン	60			×	痒み
22.07.05	ほうじ茶	400			×	
22.07.05	オリーブ油		2		×	口内刺激、出汁、痒み、局部出血
22.07.05	なたね油		10	4	×	
22.07.05	カツ丼			1	×	
22.07.06	ボトル水	400	400	200	TBD	

付録1　筆者の食事記録（Author's Meal Records）

日付	食物名	数量			適否	不調名
		朝	昼	夕		
22.07.06	なたね油	20		10	×	
22.07.06	海塩	2		2	×	
22.07.06	野菜サラダ		60		×	
22.07.06	鶏みそ炒め		300		×	眠気、腹負担、痒み
22.07.06	卵スープ		200		×	
22.07.06	白米		270	270	×	
22.07.06	ほうじ茶			450	×	
22.07.06	VCサプリ			4	×	
22.07.07	ボトル水	200	200	400	TBD	
22.07.07	VCサプリ	4		4	×	
22.07.07	白米	270		360	×	
22.07.07	海塩	2		2	×	
22.07.07	なたね油	15	15		×	
22.07.07	ほうじ茶	400			×	
22.07.07	コーヒー		300		×	痒み
22.07.08	ボトル水	400	400	200	TBD	
22.07.08	白米	270	270	270	×	
22.07.08	海塩	2	2	2	×	
22.07.08	なたね油	6	5	6	×	
22.07.08	鶏ささみ		66		×	腹負担、痒み、耳突起
22.07.08	ほうじ茶			400	×	
22.07.09	ボトル水	400	400	600	TBD	
22.07.09	なたね油	10	6	10	×	
22.07.09	白米	270		360	×	
22.07.09	海塩	2			×	
22.07.09	マフィン		280		×	
22.07.09	漬物			16	×	
22.07.10	ボトル水	600	600	400	TBD	
22.07.10	白米	360	360	360	×	
22.07.10	漬物	20			×	
22.07.10	食パン	45			×	
22.07.10	なたね油	5			×	
22.07.10	ワカサギ佃煮		25		×	
22.07.10	金時豆			41	×	
22.07.11	ボトル水	600	400	400	TBD	
22.07.11	白米	360	360	360	×	
22.07.11	漬物	20			×	
22.07.11	海塩		2		×	
22.07.11	金時豆		42		×	局部痒み、出血、透明尿
22.07.11	海塩			30	×	痒み
22.07.12	ボトル水	200	200	400	TBD	
22.07.12	VCサプリ	4		4	×	
22.07.12	白米	360	360	360	×	
22.07.12	漬物	26			×	
22.07.12	ほうじ茶	400			×	口内荒れ
22.07.12	たくあん		48		×	
22.07.12	なめ茸			33	×	痒み
22.07.13	ボトル水	400	400	400	TBD	
22.07.13	VCサプリ	4		4	×	
22.07.13	白米	360	360	360	×	
22.07.13	たくあん	45			×	
22.07.13	漬物		29		×	
22.07.13	アサリ佃煮		20	24	×	耳突起、頭皮突起

付録1 筆者の食事記録（Author's Meal Records）

日付	食物名	数量			適否	不調名
		朝	昼	夕		
22.07.13	アイスクリーム			1	×	
22.07.13	ほうじ茶			400	×	
22.07.14	ボトル水	200	400	400	TBD	
22.07.14	漬物	25			×	
22.07.14	ほうじ茶	400			×	
22.07.14	キャベツ		40		×	
22.07.14	豚カツ		180		×	
22.07.14	コーヒー		200		×	
22.07.14	アイスミルク		1		×	口内荒れ、倦怠感
22.07.14	アイスミルク		1		×	
22.07.14	白米	360	360	360	×	
22.07.14	海塩			2	×	
22.07.15	ほうじ茶	400			×	
22.07.15	たくあん	35			×	
22.07.15	漬物	25			×	
22.07.15	野菜サラダ		80		×	口内刺激
22.07.15	鶏からあげ		250		×	倦怠感
22.07.15	マカロニ和え		30		×	
22.07.15	ボトル水		400	400	TBD	
22.07.15	コーヒー		200		×	
22.07.15	白米			360	×	
22.07.15	海塩			2	×	
22.07.16	ボトル水	200	200	600	TBD	
22.07.16	たくあん	45			×	
22.07.16	漬物	25			×	
22.07.16	ほうじ茶	400			×	
22.07.16	キャベツ		161		×	
22.07.16	豚しょうが焼		112		×	倦怠感
22.07.16	みそ汁		180		×	
22.07.16	チキンカツ		144		×	
22.07.16	コーヒー		200		×	
22.07.16	白米			360	×	
22.07.16	海塩			2	×	
22.07.17	ボトル水	200	400	400	TBD	
22.07.17	たくあん	46			×	
22.07.17	漬物	25			×	
22.07.17	ほうじ茶	400			×	
22.07.17	アジフライ		163		×	
22.07.17	キャベツ		30		×	
22.07.17	コーヒー		200		×	
22.07.17	白米			480	×	腹負担、痒み
22.07.17	海塩			2	×	
22.07.18	ボトル水	200	400	400	TBD	
22.07.18	たくあん	49			×	
22.07.18	漬物	25			×	
22.07.18	ほうじ茶	400			×	
22.07.18	豚カツ		130		×	腹負担
22.07.18	鶏からあげ		50		×	
22.07.18	コーヒー		200		×	
22.07.18	白米			270	×	
22.07.18	海塩			2	×	
22.07.19	ボトル水	200	400	200	TBD	
22.07.19	たくあん	110			×	
22.07.19	漬物	15			×	

付録1 筆者の食事記録（Author's Meal Records）

日付	食物名	数量			適否	不調名
		朝	昼	夕		
22.07.19	ほうじ茶	400			×	
22.07.19	鶏もも		240		×	
22.07.19	海塩		2	2	×	
22.07.19	コーヒー		200		×	
22.07.19	白米			270	×	
22.07.19	ビスケット			130	×	
22.07.20	ボトル水	200	400	400	TBD	
22.07.20	野沢菜	15			×	
22.07.20	漬物	26			×	
22.07.20	たくあん	43			×	
22.07.20	ほうじ茶	400			×	
22.07.20	アジ		150		×	
22.07.20	コーヒー		200		×	腹負担
22.07.20	白米			270	×	
22.07.20	海塩			2	×	
22.07.21	ボトル水	600	200	200	TBD	
22.07.21	たくあん	49			×	
22.07.21	漬物	25			×	
22.07.21	鶏もも		247		×	痒み
22.07.21	海塩		2	2	×	
22.07.21	玄米茶		400		×	
22.07.21	白米			270	×	
22.07.22	ボトル水	200	400	400	TBD	
22.07.22	たくあん	48			×	
22.07.22	漬物	25			×	
22.07.22	玄米茶	400			×	
22.07.22	アジフライ		200		×	
22.07.22	コーヒー		200		×	
22.07.22	白米			270	×	
22.07.22	海塩			2	×	
22.07.23	ボトル水	200	400	400	TBD	
22.07.23	たくあん	51			×	
22.07.23	漬物	25			×	
22.07.23	玄米茶	400			×	
22.07.23	食パン		180		×	顔突起、胃痛、頭重
22.07.23	コーヒー		200		×	
22.07.23	白米			270	×	
22.07.23	海塩			2	×	
22.07.24	ボトル水	200	200	400	TBD	
22.07.24	海塩	2	2	2	×	
22.07.24	玄米茶	400			×	
22.07.24	白米		240	240	×	
22.07.24	コーヒー		200		×	
22.07.24	VCサプリ			4	×	
22.07.25	ボトル水	200	400	600	TBD	
22.07.25	海塩	2			×	
22.07.25	玄米茶	400			×	
22.07.25	VCサプリ		4	4	×	
22.07.25	インドカレー		300		×	
22.07.25	ナン		360		×	
22.07.25	野菜サラダ		80		×	
22.07.25	ラッシー		200		×	
22.07.25	白米			240	×	

付録1 筆者の食事記録（Author's Meal Records）

日付	食物名	数量			適否	不調名
		朝	昼	夕		
22.07.26	ボトル水	400	400	400	TBD	
22.07.26	海塩	2	2	2	×	
22.07.26	VCサプリ	4	4		×	
22.07.26	白米		360	360	×	
22.07.27	野菜サラダ		50	50	×	
22.07.27	チンジャオロース		300		×	痒み
22.07.27	卵スープ		150		×	
22.07.27	白米		330	300	×	
22.07.27	漬物		5		×	
22.07.27	杏仁豆腐		10		×	
22.07.27	アイスクリーム		2		×	
22.07.27	パイ菓子		8	12	×	
22.07.27	マーボー豆腐			250	×	
22.07.27	中華スープ			120	×	
22.07.28	ボトル水	200	60	90	TBD	
22.07.28	にぎり寿司		240		×	
22.07.28	にぎり寿司		240		×	
22.07.28	にぎり寿司		80		×	
22.07.28	卵焼き		50		×	
22.07.28	酢漬しょうが		1		×	
22.07.28	アイスキャンデー		2		×	
22.07.28	アイスキャンデー		1		×	
22.07.28	アイスキャンデー		1		×	
22.07.28	アイスキャンデー		1		×	
22.07.28	野菜サラダ			50	×	
22.07.28	白米			300	×	
22.07.28	中華あんかけ			250	×	
22.07.28	中華スープ			120	×	
22.07.28	ジュース			200	×	
22.07.29	ほうじ茶	200	200		×	
22.07.29	野菜炒め		250		×	
22.07.29	漬物		20		×	
22.07.29	中華スープ		100		×	
22.07.29	白米		250	360	×	
22.07.29	ジュース			200	×	
22.07.30	白米	360		360	×	
22.07.30	アジフライ		195		×	
22.07.30	イカフライ		54		×	
22.07.30	ボトル水		150	90	TBD	
22.07.30	チキンカツ		128		×	
22.07.30	ジュース			200	×	
22.07.31	白米	360		360	×	
22.07.31	鶏ささみ	126			×	耳痒み、抜毛、乳首出血
22.07.31	ボトル水		75	75	TBD	
22.07.31	ほうじ茶		200		×	
22.07.31	海塩		2		×	
22.07.31	コーヒー		200		×	
22.08.01	ほうじ茶	200			×	
22.08.01	海塩	2		2	×	
22.08.01	白米	360	360	360	×	
22.08.01	コーヒー	200			×	体重減少、左膝痛、耳痒み、赤突起
22.08.01	ボトル水			75	TBD	
22.08.02	ボトル水	200	200	400	TBD	

95

付録1 筆者の食事記録（Author's Meal Records）

日付	食物名	数量			適否	不調名
		朝	昼	夕		
22.08.02	海塩	2	2	2	×	
22.08.02	白米	360	360		×	
22.08.02	なたね油	5			×	痛突起、出汁、口内荒れ
22.08.03	ボトル水	200	200	400	TBD	
22.08.03	海塩	2			×	クシャミ、痒み
22.08.03	インドカレー		300		×	下痢
22.08.03	ナン		360		×	
22.08.03	野菜サラダ		80		×	
22.08.03	ラッシー		200		×	
22.08.04	ボトル水	400	200	400	TBD	
22.08.04	豚しょうが焼		250		×	下痢
22.08.04	ヨーグルト			100	×	
22.08.04	メロンパン			1	×	
22.08.05	ボトル水	200	400	200	TBD	
22.08.05	にぎり寿司		280		×	
22.08.05	にぎり寿司		160		×	
22.08.05	酢漬しょうが		1		×	
22.08.06	ボトル水	200		200	TBD	
22.08.06	にぎり寿司		400		×	
22.08.06	にぎり寿司		120		×	
22.08.06	ほうじ茶		400		×	
22.08.06	ヨーグルト		318		×	
22.08.06	蒸しパン			1	×	
22.08.06	ブリ			132	×	
22.08.07	ほうじ茶	200	200		×	
22.08.07	イサキ		67		×	
22.08.07	かつお		175		×	
22.08.07	白米		360	270	×	
22.08.07	海塩		2	2	×	
22.08.07	ボトル水		200	200	TBD	
22.08.07	マグロ			133	×	
22.08.08	ほうじ茶	200	200		×	
22.08.08	生卵	107			TBD	
22.08.08	白米	270	270		×	
22.08.08	海塩	2			×	
22.08.08	ビスケット		208	100	×	顔むくみ
22.08.08	ボトル水			400	TBD	
22.08.09	ほうじ茶	200	200		×	
22.08.09	生卵	50		50	TBD	
22.08.09	海塩	2		2	×	
22.08.09	白米	360		360	×	
22.08.09	牛乳		400		×	脱力、腕突起、耳裏荒れ
22.08.09	ボトル水			200	TBD	
22.08.10	牛乳	200		200	×	脱力、腹負担
22.08.10	生卵	50		50	TBD	
22.08.10	海塩	1		1	×	
22.08.10	白米	360		360	×	
22.08.10	ボトル水	200	200		TBD	
22.08.10	バナナ		208		×	口内突起、耳突起
22.08.10	浄水		200	200	○	
22.08.11	浄水		200	200	400	○	

付録1 筆者の食事記録(Author's Meal Records)

日付	食物名	数量			適否	不調名
		朝	昼	夕		
22.08.11	生卵	50	50	50	TBD	
22.08.11	海塩	1	1	1	×	
22.08.11	白米	360			×	
22.08.11	ほうじ茶	200			×	皮膚荒れ、口内荒れ
22.08.11	ワラサ		86		×	
22.08.11	ビスケット		100		×	
22.08.11	バナナ			200	×	
22.08.12	浄水	400	200	400	○	
22.08.12	生卵	50	60	60	TBD	
22.08.12	海塩	1	1	1	×	
22.08.12	白米	240		240	×	
22.08.12	ワラサ	77			×	
22.08.12	パイナップル		264		×	
22.08.12	ビスケット		100	117	×	
22.08.13	浄水	400	200	200	○	
22.08.13	生卵	60	60	60	TBD	
22.08.13	海塩	1	1	1	×	
22.08.13	白米	240		240	×	
22.08.13	パイナップル	154		130	×	腹負担、下痢、脱力、耳突起、顔痒み
22.08.13	バナナ		189	190	×	耳突起
22.08.14	浄水	400	200	200	○	
22.08.14	生卵	60	60	60	TBD	
22.08.14	海塩	1	1	1	×	
22.08.14	白米	240		240	×	
22.08.14	バナナ	232	211	200	×	乳首荒れ、額突起、耳突起、手出膿
22.08.15	浄水	200	200	400	○	
22.08.15	海塩	1	3	1	×	
22.08.15	白米	240		240	×	
22.08.15	生卵		174	52	TBD	
22.08.16	浄水	400	400	600	○	
22.08.16	生卵	110		106	TBD	
22.08.16	海塩	2		2	×	
22.08.16	白米	240			×	
22.08.16	VCサプリ		4	4	×	
22.08.16	ビスケット		100	100	×	
22.08.16	マフィン			140	×	
22.08.17	浄水	400	600	600	○	
22.08.17	VCサプリ	4	4		×	
22.08.17	生卵	54	54		TBD	下痢
22.08.17	海塩	1			×	
22.08.17	マフィン	140			×	
22.08.17	自作パン		180	190	×	
22.08.17	ビスケット		128	100	×	
22.08.17	かつお			130	×	
22.08.18	浄水	400	400	400	○	
22.08.18	VCサプリ	4		4	×	
22.08.18	生卵	50		50	TBD	下痢
22.08.18	自作パン	180		180	×	
22.08.18	ビンチョウ		90		×	
22.08.18	サーモン		60		×	
22.08.18	酢飯		180		×	
22.08.18	ビスケット		100	100	×	

付録1 筆者の食事記録（Author's Meal Records）

日付	食物名	数量			適否	不調名
		朝	昼	夕		
22.08.19	浄水	600	400	600	○	
22.08.19	VCサプリ	4		4	×	
22.08.19	生卵	55			TBD	
22.08.19	自作パン	180		180	×	
22.08.19	ビンチョウ		105		×	
22.08.19	サーモン		80		×	
22.08.19	酢飯		240		×	
22.08.20	浄水	400	400	600	○	
22.08.20	VCサプリ	4		4	×	
22.08.20	生卵	59			TBD	
22.08.20	自作パン	180	180	180	×	
22.08.20	サーモン		60		×	
22.08.20	マグロ		60		×	唇荒れ、耳突起
22.08.20	酢飯		180		×	
22.08.20	まんじゅう		1		×	
22.08.20	ビスケット		100		×	
22.08.21	浄水	400	400	600	○	
22.08.21	VCサプリ	4		4	×	
22.08.21	生卵	60			TBD	目荒れ
22.08.21	自作パン	180		180	×	
22.08.21	サーモン		120		×	
22.08.21	白米		240		×	
22.08.21	海塩		1		×	
22.08.21	ビスケット		100		×	
22.08.21	まんじゅう		1		×	
22.08.21	大福		1		×	
22.08.22	浄水	400	400	400	○	
22.08.22	VCサプリ	4		4	×	
22.08.22	自作パン	180		180	×	
22.08.22	生卵	57			TBD	目荒れ
22.08.22	ビスケット	50	50	100	×	
22.08.22	ワラサ		66		×	
22.08.22	海塩		1		×	
22.08.22	白米		270		×	
22.08.22	キャベツ		60		×	
22.08.22	ビスケット			17	×	
22.08.23	浄水	400	400	400	○	
22.08.23	VCサプリ	4	4		×	
22.08.23	自作パン	180		180	×	
22.08.23	生卵	57			TBD	目荒れ
22.08.23	キャベツ	60			×	
22.08.23	白米		270		×	
22.08.23	かつお		60		×	
22.08.23	海塩		1		×	
22.08.23	ビスケット		100	100	×	
22.08.23	まんじゅう		1		×	
22.08.24	浄水	400	400	400	○	
22.08.24	VCサプリ	4		4	×	
22.08.24	自作パン	180		180	×	
22.08.24	生卵	58			TBD	目荒れ
22.08.24	キャベツ	60			×	
22.08.24	酢飯		180		×	右鼻痛、耳垢、出血
22.08.24	サーモン		62	67	×	
22.08.24	ビスケット		100	100	×	

付録1 筆者の食事記録（Author's Meal Records）

日付	食物名	数量			適否	不調名
		朝	昼	夕		
22.08.25	浄水	400	400	400	○	
22.08.25	VCサプリ	4	4		×	
22.08.25	自作パン	180		180	×	
22.08.25	ワラサ	60			×	
22.08.25	キャベツ	60			×	
22.08.25	白米		270		×	
22.08.25	かつお		55		×	出血、頭痛
22.08.25	ビスケット	50	100	50	×	
22.08.25	イナダ			70	×	
22.08.25	まんじゅう			1	×	
22.08.26	浄水	400	400	400	○	
22.08.26	VCサプリ	4	4		×	
22.08.26	自作パン	180		180	×	
22.08.26	イナダ	60	66	48	×	耳突起
22.08.26	キャベツ	60			×	
22.08.26	白米		360		×	
22.08.26	海塩		1		×	
22.08.26	ビスケット		100	100	×	
22.08.26	まんじゅう			1	×	
22.08.27	浄水	400	400	400	○	
22.08.27	VCサプリ	4		4	×	
22.08.27	自作パン	180		180	×	
22.08.27	イナダ	69	61	65	×	乳首出血、痒み、皮膚荒れ、耳突起
22.08.27	キャベツ	60			×	
22.08.27	白米		180		×	
22.08.27	海塩		1		×	
22.08.27	ビスケット	50	100	50	×	
22.08.27	アメ			20	×	眠気、舌痛
22.08.28	浄水	400	200	400	○	
22.08.28	VCサプリ	4	4		×	
22.08.28	自作パン	180		180	×	
22.08.28	キャベツ	60			×	
22.08.28	ビスケット	50	100	50	×	
22.08.28	アメ	15			×	痒み、眠気、舌痛
22.08.28	白米		270		×	
22.08.28	海塩		1		×	
22.08.28	イナダ		50		×	痒み、出汁
22.08.28	はちみつ			30	×	下痢、口内荒れ
22.08.29	浄水	400	400	400	○	
22.08.29	VCサプリ	4		4	×	
22.08.29	自作パン	180		180	×	
22.08.29	はちみつ	30			×	
22.08.29	イナダ	53			×	痒み、出汁
22.08.29	ビスケット	50	100	50	×	
22.08.29	キャベツ	60			×	
22.08.29	白米		270		×	
22.08.29	海塩		1		×	
22.08.29	サーモン		57		×	
22.08.29	ニンジン		65		○	
22.08.29	粒あん			100	×	
22.08.30	浄水	400	200	200	○	
22.08.30	自作パン	180		180	×	
22.08.30	生卵	55			TBD	目荒れ、下痢
22.08.30	ビスケット	50	100	50	×	
22.08.30	レタス	58			×	

付録1 筆者の食事記録（Author's Meal Records）

日付	食物名	数量			適否	不調名
		朝	昼	夕		
22.08.30	白米		270		×	
22.08.30	海塩		1		×	
22.08.30	ビンチョウ		76		×	下痢、頭痛
22.08.30	バナナ		118		×	
22.08.30	ゴールドキウイ			106	×	
22.08.30	牛乳			200	×	出血、オナラ
22.08.31	浄水	400	200	400	○	
22.08.31	自作パン	180		180	×	
22.08.31	アボカド	86			×	
22.08.31	サーモン	57			×	
22.08.31	白米	270			×	
22.08.31	海塩	2			×	
22.08.31	ビスケット		150	50	×	
22.08.31	さつまいも		180		×	
22.08.31	すいか		348		×	
22.09.01	浄水	400	200	200	○	
22.09.01	自作パン	180		180	×	
22.09.01	クルミ	24			×	
22.09.01	キャベツ	58			×	眠気
22.09.01	白米		270		×	
22.09.01	海塩		2		×	
22.09.01	イナダ		63		×	
22.09.01	ビスケット		100	100	×	
22.09.01	粒あん		100		×	
22.09.01	はちみつ			20	×	下痢
22.09.02	浄水	400	400	400	○	
22.09.02	自作パン	180		180	×	
22.09.02	オリーブ油	15			×	
22.09.02	ニンジン	62			○	
22.09.02	バナナ	130			×	眠気、出汁
22.09.02	白米		270		×	
22.09.02	海塩		2		×	
22.09.02	ビスケット		100	100	×	
22.09.02	レタス		61		×	
22.09.02	はちみつ			13	×	腹負担、下痢
22.09.03	浄水	400	200	200	○	
22.09.03	自作パン	180		180	×	
22.09.03	アボカド	89			×	
22.09.03	きゅうり	80			×	
22.09.03	さつまいも	204			×	
22.09.03	白米		270		×	
22.09.03	海塩		2		×	
22.09.03	ピーマン		36		×	右首痛、左膝痛、透明尿、口内荒れ、痒み
22.09.03	梨			186	×	口内荒れ、痒み、腹負担
22.09.03	サーモン			99	×	
22.09.03	ビスケット			50	×	
22.09.04	浄水	400	200	400	○	
22.09.04	自作パン	180		180	×	
22.09.04	クルミ	24			×	
22.09.04	キャベツ	60			×	
22.09.04	グリーンキウイ	112			×	腹負担、口内突起
22.09.04	白米		270		×	
22.09.04	海塩		2		×	
22.09.04	こまつな		61		×	
22.09.04	パイナップル		100		×	痒み、頻尿、腹負担、口内突起

付録1 筆者の食事記録（Author's Meal Records）

日付	食物名	数量			適否	不調名
		朝	昼	夕		
22.09.04	きぬ豆腐			200	×	耳突起
22.09.04	ビスケット			75	×	
22.09.05	浄水	400	400	400	○	
22.09.05	自作パン	180		180	×	
22.09.05	オリーブ油	15			×	
22.09.05	レタス	60			×	
22.09.05	バナナ	115			×	痒み、皮膚荒れ、頻尿
22.09.05	白米		270		×	
22.09.05	海塩		2		×	
22.09.05	ニンジン		60		○	
22.09.05	鶏むね		105		×	乳首荒れ、吐気
22.09.05	粒あん			100	×	
22.09.05	ビスケット			175	×	
22.09.06	浄水	400	200	600	○	
22.09.06	自作パン	180	180		×	
22.09.06	アボカド	86			×	
22.09.06	きゅうり	85			×	
22.09.06	さつまいも	153			×	腹負担
22.09.06	白米		270		×	
22.09.06	海塩		2		×	
22.09.06	トマト		75		×	耳痒み、皮膚痒み、腹痒み
22.09.06	ビスケット			175	×	
22.09.07	浄水	400	200	400	○	
22.09.07	自作パン	180	180		×	
22.09.07	クルミ	24			×	
22.09.07	キャベツ	60			×	腹負担、赤出汁、膝裏荒れ
22.09.07	白米		270		×	
22.09.07	海塩		2		×	
22.09.07	こまつな		60		×	
22.09.07	きぬ豆腐		200		×	下痢、腹負担、皮膚荒れ
22.09.07	ビスケット			200	×	
22.09.08	浄水	400	200	400	○	
22.09.08	自作パン	180	180		×	
22.09.08	オリーブ油	15			×	
22.09.08	レタス	60			×	
22.09.08	白米		270		×	
22.09.08	海塩		2		×	
22.09.08	ニンジン		60		○	
22.09.08	サーモン		98		×	
22.09.08	ビスケット			200	×	
22.09.09	浄水	400	400	400	○	
22.09.09	自作パン	180		180	×	
22.09.09	アボカド	73			×	
22.09.09	きゅうり	85			×	
22.09.09	白米		270		×	
22.09.09	海塩		2		×	
22.09.09	トマト		70		×	口横痛み、出汁、赤突起、局部痒み
22.09.09	イナダ			66	×	赤突起
22.09.09	粒あん			100	×	便通悪化
22.09.09	ビスケット			100	×	
22.09.10	浄水	400	400	200	○	
22.09.10	自作パン	180	180		×	
22.09.10	クルミ	24			×	
22.09.10	こまつな	58			×	

付録1 筆者の食事記録（Author's Meal Records）

日付	食物名	数量			適否	不調名
		朝	昼	夕		
22.09.10	白米		270		×	
22.09.10	海塩		2		×	
22.09.10	アスパラ		53		×	
22.09.10	鶏むね		95		×	痒み、抜毛、下痢、膝裏荒れ、フケ
22.09.10	粒あん			100	×	下痢
22.09.10	ビスケット			100	×	
22.09.11	浄水	400	200	200	○	
22.09.11	自作パン	180	180		×	
22.09.11	オリーブ油	15			×	
22.09.11	レタス	40			×	
22.09.11	白米		270		×	
22.09.11	海塩		2		×	
22.09.11	サーモン		89		×	膝裏荒れ、腹負担、出血
22.09.11	ニンジン		67		○	
22.09.11	粒あん		100		×	下痢
22.09.11	ビスケット		100		×	
22.09.11	パイ菓子			8	×	
22.09.12	浄水	400	400	200	○	
22.09.12	自作パン	180	180		×	
22.09.12	オリーブ油	15			×	
22.09.12	みずな	58			×	
22.09.12	白米		270		×	
22.09.12	海塩		2		×	
22.09.12	きゅうり		60		×	
22.09.12	アボカド		90		×	腹負担、耳突起
22.09.12	粒あん			100	×	下痢
22.09.12	ビスケット			100	×	
22.09.12	パイ菓子			8	×	眠気
22.09.13	浄水	400	400	200	○	
22.09.13	自作パン	180		180	×	
22.09.13	クルミ	24			×	
22.09.13	こまつな	46			×	
22.09.13	白米		270		×	
22.09.13	海塩		2		×	
22.09.13	アスパラ		51		×	
22.09.13	パイ菓子		8		×	眠気
22.09.13	ビスケット		100		×	
22.09.13	大根		61		×	
22.09.13	ビスケット			100	×	
22.09.14	浄水	400	200	400	○	
22.09.14	自作パン	180		180	×	
22.09.14	オリーブ油	15			×	
22.09.14	ニンジン	73			○	
22.09.14	白米		360		×	
22.09.14	海塩		2		×	
22.09.14	レタス		79		×	
22.09.14	ブロッコリー			59	×	
22.09.14	ビスケット			100	×	
22.09.15	浄水	400	200	400	○	
22.09.15	自作パン	180		180	×	
22.09.15	アボカド	85			×	
22.09.15	みずな	55			×	
22.09.15	白米		360		×	眠気、倦怠感
22.09.15	海塩		2		×	
22.09.15	きゅうり		60		×	

付録1 筆者の食事記録（Author's Meal Records）

日付	食物名	数量			適否	不調名
		朝	昼	夕		
22.09.15	ビスケット		100		×	
22.09.15	チンゲン			59	×	
22.09.16	浄水	400	200	400	○	
22.09.16	自作パン	180	180	180	×	
22.09.16	クルミ	24			×	
22.09.16	大根	71			×	
22.09.16	ビスケット	50	50		×	眠気、腹負担
22.09.16	こまつな		60		×	
22.09.16	アスパラ			60	×	
22.09.17	浄水	400	400	400	○	
22.09.17	自作パン	180	180	180	×	
22.09.17	オリーブ油	15			×	
22.09.17	レタス	60			×	
22.09.17	ブロッコリー		60		×	
22.09.17	白米		180		×	眠気、脱力、下痢
22.09.17	りんご			120	×	歯茎痛、痛突起
22.09.17	ビスケット			100	×	
22.09.18	浄水	400	400	400	○	
22.09.18	自作パン	180	180	180	×	
22.09.18	アボカド	71			×	
22.09.18	みずな	68			×	
22.09.18	パイ菓子	8			×	
22.09.18	白米		180		×	左膝痛、下痢
22.09.18	きゅうり		60		×	
22.09.18	チンゲン			58	×	
22.09.19	浄水	400	400	400	○	
22.09.19	自作パン	180	180	180	×	
22.09.19	クルミ	24			×	
22.09.19	大根	79			×	
22.09.19	柿	110			×	局部痒み、頻尿、眠気
22.09.19	ビスケット		50		×	
22.09.19	アスパラ		57		×	
22.09.19	こまつな			56	×	
22.09.19	パイ菓子			4	×	
22.09.20	浄水	400	400	200	○	
22.09.20	自作パン	180	180		×	
22.09.20	オリーブ油	15			×	
22.09.20	レタス	60			×	
22.09.20	りんご	118			×	顔痒み、頻尿、耳突起、赤出汁
22.09.20	ビスケット		50	50	×	
22.09.20	ニンジン		57		○	
22.09.20	ラーメン			1	×	
22.09.20	パイ菓子			4	×	
22.09.21	浄水	400	200	400	○	
22.09.21	自作パン	180	180	180	×	
22.09.21	オリーブ油	15			×	
22.09.21	ブロッコリー	60			×	顔痒み、口横荒れ
22.09.21	パイ菓子	4	4		×	
22.09.21	クルミ		24		×	
22.09.21	きゅうり		60		×	
22.09.21	チンゲン			57	×	
22.09.21	アボカド			70	×	腹負担、耳突起
22.09.21	ビスケット			100	×	

103

付録1　筆者の食事記録（Author's Meal Records）

日付	食物名	数量			適否	不調名
		朝	昼	夕		
22.09.22	浄水	400	400	400	○	
22.09.22	自作パン	180	180		×	
22.09.22	オリーブ油	15			×	
22.09.22	カブ葉	58			×	
22.09.22	クルミ		24		×	
22.09.22	大根		80		×	
22.09.22	パイ菓子		4		×	
22.09.22	ビスケット		50		×	
22.09.22	ラーメン			1	×	
22.09.22	ビスケット			50	×	
22.09.23	浄水	400	200	400	○	
22.09.23	自作パン	180	180		×	
22.09.23	オリーブ油	15			×	
22.09.23	こまつな	70			×	
22.09.23	パイ菓子	4		4	×	
22.09.23	クルミ		24		×	
22.09.23	ニンジン		61		○	
22.09.23	ラーメン		1		×	下痢、歯茎痛、鼻血
22.09.23	ビスケット			50	×	
22.09.23	レタス			63	×	
22.09.23	ビスケット			50	×	
22.09.24	浄水	400	400	200	○	
22.09.24	自作パン	180	180	180	×	
22.09.24	オリーブ油	15		15	×	
22.09.24	きゅうり	73			×	
22.09.24	パイ菓子	4		4	×	
22.09.24	ビスケット	50			×	
22.09.24	クルミ		24		×	
22.09.24	カブ根		70		×	
22.09.24	ビスケット		50		×	
22.09.24	チンゲン			62	×	
22.09.25	浄水	400	400	200	○	
22.09.25	自作パン	180	180	180	×	
22.09.25	オリーブ油	15		15	×	痒み、皮膚荒れ
22.09.25	しゅんぎく	58			×	痒み、ゲップ、寒気、脱力、目荒れ、口内痛み
22.09.25	ビスケット	50		50	×	
22.09.25	ビスケット	50			×	
22.09.25	パイ菓子		4		×	
22.09.25	クルミ		24		×	
22.09.25	大根		72		×	
22.09.25	カブ葉			60	×	
22.09.26	浄水	400	400	200	○	
22.09.26	自作パン	180	180	180	×	
22.09.26	オリーブ油	15			×	
22.09.26	つるむらさき	62			×	
22.09.26	ビスケット	50			×	
22.09.26	パイ菓子		50		×	
22.09.26	サンマ煮		43		×	額突起、腹負担、泡尿、顔痒み、出汁、舌痛
22.09.26	ニンジン		75		○	
22.09.26	レタス			60	×	
22.09.26	クルミ			24	×	
22.09.26	ビスケット			50	×	
22.09.27	浄水	400	400	400	○	
22.09.27	自作パン	180	180	180	×	
22.09.27	オリーブ油	19			×	

付録1　筆者の食事記録（Author's Meal Records）

日付	食物名	数量			適否	不調名
		朝	昼	夕		
22.09.27	きゅうり	72			×	
22.09.27	パイ菓子	4			×	
22.09.27	ホタルイカ		51		×	耳突起、耳痒み、泡尿、出汁、下痢
22.09.27	ビスケット		50		×	
22.09.27	カブ根		82		×	
22.09.27	チンゲン			45	×	
22.09.27	クルミ			24	×	
22.09.27	ビスケット			50	×	
22.09.28	浄水	400	400	400	○	
22.09.28	自作パン	180	180	180	×	
22.09.28	オリーブ油	15			×	
22.09.28	大根	73			×	
22.09.28	パイ菓子	4			×	
22.09.28	ビスケット		50		×	
22.09.28	カシューナッツ		24		×	痒み、赤突起、背中痛
22.09.28	カブ葉		15		×	
22.09.28	クルミ			24	×	痒み
22.09.28	みずな			65	×	
22.09.28	ビスケット			50	×	
22.09.29	浄水	400	400	200	○	
22.09.29	自作パン	180	180	180	×	
22.09.29	オリーブ油	15			×	
22.09.29	つるむらさき	61			×	
22.09.29	パイ菓子	4			×	
22.09.29	ビスケット		50		×	
22.09.29	オートミール		40		×	
22.09.29	ニンジン		65		○	
22.09.29	クルミ			24	×	便通悪化
22.09.29	レタス			60	×	
22.09.29	ビスケット			50	×	
22.09.30	浄水	400	400	400	○	
22.09.30	自作パン	180	180	180	×	
22.09.30	オリーブ油	15			×	
22.09.30	カブ根	78			×	
22.09.30	オートミール	40			×	
22.09.30	こまつな		61		×	
22.09.30	ココナツ油		15		×	
22.09.30	クルミ			24	×	便通悪化、目荒れ
22.09.30	きゅうり			65	×	
22.09.30	ビスケット			50	×	
22.10.01	浄水	400	400	200	○	
22.10.01	自作パン	180		180	×	
22.10.01	オリーブ油	15			×	
22.10.01	オートミール	40			×	
22.10.01	大根	72			×	
22.10.01	白米		270		×	
22.10.01	海塩		2		×	眠気、腕痒み、腕赤み、脱力
22.10.01	クルミ		24		×	
22.10.01	チンゲン		64		×	
22.10.01	ビスケット		50	50	×	
22.10.01	ビスケット		50		×	
22.10.01	ココナツ油			15	×	
22.10.01	みずな			60	×	
22.10.01	パイ菓子			4	×	
22.10.02	浄水	400	400	200	○	

付録1　筆者の食事記録（Author's Meal Records）

日付	食物名	数量			適否	不調名
		朝	昼	夕		
22.10.02	自作パン	180	180	180	×	
22.10.02	ココナツ油	15		15	×	目荒れ、歯茎痛、背中突起
22.10.02	つるむらさき	60			×	口内突起
22.10.02	オートミール	30	30		×	オナラ、痒み、耳痒み、尻荒れ
22.10.02	オリーブ油		15		×	
22.10.02	ニンジン		61		〇	
22.10.02	ビスケット		50		×	
22.10.02	レタス			75	×	
22.10.03	浄水	400	400	200	〇	
22.10.03	自作パン	180	180	180	×	
22.10.03	ココナツ油	15		15	×	目荒れ、歯茎痛
22.10.03	カブ根	77			×	
22.10.03	ビスケット	50			×	
22.10.03	オリーブ油		15		×	
22.10.03	こまつな		60		×	
22.10.03	きゅうり			115	×	
22.10.04	浄水	400	400	400	〇	
22.10.04	自作パン	180		180	×	
22.10.04	アスパラ	53			×	
22.10.04	パイ菓子	4	4		×	
22.10.04	ビスケット	50			×	
22.10.04	パスタ		130		×	
22.10.04	海塩		2		×	
22.10.04	オリーブ油		15		×	
22.10.04	チンゲン		60		×	
22.10.04	大根			67	×	口内荒れ、鼻詰り、鼻水
22.10.04	ごま油			15	×	額突起、口横切れ
22.10.05	浄水	400	400	400	〇	
22.10.05	自作パン	180		180	×	
22.10.05	オリーブ油	15			×	
22.10.05	みずな	60			×	
22.10.05	パスタ		150		×	
22.10.05	海塩		2		×	
22.10.05	ごま油		15		×	耳痒み、臭オナラ、膝痛、口横切れ、下痢
22.10.05	ニンジン		63		〇	
22.10.05	ビスケット		50		×	
22.10.05	レタス			59	×	
22.10.05	ココナツ油			10	×	背中荒れ、手痒み、歯茎痛
22.10.05	パイ菓子			4	×	
22.10.06	浄水	400	200	200	〇	
22.10.06	自作パン	180		180	×	
22.10.06	オリーブ油	10	10		×	
22.10.06	カブ根	54			×	
22.10.06	パスタ		170		×	
22.10.06	海塩		2		×	
22.10.06	パスタ汁		300	200	×	
22.10.06	こまつな		60		×	
22.10.06	ココナツ油			10	×	背中荒れ、手痒み、口横切れ、耳突起
22.10.06	きゅうり			50	×	
22.10.06	ビスケット			50	×	
22.10.07	浄水	200	200	200	〇	
22.10.07	自作パン	180		180	×	
22.10.07	オリーブ油	10	10	10	×	咳、口横切れ、手痒み、腕突起
22.10.07	アスパラ	50			×	
22.10.07	パスタ		170		×	眠気

106

付録1　筆者の食事記録（Author's Meal Records）

日付	食物名	数量			適否	不調名
		朝	昼	夕		
22.10.07	海塩		2		×	
22.10.07	パスタ汁		300	200	×	
22.10.07	チンゲン		61		×	
22.10.07	大根			77	×	
22.10.07	ビスケット			50	×	
22.10.08	自作パン	180		180	×	
22.10.08	浄水	200	200	400	○	
22.10.08	レタス	59			×	
22.10.08	ビスケット	50	50		×	
22.10.08	パスタ		170		×	眠気
22.10.08	海塩		2		×	
22.10.08	パスタ汁		300		×	
22.10.08	オリーブ油		5	5	×	
22.10.08	ニンジン		65		○	
22.10.08	パイ菓子		4	4	×	
22.10.08	カブ葉			61	×	
22.10.09	浄水	400	400	200	○	
22.10.09	自作パン	180	180	180	×	
22.10.09	オリーブ油	5	10		×	痒み、目荒れ、咳、鼻水、クシャミ
22.10.09	きゅうり	58			×	
22.10.09	カブ根		67		×	
22.10.09	パスタ		120		×	
22.10.09	海塩		2		×	
22.10.09	パイ菓子		4	4	×	
22.10.09	ビスケット		50		×	
22.10.09	こまつな			60	×	
22.10.10	浄水	400	200	200	○	
22.10.10	自作パン	360		180	×	
22.10.10	みずな	43			×	
22.10.10	クルミ	16			×	腹痛、首痛、左眉突起、局部痒み
22.10.10	大根		65		×	
22.10.10	ビスケット		50	50	×	
22.10.10	白米		240		×	倦怠感
22.10.10	パイ菓子		4	4	×	
22.10.10	チンゲン			67	×	
22.10.11	浄水	400	400	200	○	
22.10.11	自作パン	180	180	180	×	
22.10.11	レタス	61			×	
22.10.11	パスタ	130			×	
22.10.11	海塩	2			×	
22.10.11	ニンジン		60		○	
22.10.11	ホッケ		120		×	耳突起、痒み
22.10.11	パイ菓子		4	4	×	
22.10.11	ビスケット		60		×	
22.10.11	カブ葉			54	×	
22.10.12	浄水	400	400	200	○	
22.10.12	自作パン	360		180	×	
22.10.12	カブ根	65			×	
22.10.12	パスタ		130		×	こめかみ突起
22.10.12	海塩		2		×	
22.10.12	こまつな		59		×	
22.10.12	パイ菓子		4		×	
22.10.12	そうめん			100	×	えずき
22.10.12	きゅうり			57	×	

付録1　筆者の食事記録（Author's Meal Records）

日付	食物名	数量			適否	不調名
		朝	昼	夕		
22.10.13	自作パン	180	180	360	×	
22.10.13	浄水	200	200	400	○	
22.10.13	みずな	42			×	
22.10.13	パイ菓子	4	4		×	
22.10.13	ビスケット	50			×	
22.10.13	オリーブ油		15		×	咳、首しこり、赤出汁
22.10.13	大根		86		×	
22.10.13	パスタ		100		×	下痢
22.10.13	海塩		2		×	
22.10.13	チンゲン			59	×	
22.10.14	浄水	400	200	400	○	
22.10.14	レタス	65			×	
22.10.14	自作パン	360	180	180	×	
22.10.14	ニンジン		58		○	
22.10.14	パスタ		130		×	寒気、眠気、目荒れ、腹負担
22.10.14	カブ葉			62	×	
22.10.15	浄水	400	200	400	○	
22.10.15	自作パン	360	180	180	×	
22.10.15	きゅうり	56			×	
22.10.15	カブ根		62		×	
22.10.15	こまつな			59	×	
22.10.16	浄水	400	400	200	○	
22.10.16	自作パン	180	180	180	×	
22.10.16	パスタ	130			×	耳垢、痒み、左膝痛、下痢
22.10.16	みずな	50			×	
22.10.16	大根		67		×	
22.10.16	チンゲン			67	×	
22.10.16	オリーブ油			15	×	出汁
22.10.16	パイ菓子			4	×	
22.10.16	ビスケット			50	×	クシャミ、鼻痒み
22.10.17	浄水	400	200	400	○	
22.10.17	自作パン	360	180	180	×	
22.10.17	レタス	60			×	
22.10.17	ニンジン		60		○	
22.10.17	カブ葉			14	×	
22.10.17	パイ菓子			4	×	
22.10.17	ビスケット			50	×	クシャミ、鼻痒み
22.10.18	浄水	400	200	400	○	
22.10.18	自作パン	360	180	180	×	
22.10.18	きゅうり	54			×	
22.10.18	オリーブ油	15			×	下痢、赤出汁、耳垢、左膝痛
22.10.18	カブ根		60		×	
22.10.18	パイ菓子		4	4	×	
22.10.18	こまつな			60	×	
22.10.19	浄水	400	200	400	○	
22.10.19	自作パン	180	180	180	×	倦怠感
22.10.19	パイ菓子	4	4	4	×	
22.10.19	みずな	50			×	
22.10.19	大根		63		×	
22.10.19	チンゲン			60	×	
22.10.20	浄水	400	200	200	○	
22.10.20	自作パン	270	180	180	×	えずき、倦怠感、首痛、左膝痛、腰突起、目荒れ、鼻痛
22.10.20	レタス	60			×	

付録1 筆者の食事記録（Author's Meal Records）

日付	食物名	朝	昼	夕	適否	不調名
22.10.20	パイ菓子		4	8	×	
22.10.20	ニンジン		65		○	
22.10.20	カブ葉			60	×	
22.10.21	浄水	400	200	200	○	
22.10.21	白米	270	270		×	頻尿、眠気、腕痒み、尻突起、便通悪化
22.10.21	きゅうり	59			×	
22.10.21	パイ菓子	4	4	8	×	
22.10.21	自作パン		90	180	×	
22.10.21	カブ根		54		×	
22.10.21	こまつな			58	×	
22.10.22	浄水	400	200	200	○	
22.10.22	自作パン	270	180	270	×	
22.10.22	みずな	50			×	
22.10.22	なたね油	10			×	出汁、赤突起、痒み
22.10.22	大根		56		×	
22.10.22	パイ菓子		4	4	×	
22.10.22	チンゲン			53	×	
22.10.23	浄水	400	200	200	○	
22.10.23	自作パン	360	180	180	×	
22.10.23	レタス	62			×	
22.10.23	ニンジン		65		○	
22.10.23	カブ葉			57	×	
22.10.23	パイ菓子			4	×	
22.10.23	ビスケット			50	×	
22.10.24	浄水	400	200	200	○	
22.10.24	自作パン	360	360	180	×	
22.10.24	カブ根	55			×	
22.10.24	こまつな		58		×	
22.10.24	海塩		2		×	
22.10.24	きゅうり			62	×	
22.10.24	マーガリン			20	×	皮膚荒れ、痒み
22.10.25	浄水	400	200	200	○	
22.10.25	自作パン	360	180	180	×	
22.10.25	マーガリン	20			×	
22.10.25	大根	64			×	
22.10.25	チンゲン		60		×	
22.10.25	みずな			50	×	
22.10.25	パイ菓子			4	×	
22.10.26	浄水	400	200	400	○	
22.10.26	自作パン	180	270	270	×	
22.10.26	マーガリン	10	20		×	口横切れ、顎痒み、膝裏痒み、腕痒み、嚥下痛
22.10.26	ニンジン	80			○	
22.10.26	パイ菓子	4		4	×	
22.10.26	レタス		62		×	
22.10.26	海塩		2		×	
22.10.26	カブ葉			61	×	
22.10.26	ビスケット			50	×	
22.10.27	浄水	400	200	400	○	
22.10.27	自作パン	360	180	180	×	
22.10.27	きゅうり	68			×	
22.10.27	海塩	2	1	1	×	
22.10.27	カブ根		62		×	
22.10.27	こまつな			56	×	

付録1 筆者の食事記録（Author's Meal Records）

日付	食物名	数量			適否	不調名
		朝	昼	夕		
22.10.27	パイ菓子			4	×	
22.10.27	ビスケット			60	×	
22.10.28	浄水	400	200	200	○	
22.10.28	自作パン	270	180	180	×	クシャミ、鼻水、倦怠感
22.10.28	海塩	1	1		×	
22.10.28	みずな	51			×	
22.10.28	パイ菓子	4	4	8	×	鼻水
22.10.28	大根		71		×	
22.10.28	チンゲン			62	×	
22.10.29	浄水	400	200	200	○	
22.10.29	自作パン	360	180	180	×	歯茎痛
22.10.29	レタス	60			×	目荒れ、寒気
22.10.29	ニンジン		60		○	
22.10.29	カブ葉			60	×	
22.10.29	パイ菓子			8	×	鼻水
22.10.30	浄水	400	200	400	○	
22.10.30	自作パン	180	180	180	×	
22.10.30	きゅうり	58			×	目荒れ、寒気
22.10.30	海塩	1	1	1	×	
22.10.30	白米	270			×	
22.10.30	カブ根		63		×	
22.10.30	パイ菓子		4	8	×	鼻水
22.10.30	こまつな			63	×	
22.10.31	浄水	400	200	200	○	
22.10.31	海塩	2	1		×	
22.10.31	自作パン	180	180	180	×	
22.10.31	みずな	50			×	目荒れ、寒気
22.10.31	白米	270			×	腕痒み
22.10.31	大根		70		×	泡尿
22.10.31	オリーブ油		5	5	×	
22.10.31	パイ菓子			12	×	鼻水
22.11.01	浄水	400	200	200	○	
22.11.01	自作パン	180	180	360	×	
22.11.01	白米	270			×	腕痒み
22.11.01	パイ菓子	4	2		×	鼻水
22.11.01	海塩		3		×	
22.11.01	チンゲン		55		×	目荒れ
22.11.02	浄水	400	200	200	○	
22.11.02	自作パン	360	180	360	×	
22.11.02	海塩	2			×	
22.11.02	オリーブ油	5			×	出汁
22.11.02	ココナツ油		5		×	
22.11.02	はちみつ			5	×	腹負担、オナラ、下痢
22.11.02	きゅうり			44	×	目荒れ
22.11.03	浄水	400	200	200	○	
22.11.03	海塩	1			×	
22.11.03	自作パン	180	360	180	×	
22.11.03	オリーブ油	5			×	
22.11.03	レタス	62			×	目荒れ
22.11.03	白米	270			×	局部荒れ
22.11.03	ニンジン		58		○	
22.11.03	こまつな			63	×	

付録1 筆者の食事記録（Author's Meal Records）

日付	食物名	数量			適否	不調名
		朝	昼	夕		
22.11.04	浄水	400	200	400	○	
22.11.04	自作パン	180	360	180	×	
22.11.04	海塩	1			×	
22.11.04	パスタ	130			×	目荒れ、痒み、局部荒れ
22.11.05	浄水	400	200	400	○	
22.11.05	自作パン	360	360	180	×	
22.11.05	海塩			1	×	
22.11.05	カブ葉			61	×	
22.11.06	浄水	400	200	400	○	
22.11.06	自作パン	360	180	180	×	
22.11.06	海塩	1			×	
22.11.06	みずな	55			×	
22.11.06	パイ菓子		8	8	×	下痢
22.11.06	カブ根			60	×	
22.11.07	浄水	400	400	200	○	
22.11.07	白米	270		270	×	尻荒れ、赤出汁、鼻水、局部荒れ、寒気
22.11.07	海塩	2		1	×	
22.11.07	パイ菓子	4			×	
22.11.07	自作パン	180	180	180	×	
22.11.07	レタス		61		×	
22.11.07	ニンジン		67		○	
22.11.08	浄水	400	400	200	○	
22.11.08	白米	270		180	×	
22.11.08	海塩	2			×	
22.11.08	自作パン	180	180	180	×	
22.11.08	こまつな		58		×	
22.11.08	大根		60		×	
22.11.08	パイ菓子	4	8		×	
22.11.09	浄水	400	400	200	○	
22.11.09	白米	180			×	痒み、腰痛、寒気、鼻痛
22.11.09	海塩	1			×	
22.11.09	自作パン	180	180	180	×	頻尿
22.11.09	カブ葉		60		×	
22.11.09	パイ菓子		8		×	
22.11.09	カブ根		58		×	
22.11.09	白米			180	×	下痢、痒み
22.11.10	浄水	400	400	200	○	
22.11.10	自作パン	360	180	180	×	
22.11.10	マーガリン	15			×	乳首出血
22.11.10	海塩	1	1		×	
22.11.10	パイ菓子	4		4	×	
22.11.10	レタス		61		×	
22.11.10	ニンジン			58	○	
22.11.10	オートミール		30		×	
22.11.10	クルミ			24	×	
22.11.11	浄水	400	400	200	○	
22.11.11	自作パン	360	180	180	×	
22.11.11	こまつな	62			×	
22.11.11	オリーブ油	15			×	
22.11.11	さつまいも		164		×	腹負担、目荒れ
22.11.11	きゅうり		80		×	
22.11.11	パイ菓子		4	4	×	

付録1　筆者の食事記録（Author's Meal Records）

日付	食物名	数量			適否	不調名
		朝	昼	夕		
22.11.12	浄水	400	400	200	○	
22.11.12	自作パン	360	180	180	×	
22.11.12	チンゲン	59			×	
22.11.12	オートミール	30			×	
22.11.12	クルミ	24			×	
22.11.12	カブ根		60		×	
22.11.12	パイ菓子		4		×	クシャミ、目荒れ
22.11.12	ココナツ油			15	×	
22.11.13	浄水	400	400	200	○	
22.11.13	自作パン	360	180	180	×	
22.11.13	カブ葉	60			×	
22.11.13	オリーブ油	15			×	
22.11.13	オートミール		30		×	目荒れ、腹負担、下痢
22.11.13	ニンジン			61	○	
22.11.13	パイ菓子			4	×	
22.11.14	浄水	400	400	200	○	
22.11.14	自作パン	360	180	180	×	
22.11.14	こまつな	60			×	
22.11.14	ココナツ油	15			×	
22.11.14	クルミ		24		×	
22.11.14	サーモン		65		×	左腕痛、顔色悪化、局部荒れ
22.11.14	レタス			61	×	
22.11.14	パイ菓子			12	×	
22.11.15	浄水	400	400	200	○	
22.11.15	自作パン	360	180	180	×	
22.11.15	みずな	50			×	
22.11.15	オリーブ油	15			×	
22.11.15	オートミール	30			×	
22.11.15	納豆		40		×	
22.11.15	きゅうり			88	×	寒気、クシャミ
22.11.15	パイ菓子			2	×	
22.11.16	浄水	400	200	200	○	
22.11.16	自作パン	360	180	360	×	
22.11.16	チンゲン	60			×	
22.11.16	ココナツ油	15			×	
22.11.16	クルミ	24			×	
22.11.16	白米		180		×	皮膚荒れ
22.11.16	カブ根			62	×	
22.11.17	浄水	400	400	200	○	
22.11.17	自作パン	360	180	360	×	
22.11.17	ニンジン	60			○	
22.11.17	オリーブ油	15			×	
22.11.17	オートミール		30		×	
22.11.17	こまつな			60	×	
22.11.18	浄水	400	400	200	○	
22.11.18	自作パン	360	180	180	×	えずき、目荒れ、歯茎痛
22.11.18	レタス	60			×	
22.11.18	ごま油	15			×	
22.11.18	納豆		40		×	
22.11.18	みずな			50	×	
22.11.19	浄水	400	200	200	○	
22.11.19	自作パン	180		180	×	えずき、目荒れ、歯茎痛
22.11.19	ココナツ油	15			×	

付録1 筆者の食事記録（Author's Meal Records）

日付	食物名	数量			適否	不調名
		朝	昼	夕		
22.11.19	きゅうり	67			×	
22.11.19	クルミ	24			×	
22.11.19	チンゲン		59		×	
22.11.20	浄水	400	400	200	○	
22.11.20	自作パン	180		180	×	
22.11.20	オリーブ油	15			×	
22.11.20	オートミール	31			×	
22.11.20	カブ根	58			×	
22.11.20	ニンジン			58	○	
22.11.21	浄水	400		400	○	
22.11.21	自作パン	180		360	×	
22.11.21	ごま油	15			×	
22.11.21	納豆	40			×	
22.11.21	こまつな	60			×	
22.11.21	レタス			60	×	
22.11.22	浄水	400	200	400	○	
22.11.22	自作パン	180	180	180	×	
22.11.22	クルミ	24			×	
22.11.22	みずな	50			×	
22.11.22	ココナツ油	15			×	
22.11.22	チンゲン			61	×	
22.11.23	浄水	400	400	200	○	
22.11.23	自作パン	180	180	180	×	
22.11.23	オリーブ油	15			×	
22.11.23	カブ根	57			×	
22.11.23	クルミ		24		×	右眉痛、もも突起、乳首出血
22.11.23	海塩		2		×	
22.11.24	浄水	200	400	400	○	
22.11.24	自作パン	180	180	180	×	
22.11.24	ごま油	15			×	
22.11.24	オートミール	30			×	
22.11.24	パイ菓子			8	×	下痢、局部荒れ、尻突起
22.11.25	浄水	400	400	400	○	
22.11.25	自作パン	180	180	180	×	
22.11.25	ココナツ油	15			×	
22.11.25	納豆	45			×	
22.11.25	海塩	1			×	
22.11.25	こまつな			44	×	寒気、皮膚荒れ
22.11.26	浄水	400	400	400	○	
22.11.26	自作パン	180	180	180	×	
22.11.26	オリーブ油	15			×	
22.11.26	クルミ	24			×	
22.11.26	海塩	2	2	1	×	
22.11.26	パイ菓子			8	×	下痢、尻突起、クシャミ
22.11.27	浄水	400	400	200	○	
22.11.27	海塩	2	1	2	×	
22.11.27	自作パン	180	180	180	×	
22.11.27	ごま油	15			×	
22.11.27	オートミール	30			×	歯荒れ、寒気、目痒み、下痢
22.11.27	ニンジン			63	○	
22.11.28	浄水	400	400	400	○	

付録1 筆者の食事記録（Author's Meal Records）

日付	食物名	数量			適否	不調名
		朝	昼	夕		
22.11.28	海塩	2	3	2	×	
22.11.28	自作パン	180	180	360	×	
22.11.28	ココナツ油	15			×	
22.11.28	納豆	45			×	
22.11.28	白米		270		×	局部痒み、便通悪化、腕荒れ
22.11.29	浄水	400	400	400	○	
22.11.29	海塩	2	2	1	×	
22.11.29	自作パン	180	180	180	×	
22.11.29	オリーブ油	15			×	
22.11.29	クルミ	25			×	
22.11.29	VCサプリ		4	4	×	頭痛、過食欲
22.11.29	パイ菓子		10		×	局部荒れ
22.11.30	浄水	400	400	400	○	
22.11.30	海塩	2	2	1	×	
22.11.30	自作パン	180	360	180	×	
22.11.30	ごま油	15			×	
22.11.30	オートミール	30			×	
22.11.30	VCサプリ	4	4	4	×	指皮めくれ、頭痛、過食欲
22.11.30	チンゲン			50	×	
22.12.01	浄水	400	400	400	○	
22.12.01	海塩	3	1	2	×	
22.12.01	自作パン	180	180	360	×	
22.12.01	ココナツ油	15			×	
22.12.01	納豆	45			×	
22.12.01	みずな	50			×	腹痛、出汁、口横切れ
22.12.02	浄水	400	400	400	○	
22.12.02	海塩	2	1		×	
22.12.02	自作パン	180	180		×	
22.12.02	オリーブ油	17			×	
22.12.02	クルミ	24			×	
22.12.02	こまつな		60		×	目荒れ、出汁、痒み
22.12.03	浄水	400	200	200	○	
22.12.03	海塩	2	2		×	
22.12.03	自作パン	180		360	×	
22.12.03	オートミール	30			×	
22.12.03	チンゲン	64			×	寒気、目荒れ、赤出汁
22.12.03	ごま油	15			×	
22.12.03	納豆		45		×	
22.12.03	ココナツ油			15	×	
22.12.04	浄水	400	400	200	○	
22.12.04	自作パン	270	90	180	×	
22.12.04	オリーブ油	15			×	
22.12.04	納豆	45			×	尿臭、赤出汁、痒み、背中荒れ
22.12.04	クルミ		24		×	
22.12.05	浄水	400	400	400	○	
22.12.05	自作パン	180	180	180	×	
22.12.05	ごま油	15			×	
22.12.05	ココナツ油		15		×	
22.12.06	浄水	400	400	200		
22.12.06	自作パン	180	180	180	×	腹負担
22.12.06	オリーブ油	15			×	
22.12.06	クルミ		24		×	

付録1　筆者の食事記録（Author's Meal Records）

日付	食物名	数量			適否	不調名
		朝	昼	夕		
22.12.06	バター			15	×	
22.12.07	浄水	400	400	400	○	
22.12.07	自作パン	180	180	180	×	
22.12.07	ごま油	15			×	腕赤み、寒気
22.12.07	こまつな	60			×	
22.12.07	ココナツ油			15	×	
22.12.08	浄水	400	400	200	○	
22.12.08	自作パン	180	180	180	×	出汁
22.12.08	オリーブ油	15			×	
22.12.08	アマニ油		5		×	耳垢
22.12.08	バター			15	×	
22.12.09	浄水	400	400	200	○	
22.12.09	自作パン	180	180	180	×	出汁
22.12.09	ごま油	15			×	
22.12.09	海塩	1	1	1	×	
22.12.09	ココナツ油			15	×	
22.12.10	浄水	400	400	200	○	
22.12.10	自作パン	180		180	×	
22.12.10	オリーブ油	15			×	
22.12.10	海塩	1	2		×	
22.12.10	白米		270		×	
22.12.10	クルミ		24		×	
22.12.10	オートミール		30		×	
22.12.10	バター			15	×	
22.12.11	浄水	400	400	200	○	
22.12.11	パスタ	130			×	
22.12.11	ごま油	15			×	
22.12.11	白米	270			×	
22.12.11	海塩	2			×	
22.12.11	納豆	45			×	痒み、悪夢
22.12.11	チンゲン		59		×	
22.12.11	自作パン			180	×	
22.12.11	ココナツ油			15	×	
22.12.12	浄水	400	400	200	○	
22.12.12	パスタ	130			×	
22.12.12	オリーブ油	15			×	
22.12.12	海塩	2	2		×	
22.12.12	こまつな	56			×	痒み
22.12.12	白米		270		×	
22.12.12	クルミ		24		×	眉突起、耳突起
22.12.12	自作パン			180	×	
22.12.12	バター			15	×	
22.12.13	浄水	400	400	400	○	
22.12.13	パスタ	130			×	
22.12.13	ごま油	15			×	
22.12.13	海塩	2	2		×	
22.12.13	白米		270		×	
22.12.13	オートミール		30		×	痒み、尻荒れ、耳垢、オナラ、下痢、むくみ
22.12.13	自作パン			180	×	
22.12.13	ココナツ油			15	×	
22.12.14	浄水	200	200	400	○	
22.12.14	パスタ	130			×	

付録1 筆者の食事記録（Author's Meal Records）

日付	食物名	数量 朝	昼	夕	適否	不調名
22.12.14	オリーブ油	15			×	
22.12.14	海塩	2	2		×	
22.12.14	パスタ汁	200	200		×	
22.12.14	白米		270		×	目尻荒れ、腕荒れ、胸痛
22.12.14	自作パン			180	×	
22.12.14	バター			15	×	
22.12.14	クルミ			10	×	
22.12.15	浄水	200	200	400	○	
22.12.15	パスタ	130			×	
22.12.15	ごま油	15			×	
22.12.15	海塩	2	1		×	
22.12.15	パスタ汁	200	200		×	
22.12.15	自作パン		180	180	×	
22.12.15	ココナツ油			15	×	
22.12.16	浄水	400	400	200	○	
22.12.16	白米	270			×	
22.12.16	海塩	2			×	
22.12.16	クルミ	24			×	
22.12.16	自作パン		180	180	×	
22.12.16	バター		15		×	口内荒れ、口横切れ、寒気、嚥下痛
22.12.16	オリーブ油			15	×	
22.12.17	浄水	200	200	200	○	
22.12.17	パスタ	130			×	
22.12.17	海塩	4			×	
22.12.17	パスタ汁	200	200		×	
22.12.17	白米	270			×	
22.12.17	自作パン		180	180	×	
22.12.18	浄水	200	200	400	○	
22.12.18	パスタ	130			×	乳首切れ
22.12.18	海塩	4			×	
22.12.18	パスタ汁	200	200		×	
22.12.18	白米	270			×	
22.12.18	自作パン		180	180	×	
22.12.18	ごま油			15	×	
22.12.18	こまつな			65	×	
22.12.19	浄水	400	400	200	○	
22.12.19	白米	360			×	
22.12.19	海塩	3			×	
22.12.19	自作パン		180	180	×	
22.12.19	ココナツ油		15		×	
22.12.19	レタス		60		×	
22.12.19	オリーブ油			15	×	
22.12.20	浄水	400	400	200	○	
22.12.20	白米	360			×	
22.12.20	海塩	3			×	
22.12.20	自作パン		180	180	×	
22.12.20	クルミ		24		×	手痒み
22.12.20	こまつな		59		×	
22.12.20	ごま油			15	×	
22.12.21	浄水	400	400	200	○	
22.12.21	白米	360			×	
22.12.21	海塩	3			×	
22.12.21	自作パン		180	180	×	

付録1 筆者の食事記録（Author's Meal Records）

日付	食物名	数量			適否	不調名
		朝	昼	夕		
22.12.21	ココナツ油		15		×	目痒み
22.12.21	オリーブ油			15	×	
22.12.22	浄水	400	400	200	○	
22.12.22	白米	360			×	
22.12.22	海塩	3			×	
22.12.22	こまつな	59			×	
22.12.22	自作パン		270	90	×	
22.12.22	オートミール			30	×	首痒み、左足指痛、オナラ、局部痒み、泡尿
22.12.23	浄水	400	400	400	○	
22.12.23	白米	360			×	
22.12.23	海塩	3			×	
22.12.23	自作パン		180	180	×	
22.12.23	こまつな			60	×	過便意、寒気、尻突起、泡尿、皮膚荒れ、目荒れ
22.12.24	浄水	400	400	200	○	
22.12.24	白米	360			×	
22.12.24	海塩	3	1		×	
22.12.24	自作パン		180	180	×	
22.12.24	ココナツ油			15	×	舌痛、体重減少、尻突起、腹負担
22.12.25	浄水	400	400	400	○	
22.12.25	白米	360			×	
22.12.25	海塩	3	1		×	
22.12.25	自作パン		180	180	×	
22.12.26	浄水	400	200		○	
22.12.26	白米	480			×	便通悪化
22.12.26	海塩	4			×	
22.12.26	自作パン		360		×	
22.12.27	白米	480			×	便通悪化
22.12.27	自作パン		360		×	
22.12.27	浄水	400			○	
22.12.27	こまつな		62		×	痒み、爪荒れ、オナラ
22.12.28	白米	360			×	
22.12.28	浄水	200	400	200	○	
22.12.28	自作パン		360		×	
22.12.28	クルミ		24		×	鼻突起
22.12.29	白米	360			×	
22.12.29	浄水	200	400	400	○	
22.12.29	自作パン		360		×	
22.12.29	オリーブ油		15		×	出汁
22.12.30	白米	360			×	
22.12.30	浄水	200	400	200	○	
22.12.30	自作パン		360		×	
22.12.30	ココナツ油		10		×	嚥下痛、出汁
22.12.30	こまつな		30		×	爪荒れ
22.12.30	ニンジン			29	○	
22.12.31	浄水	400	400		○	
22.12.31	白米	360			×	
22.12.31	自作パン		360		×	
23.01.01	浄水	400	400	200	○	
23.01.01	白米	360			×	

付録1　筆者の食事記録（Author's Meal Records）

日付	食物名	数量			適否	不調名
		朝	昼	夕		
23.01.01	自作パン	360			×	嚥下痛、口内荒れ、腹負担
23.01.01	タコヤキ		320		×	乳首出血
23.01.02	浄水	400	400	200	○	
23.01.02	白米	360			×	
23.01.02	自作パン	360			×	
23.01.02	パイ菓子		8		×	鼻水、クシャミ、乳首荒れ、腹負担、首痛
23.01.02	ビスケット			50	×	
23.01.03	浄水	400	400	200	○	
23.01.03	白米	360			×	
23.01.03	ビスケット	150			×	下痢
23.01.03	自作パン	180		180	×	
23.01.03	鶏ささみ		190		×	
23.01.03	パイ菓子			14	×	
23.01.04	浄水	400	400	200	○	
23.01.04	白米	360			×	
23.01.04	自作パン		360		×	
23.01.04	パイ菓子			4	×	
23.01.04	パスタ			130	×	
23.01.04	海塩			1	×	
23.01.04	オリーブ油			10	×	首痒み、オナラ
23.01.05	浄水	400	400	200	○	
23.01.05	白米	360			×	
23.01.05	ニンジン	59			○	
23.01.05	自作パン		270	90	×	
23.01.05	チンゲン		62		×	首痒み、脚むくみ、局部痛、便通悪化
23.01.05	パスタ			130	×	乳首出血
23.01.05	海塩			1	×	
23.01.06	浄水	400	400	200	○	
23.01.06	白米	360			×	
23.01.06	自作パン		360		×	
23.01.06	パスタ			130	×	
23.01.06	海塩			2	×	
23.01.06	パイ菓子			8	×	目荒れ、脚むくみ
23.01.07	浄水	400	200	600	○	
23.01.07	白米	360			×	
23.01.07	自作パン		360		×	
23.01.07	鶏むね		210		×	
23.01.07	パスタ			130	×	左手痛、舌噛み
23.01.07	海塩			2	×	
23.01.08	浄水	400	400	400	○	
23.01.08	白米	360			×	
23.01.08	ビスケット	100		100	×	脚むくみ
23.01.08	自作パン		360		×	
23.01.08	パイ菓子		8		×	
23.01.09	浄水	400	400	200	○	
23.01.09	白米	360			×	
23.01.09	自作パン		360		×	
23.01.09	ビスケット		70		×	腹負担、痒み、指曲痛
23.01.09	パイ菓子			8	×	
23.01.09	ビスケット			85	×	
23.01.10	浄水	400	200	200	○	

付録1 筆者の食事記録（Author's Meal Records）

日付	食物名	数量			適否	不調名
		朝	昼	夕		
23.01.10	白米	360			×	
23.01.10	コーヒー	200			×	頭皮突起
23.01.10	自作パン		360		×	
23.01.10	そうめん			130	×	首痒み、頭皮突起
23.01.10	海塩			2	×	
23.01.11	浄水	200	200	600	○	
23.01.11	白米	360			×	
23.01.11	コーヒー	200			×	膝裏荒れ、額突起、目荒れ
23.01.11	鶏むね		210		×	
23.01.11	コーンフレーク			80	×	
23.01.11	自作パン			180	×	
23.01.12	浄水	400	400	400	○	
23.01.12	白米	360			×	
23.01.12	自作パン		180	180	×	
23.01.12	コーンフレーク		120		×	便通悪化
23.01.13	浄水	400	200	400	○	
23.01.13	白米	360			×	
23.01.13	自作パン		360	180	×	
23.01.14	浄水	400	200	400	○	
23.01.14	白米	360			×	
23.01.14	自作パン		360	180	×	
23.01.14	鶏むね			213	×	
23.01.15	浄水	400	200	400	○	
23.01.15	白米	360			×	
23.01.15	自作パン		360	180	×	
23.01.15	クルミ			24	×	目尻突起、首痒み、便通悪化
23.01.16	浄水	400	200	200	○	
23.01.16	白米	360			×	
23.01.16	チンゲン	61	96		×	視力低下、悪夢、首荒れ
23.01.16	自作パン		360	180	×	
23.01.17	浄水	400	400	200	○	
23.01.17	白米	360			×	
23.01.17	自作パン	180	360	360	×	
23.01.17	鶏むね		200		×	
23.01.18	浄水	400	400	400	○	
23.01.18	自作パン	180	360	180	×	出汁、首痒み
23.01.19	浄水	400	400	400	○	
23.01.19	白米	360			×	
23.01.19	パイ菓子	2	8		×	腹痛
23.01.19	クルミ	24			×	
23.01.19	自作パン		180	360	×	
23.01.19	ニンジン			59	○	
23.01.20	浄水	400	400	400	○	
23.01.20	白米	360			×	
23.01.20	海塩	2			×	
23.01.20	自作パン		280	280	×	
23.01.20	こまつな		59		×	痒み、赤突起、出汁、寒気
23.01.20	鶏むね			200	×	
23.01.20	パイ菓子			4	×	

付録1 筆者の食事記録（Author's Meal Records）

日付	食物名	数量			適否	不調名
		朝	昼	夕		
23.01.21	浄水	400	400	400	○	
23.01.21	白米	360			×	
23.01.21	海塩	2			×	
23.01.21	パイ菓子	4	4	6	×	
23.01.21	自作パン		270	270	×	
23.01.22	浄水	400	400	400	○	
23.01.22	白米	360			×	
23.01.22	自作パン		270	270	×	
23.01.22	鶏むね		192		×	痒み、便通悪化
23.01.23	浄水	400	200	400	○	
23.01.23	白米	360			×	
23.01.23	自作パン		270	270	×	
23.01.24	浄水	400	400	400	○	
23.01.24	白米	360			×	
23.01.24	海塩	2			×	
23.01.24	自作パン		280	280	×	
23.01.25	浄水	400	400	200	○	
23.01.25	白米	360			×	
23.01.25	海塩	2			×	
23.01.25	自作パン		280	280	×	
23.01.26	浄水	400	400	200	○	
23.01.26	白米	360			×	
23.01.26	クルミ	24		24	×	
23.01.26	自作パン		280	280	×	
23.01.27	浄水	400	400	200	○	
23.01.27	白米	360			×	
23.01.27	海塩	2			×	
23.01.27	こまつな	62			×	
23.01.27	鶏むね		245		×	左乳首しこり、下痢
23.01.27	パイ菓子		4	6	×	
23.01.28	浄水	400	400	200	○	
23.01.28	白米	360			×	
23.01.28	海塩	2			×	
23.01.28	チンゲン	68			×	
23.01.28	パイ菓子		4	4	×	
23.01.28	こまつな		60		×	
23.01.28	自作パン			270	×	
23.01.29	浄水	400	400	400	○	
23.01.29	白米	360			×	
23.01.29	海塩	2			×	
23.01.29	チンゲン	60			×	
23.01.29	ニンジン		60		○	
23.01.29	自作パン			270	×	もも荒れ
23.01.29	こまつな			30	×	
23.01.29	パイ菓子			4	×	
23.01.30	浄水	400	400	200	○	
23.01.30	白米	360			×	
23.01.30	海塩	2			×	
23.01.30	チンゲン	66			×	
23.01.30	ニンジン		65		○	
23.01.30	こまつな		60		×	首痒み、寒気

付録1 筆者の食事記録（Author's Meal Records）

日付	食物名	数量			適否	不調名
		朝	昼	夕		
23.01.30	自作パン			270	×	
23.01.31	浄水	400	400	200	○	
23.01.31	自作パン	270			×	
23.01.31	チンゲン	44			×	
23.01.31	こまつな	18	60		×	
23.01.31	パイ菓子	6		6	×	
23.01.31	レタス		62		×	
23.01.31	白米			360	×	
23.01.31	海塩			2	×	
23.02.01	浄水	400	400	200	○	
23.02.01	自作パン	270		135	×	
23.02.01	チンゲン	66			×	
23.02.01	こまつな		63		×	
23.02.01	オリーブ油		15		×	首痒み、出汁
23.02.01	レタス		62		×	
23.02.01	白米			360	×	
23.02.01	海塩			2	×	
23.02.02	浄水	400	400	200	○	
23.02.02	自作パン	270		405	×	
23.02.02	ごま油	10	5		×	
23.02.02	チンゲン	64			×	
23.02.02	こまつな		59		×	指曲痛、首痒み
23.02.02	レタス		62		×	
23.02.02	白米			360	×	
23.02.02	海塩			2	×	
23.02.03	浄水	400	200	400	○	
23.02.03	自作パン	405		135	×	
23.02.03	カブ葉	60			×	
23.02.03	チンゲン		60		×	
23.02.03	こまつな		60		×	
23.02.03	白米			480	×	
23.02.03	海塩			2	×	
23.02.04	浄水	400	400	200	○	
23.02.04	自作パン	540			×	
23.02.04	白米			480	×	
23.02.04	海塩			2	×	
23.02.04	パイ菓子			8	×	下痢
23.02.05	浄水	400	200	200	○	
23.02.05	チンゲン	60			×	
23.02.05	自作パン	405		270	×	
23.02.05	オリーブ油	15			×	首痒み、首痛、出汁
23.02.05	こまつな			60	×	首痛
23.02.05	白米			360	×	
23.02.05	海塩			2	×	
23.02.05	クルミ			24	×	下痢
23.02.06	浄水	200		200	○	
23.02.06	チンゲン	60			×	
23.02.06	自作パン	405		270	×	
23.02.06	こまつな			62	×	首痒み、左足出血
23.02.06	白米			360	×	
23.02.06	アイスミルク			1	×	
23.02.06	アイスミルク			1	×	

付録1 筆者の食事記録（Author's Meal Records）

日付	食物名	数量			適否	不調名
		朝	昼	夕		
23.02.07	浄水	200		200	○	
23.02.07	自作パン	270			×	
23.02.07	ごま油	15			×	
23.02.07	ハンバーガー		1		×	
23.02.07	フライドポテト		135		×	
23.02.07	ジュース		1		×	
23.02.07	グリーンリーフ			62	×	
23.02.07	白米			360	×	
23.02.07	ラクトアイス			1	×	
23.02.07	アイスクリーム			1	×	
23.02.08	浄水	300		200	○	
23.02.08	グリーンリーフ	71			×	
23.02.08	自作パン	270			×	
23.02.08	ごま油	15			×	
23.02.08	ほうじ茶		400		×	
23.02.08	カツ丼		1		×	左眉突起
23.02.08	白米			270	×	
23.02.08	アジフライ			100	×	
23.02.08	アイスミルク			1	×	
23.02.08	アイスクリーム			1	×	
23.02.09	浄水	400		200	○	
23.02.09	白米	270	480		×	
23.02.09	アジフライ	86			×	
23.02.09	ヨーグルト	100			×	
23.02.09	アイスコーヒー		150		×	
23.02.09	みそ汁		150		×	
23.02.09	ハンバーグ		100		×	
23.02.09	カレー		200		×	
23.02.09	野菜サラダ		50		×	
23.02.09	クリームパン			1	×	
23.02.09	クリームパン			1	×	
23.02.10	浄水	200		200	○	
23.02.10	ソーセージパン	1			×	
23.02.10	パイ菓子	4			×	舌噛み
23.02.10	ヨーグルト	100		100	×	
23.02.10	アイスコーヒー		150		×	入眠困難
23.02.10	みそ汁		150		×	
23.02.10	白米		480		×	
23.02.10	カレー		200		×	
23.02.10	野菜サラダ		50		×	
23.02.10	自作パン			270	×	
23.02.11	浄水	400		400	○	
23.02.11	自作パン	270		270	×	
23.02.11	ヨーグルト	100		100	×	
23.02.11	ほうじ茶		400		×	
23.02.11	カツ丼		1		×	膝痛、目痒み、腹負担、踵通、左眉突起、鼻痛
23.02.12	浄水	400		400	○	
23.02.12	自作パン	270		270	×	
23.02.12	ヨーグルト	100		100	×	
23.02.12	アイスコーヒー		150		×	入眠困難
23.02.12	みそ汁		150		×	
23.02.12	豚カツ		100		×	
23.02.12	カレー		200		×	
23.02.12	白米		480		×	
23.02.12	野菜サラダ		50		×	

付録1 筆者の食事記録（Author's Meal Records）

日付	食物名	数量			適否	不調名
		朝	昼	夕		
23.02.13	浄水	400	200	400	○	
23.02.13	自作パン	270		270	×	
23.02.13	ヨーグルト	100		100	×	
23.02.13	中華スープ		200		×	
23.02.13	鶏からあげ		30		×	
23.02.13	メンチカツ		80		×	腹負担
23.02.13	白身魚フライ		40		×	
23.02.13	ポテトコロッケ		80		×	
23.02.13	白米		370		×	
23.02.13	キャベツ		30		×	
23.02.13	なます		30		×	
23.02.13	春雨サラダ		60		×	
23.02.14	浄水	400	200	200	○	
23.02.14	自作パン	270		270	×	口横切れ
23.02.14	ヨーグルト	100		100	×	
23.02.14	みそ汁		150		×	
23.02.14	ハンバーグ		200		×	
23.02.14	白米		360		×	
23.02.14	野菜サラダ		70		×	
23.02.14	パイ菓子			6	×	赤突起、オナラ
23.02.15	浄水	200	200	200	○	
23.02.15	自作パン	270		270	×	
23.02.15	イワシ	155			×	乳首出血、皮膚荒れ、局部痛
23.02.15	みそ汁		150		×	
23.02.15	カレー		200		×	
23.02.15	白米		480		×	
23.02.15	キャベツ		50		×	
23.02.15	ココナツ油			15	×	左頬突起
23.02.15	ヨーグルト			100	×	
23.02.16	浄水	300		400	○	
23.02.16	自作パン	270		270	×	
23.02.16	ごま油	15			×	
23.02.16	豚ロース		174		×	
23.02.16	白米		360		×	
23.02.16	海塩		2		×	
23.02.16	ココナツ油			15	×	左頬突起
23.02.17	浄水	300		300	○	
23.02.17	白米	360	480	360	×	
23.02.17	ヨーグルト	100		100	×	
23.02.17	アイスコーヒー		150		×	
23.02.17	みそ汁		150		×	
23.02.17	カレー		200		×	
23.02.17	野菜サラダ		45		×	
23.02.17	ラクトアイス			1	×	
23.02.17	アイスミルク			1	×	
23.02.17	アイスクリーム			1	×	
23.02.18	浄水	300		300	○	
23.02.18	豚ロース	164		100	×	
23.02.18	白米	360	480	360	×	
23.02.18	アイスコーヒー		150		×	
23.02.18	みそ汁		150		×	
23.02.18	カレー		200		×	
23.02.18	キャベツ		30		×	

付録1　筆者の食事記録（Author's Meal Records）

日付	食物名	数量			適否	不調名
		朝	昼	夕		
23.02.19	浄水	300			○	
23.02.19	自作パン	270			×	
23.02.19	きぬ豆腐	150			×	
23.02.19	ヨーグルト	200			×	
23.02.19	クルミ	24			×	
23.02.19	アイスコーヒー		150		×	
23.02.19	みそ汁		150		×	
23.02.19	豚カツ		80		×	
23.02.19	カレー		200		×	
23.02.19	白米		540		×	
23.02.19	野菜サラダ		45		×	
23.02.20	浄水	400	200		○	
23.02.20	自作パン	540			×	
23.02.20	アイスコーヒー		150		×	
23.02.20	みそ汁		150		×	
23.02.20	カレー		200		×	
23.02.20	白米		480		×	
23.02.20	キャベツ		30		×	
23.02.21	浄水	400	400		○	
23.02.21	自作パン	540			×	
23.02.21	白米		540		×	
23.02.22	浄水	400	400		○	
23.02.22	自作パン	540			×	
23.02.22	白米		540		×	
23.02.23	自作パン	360			×	
23.02.23	ハンバーグ		100		×	乳首出血
23.02.23	カレー		200		×	
23.02.23	白米		480		×	
23.02.23	野菜サラダ		45		×	
23.02.23	チキンカツ			136	×	
23.02.23	豚カツ			83	×	
23.02.23	デニッシュパン			1	×	
23.02.23	ラクトアイス			1	×	
23.02.24	白米	360			×	
23.02.24	チキンカツ	113			×	
23.02.24	豚カツ	78			×	
23.02.24	アイスミルク	1			×	
23.02.24	インドカレー		200		×	
23.02.24	ナン		360		×	
23.02.24	野菜サラダ		80		×	
23.02.24	チャイ		150		×	入眠困難
23.02.24	こまつな			16	×	
23.02.24	チンゲン			78	×	
23.02.24	カブ葉			20	×	
23.02.24	グリーンリーフ			65	×	
23.02.24	きぬ豆腐			150	×	
23.02.25	白米	360			×	
23.02.25	豚こま	100			×	
23.02.25	納豆	40			×	鼻血
23.02.25	インドカレー		200		×	
23.02.25	ナン		360		×	
23.02.25	野菜サラダ		80		×	
23.02.25	ラッシー		200		×	入眠困難
23.02.25	チンゲン			65	×	

付録1 筆者の食事記録（Author's Meal Records）

日付	食物名	数量			適否	不調名
		朝	昼	夕		
23.02.25	カブ根			88	×	
23.02.25	アップルパイ			100	×	
23.02.25	牛乳			200	×	
23.02.25	バナナ			100	×	痒み
23.02.26	ニンジン	120			○	
23.02.26	自作パン	270			×	
23.02.26	牛乳	200		200	×	腕荒れ、胸荒れ
23.02.26	カレー		200		×	
23.02.26	白米		480		×	
23.02.26	野菜サラダ		35		×	
23.02.26	みそ汁		150		×	
23.02.26	りんご			268	×	オナラ、便通悪化
23.02.26	バナナ			107	×	痒み
23.02.27	りんご	228		204	×	便通悪化、胸荒れ
23.02.27	自作パン	270			×	
23.02.27	バター	15			×	
23.02.27	白米		300		×	
23.02.27	中華あんかけ		300		×	
23.02.27	中華スープ		120		×	
23.02.27	水道水		100		TBD	
23.02.27	みかん			128	×	唇割れ
23.02.27	牛乳			200	×	
23.02.28	りんご	229			×	
23.02.28	みかん	170			×	腹負担、頻尿、唇割れ
23.02.28	豚カツ		120		×	
23.02.28	白米		300		×	
23.02.28	みそ汁		150		×	
23.02.28	野菜サラダ		75		×	
23.02.28	アイスコーヒー		150		×	
23.02.28	浄水		200		○	
23.02.28	自作パン			270	×	
23.02.28	牛乳			200	×	
23.03.01	りんご	422			×	便通悪化、重度痒み、胸荒れ、寒気、眠気
23.03.01	浄水	200	150	200	○	
23.03.01	カレー		200		×	
23.03.01	白米		480		×	
23.03.01	野菜サラダ		45		×	
23.03.01	みそ汁		150		×	
23.03.01	アイスコーヒー		150		×	
23.03.01	自作パン			270	×	
23.03.02	りんご	458			×	便通悪化、重度痒み、胸荒れ、寒気、食欲減退、眠気
23.03.02	浄水	200		200	○	
23.03.02	白米		360		×	
23.03.02	カブ根		105		×	
23.03.02	グリーンリーフ		41		×	
23.03.02	自作パン		135	270	×	
23.03.03	自作パン	135		270	×	
23.03.03	りんご	253			×	頻尿、寒気、頭痛
23.03.03	浄水	200		200	○	
23.03.03	ハンバーグ		100		×	乳首出血
23.03.03	カレー		200		×	首痒み
23.03.03	白米		480		×	
23.03.03	みそ汁		150		×	
23.03.03	野菜サラダ		35		×	

付録1 筆者の食事記録（Author's Meal Records）

日付	食物名	数量 朝	昼	夕	適否	不調名
23.03.03	アイスコーヒー		150		×	
23.03.04	自作パン	270			×	
23.03.04	浄水	200			○	
23.03.04	豚カツ		120		×	
23.03.04	白米		300		×	
23.03.04	みそ汁		150		×	
23.03.04	野菜サラダ		65		×	
23.03.04	アイスコーヒー		150		×	重度痒み、出血、目切れ
23.03.04	キャベツ			121	×	
23.03.05	浄水	200		200	○	
23.03.05	自作パン	270		270	×	
23.03.05	コーヒー	200			×	額突起、重度痒み、耳詰り、出血、目切れ、視力低下
23.03.05	白米		360		×	
23.03.05	チューハイ			350	×	
23.03.06	浄水	200	150	200	○	
23.03.06	白米	360	300		×	えずき
23.03.06	海塩	2			×	
23.03.06	チキンソテー		120		×	重度痒み
23.03.06	みそ汁		150		×	
23.03.06	野菜サラダ		65		×	
23.03.06	自作パン			270	×	
23.03.06	チューハイ			350	×	
23.03.06	ハイボール			350	×	不味、胸痛、頭痛
23.03.07	浄水	200	200		○	
23.03.07	白米	360		360	×	
23.03.07	自作パン		270		×	
23.03.07	キャベツ		119		×	
23.03.08	浄水	200		200	○	
23.03.08	白米	360			×	
23.03.08	海塩	2			×	
23.03.08	キャベツ	120			×	
23.03.08	インドカレー		200		×	
23.03.08	ナン		360		×	
23.03.08	ラッシー		200		×	
23.03.08	カツ丼			1	×	血便
23.03.08	チューハイ			350	×	
23.03.09	浄水	200	200	200	○	
23.03.09	白米	360			×	
23.03.09	海塩	2			×	
23.03.09	牛丼		1		×	腹負担、出汁
23.03.09	デニッシュパン			1	×	
23.03.10	豚肉	105			×	
23.03.10	浄水	200	200	200	○	
23.03.10	コッペパン		1		×	
23.03.10	クリームパン		1		×	
23.03.10	りんご			247	×	
23.03.10	みかん			120	×	
23.03.11	浄水	200	150	200	○	
23.03.11	自作パン	270			×	
23.03.11	パスタ料理		1		×	重度痒み、乳首出血、目荒れ
23.03.11	アイスコーヒー		150		×	
23.03.11	りんご			206	×	

付録1 筆者の食事記録（Author's Meal Records）

日付	食物名	数量			適否	不調名
		朝	昼	夕		
23.03.11	ヨーグルト			100	×	
23.03.11	アイスクリーム			1	×	
23.03.11	アイスクリーム			1	×	
23.03.12	浄水	200	200	200	○	
23.03.12	自作パン	135		135	×	
23.03.12	オリーブ油	10			×	裏首しこり、右首しこり
23.03.12	ヨーグルト	100		200	×	
23.03.12	りんご	209			×	舌噛み
23.03.12	もりそば		450		×	
23.03.12	キャベツ			109	×	
23.03.13	浄水	200	200	200	○	
23.03.13	りんご	195			×	歯荒れ
23.03.13	自作パン	135		135	×	
23.03.13	バナナ	100			×	
23.03.13	ラーメン		1		×	乳首出血、鼻血、重度痒み
23.03.13	こまつな			118	×	
23.03.13	ヨーグルト			200	×	耳切れ
23.03.13	牛乳			200	×	
23.03.14	浄水	200	200	200	○	
23.03.14	キャベツ	119			×	
23.03.14	自作パン	135		135	×	
23.03.14	ヨーグルト	200			×	
23.03.14	もりそば		500		×	
23.03.14	チンゲン			116	×	
23.03.14	牛乳			200	×	腕痒み、耳切れ、尻突起、脚出汁
23.03.15	浄水	200	400		○	
23.03.15	キャベツ	119			×	
23.03.15	自作パン	135		270	×	
23.03.15	バナナ	100		105	×	
23.03.15	もりそば		500		×	
23.03.15	こまつな			116	×	
23.03.15	ヨーグルト			200	×	腕痒み
23.03.16	浄水	200	200		○	
23.03.16	キャベツ	117			×	
23.03.16	自作パン	135		270	×	
23.03.16	バナナ	100		90	×	
23.03.16	きぬ豆腐	120			×	歯荒れ、赤腕突起、眉突起、局部荒れ
23.03.16	もりそば		500		×	
23.03.16	チンゲン			114	×	
23.03.17	浄水	200	400	200	○	
23.03.17	キャベツ	123			×	
23.03.17	自作パン	270		270	×	
23.03.17	バナナ	94		90	×	
23.03.17	かけそば		1		×	乳首出血、首出血
23.03.17	こまつな			118	×	
23.03.18	浄水	200	400	400	○	
23.03.18	キャベツ	118			×	
23.03.18	自作パン	270		270	×	
23.03.18	バナナ	90		100	×	
23.03.18	もりそば		500		×	
23.03.18	さつまいも		228		×	乳首出血、尻突起、首痒み、オナラ、局部荒れ
23.03.18	チンゲン			125	×	

付録1　筆者の食事記録（Author's Meal Records）

日付	食物名	数量			適否	不調名
		朝	昼	夕		
23.03.19	浄水	200	200	400	○	
23.03.19	キャベツ	119			×	
23.03.19	自作パン	270		270	×	
23.03.19	バナナ	110	77		×	乳首出血
23.03.19	もりそば		500		×	乳首出血
23.03.19	こまつな			101	×	
23.03.20	浄水	200	400	200	○	
23.03.20	チンゲン	105			×	
23.03.20	自作パン	270		270	×	
23.03.20	バナナ	110	77		×	乳首出血
23.03.20	かけそば		1		×	
23.03.20	キャベツ			111	×	
23.03.21	浄水	200	200	400	○	
23.03.21	チンゲン	119			×	
23.03.21	自作パン	270		270	×	
23.03.21	ごま油	10			×	出血、耳痛、もも荒れ、口下突起
23.03.21	かけそば		1		×	
23.03.21	キャベツ			119	×	
23.03.22	浄水	400	400	200	○	
23.03.22	大根葉	101			×	頭痛、吐気、腕荒れ
23.03.22	自作パン	270		270	×	
23.03.22	もりそば		500		×	
23.03.22	キャベツ			119	×	
23.03.23	浄水	200	400	400	○	
23.03.23	グリーンリーフ	124			×	乳首出血
23.03.23	かけうどん	1			×	
23.03.23	かけそば		1		×	
23.03.23	自作パン			270	×	
23.03.23	チンゲン			127	×	
23.03.24	浄水	400	400	400	○	
23.03.24	自作パン	270			×	
23.03.24	もりそば		500		×	
23.03.24	かけうどん			1	×	腕荒れ、局部荒れ、出汁
23.03.25	浄水	400	200	400	○	
23.03.25	自作パン	270			×	
23.03.25	チンゲン	138			×	
23.03.25	もりうどん		1		×	
23.03.25	もりそば			500	×	
23.03.26	浄水	400	400	400	○	
23.03.26	自作パン	270		405	×	
23.03.26	もりそば		500		×	
23.03.26	チンゲン			22	×	
23.03.26	キャベツ			22	×	
23.03.26	バナナ			40	×	
23.03.27	浄水	400		400	○	
23.03.27	チンゲン	19	20		×	
23.03.27	自作パン	270	135	270	×	
23.03.27	キャベツ	18			×	
23.03.27	もりそば		500		×	
23.03.27	ヨーグルト			40	×	眉突起
23.03.27	りんご			51	×	
23.03.27	バナナ			48	×	

付録1 筆者の食事記録(Author's Meal Records)

日付	食物名	数量			適否	不調名
		朝	昼	夕		
23.03.28	浄水	400	200	400	○	
23.03.28	自作パン	270		405	×	
23.03.28	チンゲン	41			×	
23.03.28	ヨーグルト	40		320	×	出汁、便通悪化、乳首出汁、血便、耳突起
23.03.28	かけそば		1		×	
23.03.29	浄水	400	200		○	
23.03.29	自作パン	135		540	×	
23.03.29	もりそば		500		×	腕荒れ、出血
23.03.30	浄水	400		400	○	
23.03.30	自作パン	270		270	×	
23.03.30	もりそば		500		×	出血、頭痛、吐気、腕荒れ、便通悪化
23.03.31	浄水	400	400	400	○	
23.03.31	自作パン	270	270	270	×	
23.03.31	もりそば		500		×	
23.03.31	海塩		2		×	
23.03.31	りんご			43	×	
23.03.31	チンゲン			28	×	
23.03.31	バナナ			40	×	
23.04.01	浄水	400	200	400	○	
23.04.01	自作パン	270		270	×	
23.04.01	バナナ	34			×	
23.04.01	チンゲン	22			×	
23.04.01	りんご	45			×	
23.04.01	もりうどん		1		×	尻突起、寒気、出血
23.04.01	キャベツ			20	×	
23.04.01	オリーブ油			5	×	
23.04.02	浄水	400	400	400	○	
23.04.02	自作パン	270	270	270	×	
23.04.02	バナナ	31			×	顔痒み、便通悪化
23.04.02	りんご	49			×	
23.04.02	チンゲン		21		×	
23.04.02	キャベツ		24		×	
23.04.02	クルミ			8	×	鼻突起
23.04.02	ヨーグルト			40	×	
23.04.03	浄水	400	200	400	○	
23.04.03	バナナ	85			×	顔痒み
23.04.03	りんご	47			×	
23.04.03	自作パン	135	270	270	×	
23.04.03	オリーブ油	5			×	
23.04.03	コーヒー	150			×	出血
23.04.03	ヨーグルト		40		×	
23.04.03	チンゲン			26	×	
23.04.03	アジフライ			45	×	下痢
23.04.04	浄水	400	400	400	○	
23.04.04	りんご	52			×	舌痛、寒気
23.04.04	豚もも	20	21	24	×	
23.04.04	自作パン	180	225	180	×	
23.04.04	チンゲン		30		×	舌痛、寒気
23.04.04	キャベツ			52	×	腕痒み、舌痛
23.04.05	浄水	400	200	200	○	
23.04.05	キャベツ	52			×	顔痒み、左膝痛、寒気、舌痛

付録1　筆者の食事記録（Author's Meal Records）

日付	食物名	数量 朝	昼・	夕	適否	不調名
23.04.05	ヨーグルト	40			×	
23.04.05	自作パン	180	180	180	×	
23.04.05	鶏ささみ		24	24	×	
23.04.05	ほうじ茶		200	200	×	
23.04.05	カレー			1	×	腕荒れ、便通悪化
23.04.06	浄水	200	200	200	○	
23.04.06	鶏ささみ	23	20	20	×	
23.04.06	自作パン	180	180	360	×	
23.04.06	ほうじ茶	200	200	400	×	腕荒れ
23.04.06	ざるそば		450		×	
23.04.07	浄水	200	200	400	○	
23.04.07	鶏ささみ	25			×	
23.04.07	自作パン	180	270	270	×	
23.04.07	ほうじ茶	200	200		×	
23.04.07	豚こま		20	20	×	便通悪化、口下突起
23.04.08	浄水	400	400	400	○	
23.04.08	豚こま	20	20	20	×	便通悪化、出汁、乳首荒れ、口下突起
23.04.08	自作パン	270	270	270	×	
23.04.09	浄水	200	600	200	○	
23.04.09	鶏むね	20	20	20	×	
23.04.09	自作パン	270	270	270	×	
23.04.09	ほうじ茶	200		200	×	左膝痛、腕荒れ、乳首出血
23.04.10	浄水	400	600	400	○	
23.04.10	鶏むね	20	23	22	×	
23.04.10	自作パン	270	270	270	×	
23.04.10	無脂ヨーグルト		200		×	下痢、視力低下
23.04.11	浄水	400	200	400	○	
23.04.11	VCサプリ	4	4	4	×	
23.04.11	鶏むね	20	25	21	×	
23.04.11	自作パン	270		270	×	
23.04.11	もりそば		500		×	
23.04.11	麦茶		150		×	
23.04.11	ヨーグルト			100	×	腹負担、鼻血、吐気、眉突起、重度痒み、鼻痛
23.04.12	浄水	400	200	400	○	
23.04.12	VCサプリ	4	4	4	×	
23.04.12	鶏むね	20	21	19	×	
23.04.12	自作パン	270		540	×	
23.04.12	チンゲン	100			×	腹負担、鼻血、吐気、眉突起、重度痒み、鼻痛
23.04.12	麦茶		150		×	
23.04.12	もりそば		500		×	
23.04.13	浄水	200		200	○	
23.04.13	VCサプリ	4	2	2	×	
23.04.13	鶏むね	21	20	20	×	
23.04.13	自作パン	270	270	270	×	
23.04.13	オリーブ油	15	15	15	×	
23.04.13	チンゲン	48	45	52	×	
23.04.13	ほうじ茶	400	400		×	腕荒れ、重度痒み
23.04.14	浄水	400	400	600	○	
23.04.14	VCサプリ	2	6	4	×	
23.04.14	チンゲン	50	50		×	
23.04.14	鶏むね	20	20	14	×	

付録1 筆者の食事記録（Author's Meal Records）

日付	食物名	数量			適否	不調名
		朝	昼	夕		
23.04.14	自作パン	270	270	270	×	
23.04.14	オリーブ油	15	15	15	×	
23.04.14	鶏ささみ			8	×	
23.04.15	浄水	400	400	200	○	
23.04.15	VCサプリ	4	4	4	×	
23.04.15	鶏ささみ	25	24	29	×	
23.04.15	自作パン	270	270	270	×	
23.04.15	オリーブ油	15	15	15	×	
23.04.16	浄水	400	600	200	○	
23.04.16	VCサプリ	4	4	4	×	
23.04.16	鶏ささみ	29	35	20	×	
23.04.16	自作パン	270	270	270	×	
23.04.16	DHAサプリ		2		×	
23.04.16	VBサプリ		4		×	
23.04.17	浄水	600	400	400	○	
23.04.17	VCサプリ	4			×	
23.04.17	鶏ささみ	15	24	24	×	
23.04.17	自作パン	270	270	540	×	
23.04.17	VBサプリ		1	1	×	
23.04.18	浄水	400	400	600	○	
23.04.18	VCサプリ	4		4	×	
23.04.18	VBサプリ	1			×	
23.04.18	自作パン	270	270	270	×	
23.04.18	オリーブ油	15			×	
23.04.19	浄水	400	400	600	○	
23.04.19	自作パン	270	270	270	×	
23.04.19	鶏ささみ	24			×	
23.04.19	チンゲン	31			×	
23.04.19	クルミ		8		×	
23.04.20	浄水	400	200	400	○	
23.04.20	チンゲン	39			×	
23.04.20	鶏ささみ	24			×	
23.04.20	自作パン	270		270	×	
23.04.20	白米	180			×	乳首荒れ、腕荒れ
23.04.20	麦茶		150		×	
23.04.20	もりそば		300		×	
23.04.21	浄水	400	400	400	○	
23.04.21	自作パン	270	270	270	×	
23.04.21	白米		180		×	乳首荒れ、腕荒れ、便通悪化
23.04.22	浄水	400	200		○	
23.04.22	自作パン	270	135	270	×	
23.04.22	もりそば		500		×	
23.04.22	麦茶		400	400	×	便通悪化、腕出汁、尻突起
23.04.23	浄水	600	200	600	○	
23.04.23	自作パン	270	270	270	×	
23.04.23	もりそば		300		×	
23.04.24	浄水	400		600	○	
23.04.24	自作パン	135	270	270	×	
23.04.24	もりそば	250			×	
23.04.24	VCサプリ	2	2	5	×	

付録1 筆者の食事記録（Author's Meal Records）

日付	食物名	数量			適否	不調名
		朝	昼	夕		
23.04.24	鶏ささみ		30	34	×	
23.04.25	VCサプリ	4			×	寒気
23.04.25	浄水	400	400	400	○	
23.04.25	自作パン	270	270	270	×	
23.04.25	豚レバー		27		×	首痛、乳首荒れ
23.04.26	浄水	400	400	400	○	
23.04.26	豚レバー	27			×	乳首出血、膝裏突起、鼻突起
23.04.26	自作パン	270	270	270	×	
23.04.26	鶏ささみ			27	×	
23.04.27	浄水	400	400	400	○	
23.04.27	自作パン	270			×	
23.04.27	鶏ささみ	27		27	×	
23.04.27	チンゲン	50		54	×	
23.04.27	自作パン		270	270	×	
23.04.27	キャベツ		45		×	
23.04.28	浄水	400	400	600	○	
23.04.28	チンゲン	65		60	×	
23.04.28	鶏ささみ	26		27	×	
23.04.28	自作パン	270	270	270	×	
23.04.28	ごま油		15		×	脱力
23.04.28	豚レバー		28		×	
23.04.29	浄水	400	400	400	○	
23.04.29	鶏ささみ	27	25		×	
23.04.29	チンゲン	60	63	62	×	
23.04.29	自作パン	270	270	270	×	
23.04.29	きゅうり		135	98	×	乳首出血、腕出汁、鼻血、歯茎痛
23.04.30	浄水	400	400	600	○	
23.04.30	チンゲン	71	61	70	×	
23.04.30	自作パン	270	270	405	×	
23.04.30	鶏ささみ	30			×	左膝痛、重度痒み、頭痛
23.04.30	こまつな		113		×	
23.05.01	浄水	400	400	600	○	
23.05.01	チンゲン	82	67	70	×	
23.05.01	自作パン	405	270	540	×	
23.05.02	浄水	600	200	600	○	
23.05.02	自作パン	270	270		×	
23.05.02	上白糖		10			眠気、腕荒れ
23.05.03	浄水	400	400	600	○	
23.05.03	自作パン	270	270	405	×	
23.05.03	チンゲン	95			×	腕荒れ
23.05.03	鶏ささみ		45		×	
23.05.04	浄水	400	400	400	○	
23.05.04	自作パン	270	270	270	×	
23.05.04	鶏ささみ	40			×	
23.05.04	鶏レバー		22		×	乳首荒れ、左膝痛、腕痒み、口臭
23.05.05	浄水	600	200	600	○	
23.05.05	自作パン	270	270	270	×	
23.05.05	鶏ささみ	23	20	21	×	乳首荒れ

付録1　筆者の食事記録（Author's Meal Records）

日付	食物名	数量			適否	不調名
		朝	昼	夕		
23.05.06	浄水	400	600	600	○	
23.05.06	自作パン	270	270	405	×	
23.05.06	ゴールドキウイ		48		×	
23.05.07	浄水	600	600	400	○	
23.05.07	自作パン	270	405	270	×	
23.05.07	鶏ささみ	22			×	
23.05.07	ゴールドキウイ	57			×	
23.05.07	オリーブ油		5		×	
23.05.08	浄水	600	400	400	○	
23.05.08	自作パン	270	470	540	×	
23.05.08	オリーブ油	5			×	
23.05.08	鶏ささみ	22			×	
23.05.09	浄水	400		600	○	
23.05.09	鶏ささみ	22			×	
23.05.09	自作パン	270	135	270	×	
23.05.09	もりそば		500		×	
23.05.09	ごま油		5		×	
23.05.10	浄水	400		400	○	
23.05.10	自作パン	270		270	×	
23.05.10	もりそば		500		×	えずき、腹負担、乳首出血、腕出血、下痢
23.05.11	浄水	400	400	200	○	
23.05.11	自作パン	270	270	270	×	
23.05.12	浄水	400	400	400	○	
23.05.12	自作パン	270	270	270	×	
23.05.12	海塩		1		×	
23.05.12	鶏ささみ		21		×	乳首痛、鼻痛、赤突起、鼻血
23.05.13	浄水	600	200	600	○	
23.05.13	自作パン	270	270	270	×	
23.05.13	海塩	1	1	1	×	
23.05.14	浄水	400	400	200	○	
23.05.14	VCサプリ	1			×	
23.05.14	自作パン	270			×	
23.05.14	海塩	1	1	1	×	
23.05.14	ササニシキ米		360	360	過多	
23.05.14	アイスキャンデー			3	×	
23.05.15	浄水	400	200	400	○	
23.05.15	自作パン	270			×	
23.05.15	海塩	1	1	1	×	
23.05.15	アイスミルク	1			×	
23.05.15	ササニシキ米		360	360	過多	
23.05.15	ラクトアイス		1		×	
23.05.15	アイスミルク		1		×	
23.05.15	ラクトアイス			1	×	
23.05.15	アイスクリーム			1	×	
23.05.16	浄水	400	400	400	○	
23.05.16	海塩	1			×	
23.05.16	ササニシキ米	360	360	360	過多	
23.05.16	アジフライ		200		×	重度痒み、寒気、鼻詰り、乳首出血、左目痛
23.05.16	アイスミルク		1	1	×	
23.05.16	ビスケット		1		×	

付録1 筆者の食事記録（Author's Meal Records）

日付	食物名	数量			適否	不調名
		朝	昼	夕		
23.05.17	浄水	400	400	400	○	
23.05.17	海塩	1	1		×	
23.05.17	ササニシキ米	360	360	360	過多	
23.05.17	チンゲン	59			×	左目荒れ、胸痛
23.05.17	クルミ	24			×	乳首出血、寒気、背中荒れ
23.05.17	アイスミルク		1		×	
23.05.17	ラクトアイス			1	×	
23.05.17	アイスミルク			1	×	
23.05.17	ギョーザ		240		×	左膝痛
23.05.17	鶏からあげ			200	×	
23.05.18	浄水	400	400	400	○	
23.05.18	海塩	1	1		×	
23.05.18	ササニシキ米	360	360	360	過多	
23.05.18	ビスケット		1		×	
23.05.18	ビスケット		1		×	
23.05.18	シュウマイ			265	×	
23.05.19	浄水	400	400	400	○	
23.05.19	ササニシキ米	360		720	過多	
23.05.19	ヨーグルト	100	100		×	左鼻痛
23.05.19	ビスケット	1	1		×	
23.05.19	ビスケット		1		×	
23.05.19	海塩			2	×	
23.05.19	豚ロース			144	×	便通悪化、血便
23.05.20	浄水	400	200	400	○	
23.05.20	ササニシキ米	360	360	360	過多	
23.05.20	海塩	1	1	1	×	
23.05.20	ビスケット	1			×	
23.05.20	豚ロース		108		×	便通悪化、局部出血、腕痒み
23.05.20	アイスミルク		1		×	
23.05.20	アイスミルク			2	×	
23.05.20	アイスクリーム			1	×	
23.05.21	浄水	400	200	400	○	
23.05.21	ササニシキ米	360		360	過多	
23.05.21	海塩	1		1	×	
23.05.21	VCサプリ	1			×	左膝痛
23.05.21	かけそば		1		×	
23.05.21	アイスミルク		1	1	×	
23.05.21	アイスミルク			1	×	
23.05.22	浄水	400	400	200	○	
23.05.22	ササニシキ米	360		360	過多	
23.05.22	海塩	1		1	×	
23.05.22	自作パン		270		×	
23.05.22	アイスミルク		1		×	
23.05.22	マヨコーンパン		1		×	
23.05.22	チョコレート			100	×	便通悪化、腕痒み
23.05.23	浄水	400	200	400	○	
23.05.23	ササニシキ米	360		360	過多	
23.05.23	海塩	1			×	
23.05.23	ココナツ油	15			×	寒気、腹負担
23.05.23	自作パン		270		×	
23.05.23	ギョーザ		240		×	
23.05.23	タコヤキ			260	×	鼻痒み
23.05.23	鶏からあげ			70	×	

134

付録1 筆者の食事記録（Author's Meal Records）

日付	食物名	数量 朝	昼	夕	適否	不調名
23.05.24	浄水	400	400	400	○	
23.05.24	ササニシキ米	360		360	過多	
23.05.24	鶏からあげ	140			×	
23.05.24	海塩	1			×	
23.05.24	自作パン		270		×	
23.05.24	ポテトコロッケ			125	×	
23.05.25	浄水	400	400	200	○	
23.05.25	ササニシキ米	360		360	過多	
23.05.25	ギョーザ	160			×	顔痒み、頭痛、腕出汁
23.05.25	自作パン		270		×	
23.05.25	納豆		45		×	
23.05.25	海塩			1	×	
23.05.25	アイスミルク			1	×	
23.05.25	ラクトアイス			1	×	
23.05.25	アイスミルク			1	×	
23.05.26	浄水	400	200	200	○	
23.05.26	ササニシキ米	360		360	過多	
23.05.26	海塩	1		1	×	
23.05.26	納豆	45		45	×	
23.05.26	自作パン		270		×	
23.05.26	アイスミルク		1		×	首痒み、倦怠感、腕出汁
23.05.26	きぬ豆腐			120	×	裏もも突起、左膝痛、口内突起
23.05.27	浄水	400	400	400	○	
23.05.27	ササニシキ米	360		360	過多	
23.05.27	海塩	1		1	×	
23.05.27	納豆	45		45	×	
23.05.27	自作パン		270		×	
23.05.27	いちご		50		×	赤突起
23.05.28	浄水	400	400	400	○	
23.05.28	ササニシキ米	360		360	過多	
23.05.28	海塩	1		1	×	
23.05.28	納豆	45		45	×	
23.05.28	VCサプリ	1	1		×	
23.05.28	自作パン		270		×	
23.05.28	クッキー		15		×	腕痒み、眉突起、下痢
23.05.29	浄水	400	200	400	○	
23.05.29	ササニシキ米	360		360	過多	
23.05.29	海塩	1		1	×	
23.05.29	納豆	45		45	×	
23.05.29	自作パン		540		×	
23.05.30	浄水	400	400	400	○	
23.05.30	ササニシキ米	360		360	過多	
23.05.30	海塩	1		1	×	
23.05.30	納豆	45		45	×	
23.05.30	自作パン		540		×	顔荒れ、目痛
23.05.30	VCサプリ			4	×	
23.05.31	浄水	400	200	400	○	
23.05.31	ササニシキ米	360		360	過多	
23.05.31	海塩	1		1	×	
23.05.31	納豆	45		45	×	
23.05.31	さつまいも		332		×	

付録1　筆者の食事記録（Author's Meal Records）

日付	食物名	数量			適否	不調名
		朝	昼	夕		
23.06.01	浄水	400	200	400	○	
23.06.01	ササニシキ米	360		360	過多	
23.06.01	海塩	1	1	1	×	
23.06.01	さつまいも		414		×	
23.06.01	納豆		45		×	
23.06.01	クッキー			14	×	
23.06.01	ビスケット			1	×	顔面突起
23.06.02	浄水	400	200	200	○	
23.06.02	ササニシキ米	360	360		過多	
23.06.02	海塩	1	2		×	
23.06.02	納豆	45			×	
23.06.02	さつまいも		400		×	
23.06.02	自作パン			135	×	クシャミ
23.06.02	アイスミルク			1	×	下痢
23.06.03	浄水	400		400	○	
23.06.03	ササニシキ米	360		360	過多	
23.06.03	海塩	2			×	
23.06.03	納豆	45			×	
23.06.03	さつまいも	514			×	
23.06.03	クッキー			10	×	腕荒れ、膝裏荒れ、乳首出血
23.06.04	浄水	400		200	○	
23.06.04	ササニシキ米	360		360	過多	
23.06.04	海塩	1	2		×	
23.06.04	納豆	45		45	×	腕痒み
23.06.04	さつまいも		466		×	
23.06.05	浄水	400	200	200	○	
23.06.05	ササニシキ米	360		360	過多	
23.06.05	海塩	1	2	1	×	
23.06.05	納豆	45			×	
23.06.05	サンマ煮	37			×	赤すね突起
23.06.05	さつまいも		448		×	
23.06.05	自作パン			270	×	下痢
23.06.06	浄水	400	200	400	○	
23.06.06	ササニシキ米	360		360	過多	
23.06.06	海塩	1		2	×	
23.06.06	サンマ煮	30			×	
23.06.06	さつまいも		400		×	
23.06.06	納豆			45	×	腹鳴り、腕荒れ、尻突起、局部荒れ、鼻痛
23.06.07	浄水	400	200	200	○	
23.06.07	ササニシキ米	360		360	過多	
23.06.07	海塩	2		1	×	
23.06.07	サンマ煮	31			×	赤すね突起
23.06.07	さつまいも	320			×	
23.06.07	自作パン			270	×	下痢
23.06.08	浄水	400	200	400	○	
23.06.08	ササニシキ米	360		480	過多	
23.06.08	海塩	2		1	×	
23.06.08	さつまいも	288			×	
23.06.09	浄水	400	200	400	○	
23.06.09	ササニシキ米	480		360	過多	
23.06.09	海塩	1	1	1	×	
23.06.09	さつまいも		256		×	

付録1 筆者の食事記録（Author's Meal Records）

日付	食物名	数量			適否	不調名
		朝	昼	夕		
23.06.09	納豆			45	×	頭皮突起、腕荒れ
23.06.10	浄水	400	200	400	○	
23.06.10	さつまいも	368			×	
23.06.10	海塩	2		1	×	
23.06.10	かけそば		1		×	下痢、乳首荒れ
23.06.10	ササニシキ米			360	○	
23.06.11	浄水	400	400	200	○	
23.06.11	さつまいも	284			×	
23.06.11	海塩	2			×	
23.06.11	ギョーザ	240			×	寒気、ふらつき、目荒れ、尻突起、左膝痛
23.06.11	ササニシキ米			360	○	
23.06.11	アイスミルク			1	×	腕荒れ
23.06.12	浄水	400	400	200	○	
23.06.12	さつまいも	345			×	
23.06.12	ササニシキ米		360	360	過多	
23.06.12	牛煮込		80		×	目荒れ
23.06.12	アイスミルク		1		×	
23.06.13	浄水	400	200	200	○	
23.06.13	さつまいも	319			×	
23.06.13	海塩	1		1	×	
23.06.13	かけうどん		500		×	腕荒れ、膝裏荒れ、胸痛
23.06.13	ササニシキ米			360	○	
23.06.14	浄水	400	200	200	○	
23.06.14	さつまいも	335			×	
23.06.14	海塩	1	1	1	×	
23.06.14	豚カツ		159		×	首突起
23.06.14	ササニシキ米		360	360	過多	
23.06.14	ラクトアイス		1		×	
23.06.15	浄水	400	200	200	○	
23.06.15	さつまいも	346			×	
23.06.15	海塩	1		1	×	
23.06.15	鮭		77		×	歯茎痛、舌痛
23.06.15	ササニシキ米		360	360	過多	
23.06.15	アイスミルク			2	×	
23.06.16	浄水	400	200	400	○	
23.06.16	さつまいも	348			×	
23.06.16	海塩	1	1	1	×	
23.06.16	ササニシキ米		360	360	過多	
23.06.16	鶏もも		141		×	
23.06.16	アイスミルク		1	1	×	
23.06.17	浄水	400	200	400	○	
23.06.17	さつまいも	350			×	
23.06.17	海塩	2	2	1	×	
23.06.17	鶏もも		124		×	
23.06.17	ササニシキ米		360	360	過多	
23.06.17	アイスミルク			1	×	腕荒れ
23.06.18	浄水	400	200	400	○	
23.06.18	さつまいも	350			×	
23.06.18	海塩	2	2	2	×	
23.06.18	豚もも		100		×	
23.06.18	ササニシキ米		360	360	過多	

付録1 筆者の食事記録（Author's Meal Records）

日付	食物名	数量			適否	不調名
		朝	昼	夕		
23.06.18	鶏もも			124	×	
23.06.19	浄水	400	200	200	○	
23.06.19	さつまいも	322			×	
23.06.19	海塩	2	2	2	×	
23.06.19	豚もも		100		×	
23.06.19	ササニシキ米		360	360	過多	
23.06.19	鶏もも			105	×	
23.06.20	浄水	600	200	400	○	
23.06.20	さつまいも	356			×	
23.06.20	海塩	2	2	2	×	
23.06.20	豚もも		120	96	×	
23.06.20	ササニシキ米		270	270	過多	
23.06.21	浄水	400	200	400	○	
23.06.21	さつまいも	348			×	
23.06.21	海塩	2	2	2	×	
23.06.21	豚もも		101	101	×	腹負担、尻突起、眠気、左鼻痛
23.06.21	ササニシキ米		240	240	過多	
23.06.22	浄水	400	200	200	○	
23.06.22	さつまいも	360			×	
23.06.22	海塩	2	2	2	×	
23.06.22	ササニシキ米		360	240	過多	
23.06.22	豚もも			96	×	
23.06.23	浄水	400	200	400	○	
23.06.23	さつまいも	353			×	
23.06.23	豚もも		110	99	×	赤腕突起
23.06.23	ササニシキ米		360	360	過多	
23.06.24	浄水	400	200	200	○	
23.06.24	さつまいも	350			×	
23.06.24	アイスミルク	1			×	寒気、眠気
23.06.24	豚もも		113		×	
23.06.24	ササニシキ米		360	360	過多	
23.06.25	浄水	400		400	○	
23.06.25	さつまいも	356			×	
23.06.25	豚もも		121		×	右鼻痛、眠気、吐気、腹痛、舌痛、首突起
23.06.25	ササニシキ米		360	360	過多	
23.06.26	浄水	400	200	400	○	
23.06.26	海塩	2			×	
23.06.26	さつまいも	379			×	
23.06.26	豚もも		120		×	舌痛、眠気、首突起、乳首荒れ
23.06.26	ササニシキ米		360	360	過多	
23.06.27	浄水	400	200	400	○	
23.06.27	海塩	2			×	
23.06.27	さつまいも	366			×	
23.06.27	豚もも		120		×	ささくれ
23.06.27	ササニシキ米		360	360	過多	
23.06.28	浄水	400	200	400	○	
23.06.28	海塩	2			×	
23.06.28	さつまいも	350			×	
23.06.28	豚もも		123		×	えずき、鼻詰り、口内荒れ、赤すね突起
23.06.28	ササニシキ米		360	360	過多	

付録1 筆者の食事記録（Author's Meal Records）

日付	食物名	数量			適否	不調名
		朝	昼	夕		
23.06.29	浄水	400	200	400	○	
23.06.29	海塩	2			×	
23.06.29	さつまいも	345			×	
23.06.29	豚もも		125		×	
23.06.29	ササニシキ米		360	360	過多	
23.06.29	アイスミルク		1		×	腹負担、脚突起、口内荒れ
23.06.30	浄水	400	400	400	○	
23.06.30	海塩	2			×	
23.06.30	さつまいも	351			×	
23.06.30	豚もも		120		×	左膝痛、えずき、口内突起、出汁、鼻水、耳突起
23.06.30	ササニシキ米		360	360	過多	
23.07.01	浄水	400	400	400	○	
23.07.01	海塩	2			×	
23.07.01	さつまいも	350			×	
23.07.01	もりそば		500		×	口内荒れ、赤突起、えずき、口横荒れ、目痛
23.07.01	ササニシキ米			360	○	
23.07.02	浄水	400	400	400	○	
23.07.02	海塩	2			×	
23.07.02	さつまいも	331			×	
23.07.02	豚もも		110		×	右もも痒み、口内突起、腹負担、鼻詰り
23.07.02	ササニシキ米		360	360	過多	
23.07.02	てんさい糖		6		×	足痒み
23.07.03	浄水	400	400	400	○	
23.07.03	海塩	1			×	
23.07.03	ササニシキ米	360		360	過多	
23.07.03	自作パン		270		×	首痒み、口横切れ、鼻水、便通悪化
23.07.04	浄水	400	400	400	○	
23.07.04	海塩	2			×	
23.07.04	ササニシキ米	360		360	過多	
23.07.04	てんさい糖	10			×	足痒み、首痒み、顔痒み、頭皮痒み、首痛、不安感
23.07.04	豚もも	135			×	
23.07.04	さつまいも		397		×	
23.07.05	浄水	400	400	100	○	
23.07.05	海塩	1			×	
23.07.05	ササニシキ米	360		360	過多	
23.07.05	納豆	45			×	耳突起、目痒み、首痛、腕腫れ
23.07.05	自作パン		270		×	
23.07.06	浄水	400	200	400	○	
23.07.06	海塩	2			×	
23.07.06	ササニシキ米	360		360	過多	
23.07.06	豚もも	117			×	
23.07.06	さつまいも		458		×	
23.07.07	浄水	400	400	200	○	
23.07.07	海塩	2			×	
23.07.07	ササニシキ米	360		360	過多	
23.07.07	クルミ	25			×	腹負担、眠気、赤腕突起、腹痛、局部痒み
23.07.07	自作パン		135		×	
23.07.08	浄水	400	200	400	○	
23.07.08	海塩	2			×	
23.07.08	ササニシキ米	360		360	過多	

付録1　筆者の食事記録（Author's Meal Records）

日付	食物名	数量			適否	不調名
		朝	昼	夕		
23.07.08	豚もも	59		58	×	
23.07.08	自作パン		135		×	眠気、腕痒み、腹負担
23.07.08	さつまいも		192		×	
23.07.09	浄水	400	200	400	○	
23.07.09	海塩	2			×	
23.07.09	ササニシキ米	360		360	過多	
23.07.09	豚もも	60			×	
23.07.09	さつまいも		202		×	
23.07.09	クルミ		25		×	眠気、首痛、腹痛
23.07.09	レトルトカレー			150	×	
23.07.10	浄水	400	400	200	○	
23.07.10	海塩	2			×	
23.07.10	ササニシキ米	360		360	過多	
23.07.10	豚もも	66			×	
23.07.10	さつまいも		269		×	
23.07.10	レトルトカレー			150	×	
23.07.10	チョコレート		50		×	腕荒れ、顔痒み
23.07.11	浄水	400	400	400	○	
23.07.11	海塩	2			×	口渇、口内荒れ
23.07.11	ササニシキ米	360		360	過多	
23.07.11	豚もも	79			×	
23.07.11	さつまいも		249		×	
23.07.11	レトルトカレー		150		×	
23.07.11	大豆			119	×	
23.07.12	浄水	400	400	400	○	
23.07.12	ササニシキ米	360		360	過多	
23.07.12	豚もも	80			×	
23.07.12	レトルトカレー		150		×	腹負担、首痒み、鼻水、赤突起
23.07.12	さつまいも		233		×	
23.07.12	大豆			84	×	
23.07.13	浄水	400	400	400	○	
23.07.13	ササニシキ米	360		360	過多	
23.07.13	オリーブ油	15			×	頭痛、眠気、頭皮痒み、首痛
23.07.13	海塩	2			×	
23.07.13	大豆		84		×	
23.07.13	さつまいも		237		×	
23.07.13	豚もも			82	×	
23.07.14	浄水	400	200	400	○	
23.07.14	ササニシキ米	360		360	過多	
23.07.14	レトルトカレー	150			×	
23.07.14	大豆		84		×	
23.07.14	さつまいも		253		×	
23.07.14	豚もも			80	×	
23.07.15	浄水	400	200	400	○	
23.07.15	ササニシキ米	360		360	過多	
23.07.15	クルミ	25			×	頭痛、腹負担、眠気、局部痒み、多尿
23.07.15	海塩	2			×	
23.07.15	大豆		84		×	
23.07.15	さつまいも		260		×	
23.07.15	豚もも			79	×	
23.07.16	浄水	400	400	400	○	
23.07.16	ササニシキ米	360		360	過多	

付録1 筆者の食事記録（Author's Meal Records）

日付	食物名	数量			適否	不調名
		朝	昼	夕		
23.07.16	レトルトカレー	150			×	
23.07.16	ひよこ豆	97			×	脇痒み、腹負担、オナラ、膝裏痒み
23.07.16	大豆		84		×	
23.07.16	さつまいも		226		×	
23.07.16	豚もも			61	×	
23.07.16	豚レバー			22	×	
23.07.17	浄水	400	400	400	○	
23.07.17	海塩	2			×	
23.07.17	ササニシキ米	360		360	過多	
23.07.17	ひよこ豆	80			×	脇痒み、視力低下、眠気、オナラ
23.07.17	大豆		76		×	
23.07.17	さつまいも		238		×	
23.07.17	豚もも			46	×	
23.07.17	豚レバー			23	×	
23.07.18	浄水	400	200	400	○	
23.07.18	ササニシキ米	320		320	過多	
23.07.18	レトルトカレー	150			×	
23.07.18	大豆	76			×	
23.07.18	自作パン		270		×	耳痒み、尻荒れ、右鼻突起、脚痒み、腕痒み
23.07.18	さつまいも		246		×	
23.07.18	豚もも			62	×	
23.07.18	豚レバー			21	×	
23.07.19	浄水	400	400	400	○	
23.07.19	ササニシキ米	320		320	過多	
23.07.19	レトルトカレー	150			×	左頬腫れ
23.07.19	金時豆	71			×	眠気、視力低下、頭皮臭、抜毛、胸痛
23.07.19	大豆		86		×	
23.07.19	さつまいも		226		×	
23.07.19	豚もも			60	×	
23.07.19	豚レバー			29	×	
23.07.20	浄水	400	400	400	○	
23.07.20	ササニシキ米	320		320	過多	
23.07.20	レトルトカレー	150			×	頭皮臭、脇痒み、左頬腫れ
23.07.20	大豆	80			×	
23.07.20	さつまいも		289		×	
23.07.20	豚もも			58	×	
23.07.20	豚レバー			19	×	
23.07.21	浄水	400	400	400	○	
23.07.21	海塩	2			×	
23.07.21	ササニシキ米	320		320	過多	
23.07.21	大豆	95			×	
23.07.21	アマニ油	3			×	口内突起、えずき、背中荒れ、腹負担、出汁
23.07.21	さつまいも		281		×	
23.07.21	豚もも			64	×	
23.07.21	豚レバー			18	×	
23.07.22	浄水	400	400	400	○	
23.07.22	海塩	2			×	
23.07.22	ササニシキ米	320		320	過多	
23.07.22	大豆	100			×	
23.07.22	ゆで卵	56			○	脇痒み、頭皮突起、左膝痛、耳突起、鼻痛
23.07.22	さつまいも		271		×	
23.07.22	豚もも			61	×	
23.07.22	豚レバー			18	×	

付録1　筆者の食事記録（Author's Meal Records）

日付	食物名	数量			適否	不調名
		朝	昼	夕		
23.07.23	浄水	400	400	400	○	
23.07.23	ササニシキ米	320		320	過多	
23.07.23	大豆	120			×	
23.07.23	レトルトカレー	150			×	頭痛、目荒れ、局部荒れ、頭皮臭、頻尿
23.07.23	さつまいも		100		×	
23.07.23	さつまいも		200		×	
23.07.23	豚もも			60	×	
23.07.23	豚レバー			27	×	
23.07.24	浄水	400	400	400	○	
23.07.24	海塩	2			×	
23.07.24	ササニシキ米	320		320	過多	
23.07.24	大豆	120			×	右脚痺れ、腹負担
23.07.24	小豆	80			×	腹鳴り、ふらつき、便通悪化
23.07.24	さつまいも		321		×	
23.07.24	豚もも			61	×	
23.07.24	豚レバー			29	×	
23.07.25	浄水	400	400	400	○	
23.07.25	海塩	2			×	
23.07.25	ササニシキ米	320		320	過多	
23.07.25	大豆	120			×	右脚痺れ、腹負担、尻突起、手痒み、乳首痒み
23.07.25	さつまいも		313		×	
23.07.25	豚もも			60	×	
23.07.25	豚レバー			15	×	
23.07.26	浄水	400	400	400	○	
23.07.26	海塩	1	1		×	
23.07.26	ササニシキ米	320	320	320	過多	
23.07.26	大豆	120			×	鼻痒み、眠気、顔痒み、腕痒み、目痒み、右脚痺れ
23.07.26	さつまいも		179		×	
23.07.26	豚もも			61	×	
23.07.26	豚レバー			23	×	
23.07.27	浄水	400	400	400	○	
23.07.27	海塩	1	1	1	×	
23.07.27	ササニシキ米	320	320	320	過多	
23.07.27	大豆	85			×	鼻痒み、目荒れ、腕痒み、腹負担、右脚痺れ
23.07.27	さつまいも		165		×	
23.07.27	豚もも			60	×	
23.07.27	豚レバー			22	×	
23.07.28	浄水	400	400	400	○	
23.07.28	ササニシキ米	320	320	320	過多	
23.07.28	レトルトカレー	150			×	眠気、腕痒み、首痒み、左鼻突起、左膝痛
23.07.28	さつまいも		157		×	
23.07.28	豚もも			60	×	
23.07.28	豚レバー			22	×	
23.07.29	浄水	400	400	400	○	
23.07.29	海塩	1		1	×	
23.07.29	ササニシキ米	320		320	過多	
23.07.29	卵黄	19			×	腕荒れ、腰痛、眠気、多尿、便通悪化
23.07.29	さつまいも		298		×	
23.07.29	豚もも			61	×	
23.07.29	豚レバー			22	×	
23.07.30	浄水	400	400	400	○	
23.07.30	海塩	1	1	1	×	
23.07.30	ササニシキ米	320		320	過多	

付録1 筆者の食事記録（Author's Meal Records）

日付	食物名	数量			適否	不調名
		朝	昼	夕		
23.07.30	大豆	84			×	
23.07.30	さつまいも		304		×	
23.07.30	豚もも			60	×	腕痒み、舌痛
23.07.30	豚レバー			24	×	
23.07.31	浄水	400	400	600	○	
23.07.31	海塩	1		2	×	
23.07.31	ササニシキ米	320			○	
23.07.31	大豆	83			×	
23.07.31	さつまいも		302		×	
23.07.31	豚もも			63	×	舌痛、腕痒み
23.07.31	豚レバー			26	×	
23.07.31	強力小麦品			180	×	
23.08.01	浄水	400	600	400	○	
23.08.01	海塩	1	2		×	
23.08.01	ササニシキ米	320			○	
23.08.01	大豆	80			×	
23.08.01	強力小麦品		150		×	
23.08.01	さつまいも			290	×	
23.08.01	豚もも			59	×	腕痒み、腹鳴り
23.08.01	豚レバー			21	×	
23.08.02	浄水	400	600	400	○	
23.08.02	海塩	1	2		×	
23.08.02	ササニシキ米	340			○	
23.08.02	大豆	80			×	
23.08.02	強力小麦品		180		×	右足痛、耳痛、下痢、額突起、脚痒み
23.08.02	さつまいも			301	×	
23.08.02	豚レバー			23	×	
23.08.03	浄水	400	400	400	○	
23.08.03	海塩	1	2		×	
23.08.03	ササニシキ米	340		300	過多	
23.08.03	大豆	85			×	
23.08.03	さつまいも		146	153	×	
23.08.03	強力小麦品		150		×	右足痛、耳痛、脚痒み
23.08.04	浄水	400	400	400	○	
23.08.04	海塩	1	2		×	
23.08.04	ササニシキ米	320		320	過多	
23.08.04	さつまいも	139		154	×	
23.08.04	大豆	80			×	
23.08.04	薄力小麦品		150		×	えずき、首痒み、腕痒み、耳突起
23.08.04	豚レバー			39	×	脚荒れ
23.08.05	浄水	400	400	400	○	
23.08.05	海塩	1	1	1	×	
23.08.05	ササニシキ米	320	320	320	過多	
23.08.05	さつまいも	146		148	×	
23.08.05	大豆	62			×	痒み
23.08.06	浄水	400	400	400	○	
23.08.06	海塩	1	1	1	×	
23.08.06	ササニシキ米	320	320	320	過多	
23.08.06	さつまいも	161	138	135	×	血便、歯茎痛
23.08.07	浄水	400	400	400	○	
23.08.07	海塩	1	1	1	×	
23.08.07	ササニシキ米	320	320	320	過多	

付録1 筆者の食事記録（Author's Meal Records）

日付	食物名	数量 朝	昼	夕	適否	不調名
23.08.07	豚もも	61			×	えずき、眠気、脚痒み、頭痛、舌痛、口内炎
23.08.07	さつまいも		153		×	
23.08.07	さつまいも			112	×	
23.08.08	浄水	400	200	400	○	
23.08.08	海塩	1	1	1	×	
23.08.08	ササニシキ米	320	320	320	過多	
23.08.08	さつまいも	121	120		×	
23.08.08	豚レバー		27		×	舌痛、口内炎、便通悪化
23.08.09	浄水	400	400	400	○	
23.08.09	海塩	1	1	1	×	
23.08.09	ササニシキ米	320		340	過多	
23.08.09	黒豆	82			×	唇突起、眠気、吐気、オナラ、首痒み、局部痒み、多尿、右鼻突起
23.08.09	さつまいも		286		×	脚痒み
23.08.10	浄水	400	400	400	○	
23.08.10	海塩	1	1		×	
23.08.10	ササニシキ米	300	300	300	過多	
23.08.10	さつまいも	97	102	100	×	
23.08.11	浄水	400	400	200	○	
23.08.11	ササニシキ米	320	320	320	過多	
23.08.11	さつまいも	102	111	85	×	
23.08.11	豚レバー		23		×	
23.08.11	ゆで卵			51	○	鼻詰り、下痢、もも荒れ
23.08.12	浄水	400	400	400	○	
23.08.12	ササニシキ米	320	320	320	過多	
23.08.12	さつまいも	110	94		×	
23.08.12	豚レバー	20			×	
23.08.12	豚もも		61		×	
23.08.12	黒豆			83	×	腹鳴り、眠気、吐気、局部出血、多尿、下痢
23.08.13	浄水	400	400	400	○	
23.08.13	ササニシキ米	320	320	320	過多	
23.08.13	豚もも	60			×	
23.08.13	豚レバー		25		×	
23.08.13	レトルトカレー		150		×	
23.08.13	さつまいも			108	×	
23.08.14	浄水	400	400	400	○	
23.08.14	ササニシキ米	320	320	320	過多	
23.08.14	豚もも	60			×	
23.08.14	豚レバー		23		×	
23.08.14	大豆			83	×	吐気、右膝痛、眠気、局部痒み、多尿、倦怠感、腹鳴り
23.08.14	さつまいも			93	×	
23.08.15	浄水	400	400	400	○	
23.08.15	ササニシキ米	320		360	過多	
23.08.15	豚もも	58			×	
23.08.15	豚レバー	21			×	
23.08.15	さつまいも		190		×	
23.08.16	浄水	400	400	400	○	
23.08.16	ササニシキ米	360		360	過多	
23.08.16	豚レバー	27			×	
23.08.16	さつまいも		205		×	
23.08.16	豚もも			67	×	

付録1 筆者の食事記録（Author's Meal Records）

日付	食物名	数量			適否	不調名
		朝	昼	夕		
23.08.17	浄水	400	400	400	○	
23.08.17	ササニシキ米	360		360	過多	
23.08.17	豚レバー	22			×	
23.08.17	さつまいも		209		×	
23.08.17	豚もも			58	×	
23.08.18	浄水	400	400	400	○	
23.08.18	ササニシキ米	300		340	過多	
23.08.18	豚レバー	24			×	
23.08.18	海塩	2		2	×	
23.08.18	さつまいも		194		×	
23.08.18	豚もも			63	×	
23.08.19	浄水	400	400	400	○	
23.08.19	ササニシキ米	320		320	過多	
23.08.19	豚レバー	21			×	
23.08.19	海塩	2	2		×	
23.08.19	さつまいも		199		×	
23.08.19	豚もも			61	×	
23.08.20	浄水	400	400	400	○	
23.08.20	ササニシキ米	320		320	過多	
23.08.20	豚レバー	25			×	目荒れ、眠気
23.08.20	さつまいも		233		×	
23.08.20	海塩		2		×	
23.08.20	豚もも			59	×	
23.08.21	浄水	400	400	400	○	
23.08.21	ササニシキ米	320		320	過多	
23.08.21	豚もも	29		31	×	右鼻突起、歯茎痛、出血、多尿
23.08.21	海塩	2		2	×	
23.08.21	さつまいも		214		×	
23.08.22	浄水	400	400	400	○	
23.08.22	ササニシキ米	320		320	過多	
23.08.22	豚もも	65			×	
23.08.22	海塩	2		2	×	
23.08.22	さつまいも		228		×	
23.08.23	浄水	400	400	400	○	
23.08.23	ササニシキ米	320		320	過多	
23.08.23	海塩	2	2		×	
23.08.23	さつまいも		223		×	眠気、痒み、右こめかみ突起、腕しこり、多尿
23.08.24	浄水	400	400	400	○	
23.08.24	ササニシキ米	320		320	過多	
23.08.24	海塩	2		2	×	
23.08.24	さつまいも		252		×	
23.08.25	浄水	400	400	200	○	
23.08.25	ササニシキ米	320		320	過多	
23.08.25	海塩	2		2	×	
23.08.25	さつまいも		250		×	
23.08.26	浄水	400	200	400	○	
23.08.26	ササニシキ米	320		320	過多	
23.08.26	海塩	2		2	×	
23.08.26	さつまいも		247		×	
23.08.27	浄水	400	200	400	○	

付録1 筆者の食事記録（Author's Meal Records）

日付	食物名	数量			適否	不調名
		朝	昼	夕		
23.08.27	海塩	2		2	×	
23.08.27	ササニシキ米	320		320	過多	
23.08.27	豚もも		123		×	
23.08.28	浄水	400	200	400	○	
23.08.28	ササニシキ米	320		320	過多	
23.08.28	レトルトカレー	150			×	痒み、眠気、鼻突起、乳首肥大、足痛
23.08.29	浄水	400	400	400	○	
23.08.29	海塩	2		2	×	
23.08.29	ササニシキ米	320	320		過多	
23.08.30	浄水	400	400	400	○	
23.08.30	ササニシキ米	320		320	過多	
23.08.30	海塩	1		2	×	
23.08.30	さつまいも		229		×	腹痛、腕荒れ、眉間突起、眠気、多尿、吐気
23.08.31	浄水	400	400	400	○	
23.08.31	ササニシキ米	320		320	過多	
23.08.31	豚もも		250		×	腹痛
23.08.31	海塩			2	×	
23.09.01	浄水	400	400	400	○	
23.09.01	海塩	2		2	×	
23.09.01	ササニシキ米	320		320	過多	
23.09.01	豚レバー		168		×	
23.09.01	パイ菓子		6	4	×	眠気、首痒み、腹負担、目荒れ、腕荒れ
23.09.02	浄水	400	400	400	○	
23.09.02	海塩	2	2	2	×	
23.09.02	ササニシキ米	320		320	過多	
23.09.02	ゴマサバ		280		×	腹痛、便通悪化
23.09.03	浄水	400	400	400	○	
23.09.03	海塩	2	2	2	×	
23.09.03	ササニシキ米	320		320	過多	
23.09.03	ブリ		250		×	
23.09.03	バナナ		335		×	左目荒れ、歯荒れ、腕痒み
23.09.03	パイ菓子			4	×	
23.09.04	浄水	400	400	400	○	
23.09.04	海塩	2	2	2	×	
23.09.04	ササニシキ米	320		320	過多	
23.09.04	ブリ		200		×	
23.09.04	さつまいも		225		×	左目痛、腰痛、鼻突起、多尿、腕痒み
23.09.05	浄水	400	400	400	○	
23.09.05	海塩	2	2		×	
23.09.05	ササニシキ米	320			○	
23.09.05	豚もも		300		×	
23.09.05	食パン			390	×	腹痛、もも痒み、腕痒み、耳痒み、局部痒み
23.09.06	浄水	400	400	400	○	
23.09.06	海塩	2	2	2	×	
23.09.06	ササニシキ米	320	320	320	過多	
23.09.06	大豆		180		×	首痛、もも荒れ、腕荒れ、首痒み、喉痒み、目荒れ
23.09.07	浄水	400	400	200	○	
23.09.07	海塩	2	2	2	×	
23.09.07	ササニシキ米	320	320		過多	

付録1 筆者の食事記録（Author's Meal Records）

日付	食物名	数量 朝	昼	夕	適否	不調名
23.09.07	ブリ		240		×	便通悪化、腹痒み
23.09.07	バナナ		320		×	
23.09.07	パイ菓子			6	×	
23.09.08	浄水	400	400	400	〇	
23.09.08	海塩	2	2	2	×	
23.09.08	ササニシキ米	320	320	320	過多	
23.09.08	アボカド	198			×	
23.09.08	パイ菓子		4		×	
23.09.09	浄水	200	200	200	〇	
23.09.09	海塩	2	2	2	×	
23.09.09	ササニシキ米	320	320	320	過多	
23.09.09	ゴールドキウイ	200			×	目荒れ、腕痒み、頭皮痒み、首痛
23.09.09	アボカド			265	×	耳突起、鼻突起
23.09.10	浄水	200	200	200	〇	
23.09.10	海塩	2	2	2	×	
23.09.10	ササニシキ米	320	320	320	過多	
23.09.10	豚レバー		155		×	腹負担、吐気、眠気、目荒れ
23.09.10	アボカド			145	×	耳痒み、腕痒み、耳突起、鼻突起
23.09.11	浄水	200	200	200	〇	
23.09.11	海塩	2	2	2	×	
23.09.11	ササニシキ米	320	320	320	過多	
23.09.11	豚もも		159		×	眠気、腕突起、腹負担、耳痒み、目荒れ
23.09.11	バナナ			142	×	目痒み、もも荒れ
23.09.12	浄水	200	200	200	〇	
23.09.12	海塩	2	2		×	
23.09.12	ササニシキ米	320	320	320	過多	
23.09.12	アボカド	136			×	
23.09.12	ブリ		150		×	足指出血、腹痛、頭皮痒み、耳痒み、口内突起
23.09.12	アイスミルク		1		×	
23.09.12	アイスミルク		1		×	
23.09.13	浄水	200	200	200	〇	
23.09.13	海塩	2	2	2	×	
23.09.13	ササニシキ米	320		320	過多	
23.09.13	アボカド	144			×	
23.09.13	ブリ		195		×	腹痛、局部出血、頭皮痒み、口内突起
23.09.13	アイスミルク		1		×	
23.09.13	アイスミルク		1		×	
23.09.14	浄水	200	200	200	〇	
23.09.14	海塩	2	2	2	×	
23.09.14	ササニシキ米	320	320	320	過多	
23.09.14	アボカド	160			×	
23.09.14	バナナ		144		×	右目痛
23.09.14	アイスミルク		1		×	
23.09.14	アイスミルク		1		×	
23.09.14	パイ菓子		1	2	×	
23.09.14	パイ菓子		2	6	×	
23.09.15	浄水	200	200	200	〇	
23.09.15	海塩	2	2		×	
23.09.15	ササニシキ米	320	320	320	過多	
23.09.15	アボカド	156			×	
23.09.15	パイ菓子	1	1	2	×	喉痒み、口内噛み
23.09.15	パイ菓子		14	6	×	

付録1　筆者の食事記録（Author's Meal Records）

日付	食物名	数量			適否	不調名
		朝	昼	夕		
23.09.15	レトルトカレー			150	×	腹負担
23.09.16	浄水	200	200	200	〇	
23.09.16	海塩	2			×	
23.09.16	ササニシキ米	320	320	320	過多	
23.09.16	アボカド	136			×	
23.09.16	コーンスナック	1			×	
23.09.16	アイスミルク		1		×	
23.09.16	アイスミルク		1	1	×	
23.09.16	ポテトチップス		1		×	腕痒み
23.09.16	パイ菓子			1	×	喉痒み、口内噛み
23.09.17	浄水	200	200	200	〇	
23.09.17	海塩	2	2		×	
23.09.17	ササニシキ米	320	320	320	過多	
23.09.17	アボカド	157			×	
23.09.17	アイスミルク	1			×	
23.09.17	コーンスナック		1		×	歯茎痛、下痢、吐気
23.09.17	コーンスナック		1		×	
23.09.18	浄水	200	200	200	〇	
23.09.18	海塩	2			×	
23.09.18	ササニシキ米	320		320	過多	
23.09.18	アボカド	151			×	
23.09.18	ポテトコロッケ		270		×	寝込、半月縮小、目荒れ
23.09.19	浄水	200	200	200	〇	
23.09.19	海塩	2			×	
23.09.19	ササニシキ米	320		340	過多	
23.09.19	アボカド	140			×	
23.09.19	ポテトコロッケ		270		×	寝込、半月縮小、目荒れ
23.09.20	浄水	200	200	200	〇	
23.09.20	海塩	2	2		×	
23.09.20	アボカド	124			×	
23.09.20	じゃがいも	290	305		×	頭痛、赤突起、多尿、頭皮痒み、額突起
23.09.20	ササニシキ米		320		〇	
23.09.20	ラクトアイス			5	×	
23.09.21	浄水	200	200	200	〇	
23.09.21	海塩	2		2	×	
23.09.21	ササニシキ米	320		320	過多	
23.09.21	アボカド	79		72	×	
23.09.21	ラクトアイス	2	3	2	×	
23.09.21	ラクトアイス	1			×	
23.09.21	ラクトアイス	1			×	
23.09.21	バニラアイス		1	1	×	
23.09.22	浄水	200	200	200	〇	
23.09.22	海塩	2		2	×	
23.09.22	ササニシキ米	320		320	過多	
23.09.22	アボカド	141			×	
23.09.22	ラクトアイス	2	4		×	多尿
23.09.22	バニラアイス	1			×	
23.09.22	チーズ		75		×	口臭、腕荒れ、多尿
23.09.23	浄水	200	200	200	〇	
23.09.23	海塩	2			×	
23.09.23	ササニシキ米	320		320	過多	
23.09.23	ラクトアイス	2	4		×	多尿

付録1 筆者の食事記録（Author's Meal Records）

日付	食物名	数量 朝	昼	夕	適否	不調名
23.09.23	バニラアイス	1	1		×	
23.09.23	魚肉ソーセージ		140		×	頭皮痒み、腕痒み
23.09.23	アボカド			132	×	
23.09.24	浄水	200	200	200	○	
23.09.24	海塩	2	2	2	×	
23.09.24	ササニシキ米	320	320	320	過多	
23.09.24	アボカド	149			×	
23.09.24	じゃがいも		131		×	耳痒み、頭皮痒み、耳突起、鼻突起、首痛
23.09.24	ラクトアイス		4	4	×	
23.09.24	ラクトアイス			1	×	
23.09.25	浄水	200	200	200	○	
23.09.25	海塩	2	2	2	×	
23.09.25	ササニシキ米	320	320	320	過多	
23.09.25	アボカド	115			×	
23.09.25	じゃがいも		176		×	耳痒み、頭皮痒み、鼻突起、口横切れ、腹痒み、腕痒み、首痛、胸痛
23.09.26	浄水	200	200	200	○	
23.09.26	海塩	2	2	2	×	
23.09.26	ササニシキ米	320	320	320	過多	
23.09.26	アボカド	109	110	116	×	
23.09.27	浄水	200	200	200	○	
23.09.27	海塩	2	2	2	×	
23.09.27	ササニシキ米	320	320	320	過多	
23.09.27	アボカド	75	72	78	×	
23.09.27	ラクトアイス			2	×	
23.09.27	ラクトアイス			2	×	
23.09.27	バニラアイス			1	×	
23.09.28	浄水	200	200	200	○	
23.09.28	海塩	2	2	2	×	
23.09.28	アボカド	75	137		×	
23.09.28	ブリ		150		×	腹負担
23.09.28	ラクトアイス		2		×	
23.09.28	ラクトアイス		3	1	×	
23.09.28	ササニシキ米			320	○	
23.09.29	浄水	200	200	200	○	
23.09.29	海塩	2	2	2	×	
23.09.29	アボカド	117			×	
23.09.29	鶏もも		238		×	尻突起、腹負担、腰痛、目痒み
23.09.29	ラクトアイス		2		×	
23.09.29	ラクトアイス		2		×	
23.09.29	ササニシキ米			320	○	
23.09.30	浄水	200	200	200	○	
23.09.30	海塩	2	2		×	
23.09.30	アボカド	148			×	
23.09.30	豚ロース		180		×	眠気
23.09.30	デニッシュパン		1		×	
23.09.30	ササニシキ米			320	○	
23.09.30	ラクトアイス			2	×	
23.10.01	浄水	200	200	200	○	
23.10.01	海塩	2	2	2	×	
23.10.01	アボカド	132			×	
23.10.01	デニッシュパン	1			×	眠気、目荒れ、腕痒み
23.10.01	ササニシキ米		320		○	

付録1 筆者の食事記録（Author's Meal Records）

日付	食物名	朝	昼	夕	適否	不調名
23.10.01	ラクトアイス		2	2	×	
23.10.01	チョコレート		9	9	×	
23.10.01	豚もも			151	×	
23.10.02	浄水	200	200	200	○	
23.10.02	海塩	2	2	2	×	
23.10.02	アボカド	101			×	
23.10.02	ラクトアイス	1		2	×	
23.10.02	チョコレート	9	9	23	×	
23.10.02	ササニシキ米		320		○	
23.10.02	ブリ			135	×	
23.10.03	浄水	200	200	200	○	
23.10.03	海塩	2	2	2	×	
23.10.03	アボカド	124			×	
23.10.03	チョコレート	23	23	14	×	
23.10.03	ササニシキ米		320	320	過多	眠気、半月縮小、指角化、局部痛、歯荒れ
23.10.04	浄水	400	400	200	○	
23.10.04	海塩	2	2	2	×	
23.10.04	アボカド	121			×	
23.10.04	ササニシキ米		320	320	過多	眠気、もも荒れ、歯荒れ、赤突起、指角化、首荒れ
23.10.04	豚ロース		58		×	
23.10.04	ラクトアイス			7	×	耳突起、鼻水
23.10.05	浄水	400	400	200	○	
23.10.05	海塩	2	2	2	×	
23.10.05	アボカド	126			×	
23.10.05	豚ロース		114		×	
23.10.05	ブリ		85		×	腕痒み、口横切れ、膝裏痒み、首荒れ、攻撃性、魚臭
23.10.05	ササニシキ米			320	○	
23.10.05	チョコレート			120	×	
23.10.06	海塩	2	2		×	
23.10.06	アボカド	114			×	
23.10.06	ブリ	100			×	腕荒れ、右目荒れ、膝裏荒れ、首荒れ、顔色悪化、首痛、攻撃性
23.10.06	浄水	200	400		○	
23.10.06	豚ロース		104		×	
23.10.06	ササニシキ米		320		○	
23.10.06	チョコレート		60	120	×	
23.10.07	浄水	400	200	200	○	
23.10.07	海塩	2	2		×	
23.10.07	アボカド	116			×	
23.10.07	豚ロース	93			×	
23.10.07	鶏もも		95		×	右目荒れ、尻突起、耳突起、腕突起、顔荒れ
23.10.07	ササニシキ米		320		○	
23.10.07	チョコレート		60	60	×	
23.10.07	ポテトコロッケ			182	×	歯荒れ、首痛、クシャミ、吐気、赤腕突起、局部痛
23.10.08	浄水	200	400	400	○	
23.10.08	海塩	2			×	
23.10.08	アボカド	117			×	
23.10.08	チョコレート	60		120	×	
23.10.08	豚ロース		101		×	
23.10.08	焼きそば		339		×	腰突起
23.10.08	ササニシキ米			320	○	
23.10.08	タコヤキ			274	×	腹負担、尻突起、脚痒み、寒気、オナラ、首荒れ
23.10.09	浄水	400		400	○	

付録1　筆者の食事記録（Author's Meal Records）

日付	食物名	数量			適否	不調名
		朝	昼	夕		
23.10.09	海塩	2			×	
23.10.09	アボカド	136			×	
23.10.09	チョコレート	47	47		×	クシャミ、寒気、鼻水、局部痒み、頻尿、首痒み
23.10.09	豚ロース		107		×	
23.10.09	ササニシキ米			360	○	
23.10.09	焼きそば			210	×	脚痒み
23.10.09	チョコレート			37	×	
23.10.10	浄水	200	200	400	○	
23.10.10	アボカド	127			×	
23.10.10	蒸しめん	150	150		×	赤腕突起、額突起、赤脚突起、腰突起、えずき
23.10.10	豚ロース		107		×	
23.10.10	チョコレート		50	50	×	
23.10.10	ササニシキ米			360	○	
23.10.11	浄水	200	200	400	○	
23.10.11	アボカド	140			×	
23.10.11	蒸しめん	150			×	咳、クシャミ、腕痒み、脚痒み、首痒み、腹負担
23.10.11	海塩	2	2	2	×	
23.10.11	チョコレート	50			×	
23.10.11	豚ロース		111		×	
23.10.11	蒸しめん		150		×	腰突起、むくみ、顔荒れ
23.10.11	チョコレート		50	100	×	
23.10.11	ササニシキ米			360	○	
23.10.12	浄水	200	200	400	○	
23.10.12	海塩	2	2	2	×	
23.10.12	アボカド	132			×	
23.10.12	チョコレート	50	50	50	×	腹負担、右目荒れ、鼻水、局部痛
23.10.12	豚ロース		108		×	
23.10.12	ササニシキ米			360	○	
23.10.13	浄水	200	200	400	○	
23.10.13	海塩	2			×	えずき、寒気、意欲低下、首痛、便秘
23.10.13	アボカド	120			×	
23.10.13	チョコレート	50	100	50	×	
23.10.13	豚ロース		97		×	
23.10.13	海塩		2	2	×	
23.10.13	ササニシキ米			320	○	
23.10.14	浄水	400	200	400	○	
23.10.14	海塩	2	2	2	×	
23.10.14	アボカド	133			×	
23.10.14	チョコレート	50	50	100	×	腕痒み、鼻水、局部痒み、目荒れ
23.10.14	豚ロース		100		×	
23.10.14	ササニシキ米			320	○	
23.10.15	浄水	400	200	400	○	
23.10.15	海塩	2	2	2	×	
23.10.15	アボカド	98			×	
23.10.15	豚肩こま	100			×	腕出血、重度腕荒れ
23.10.15	蒸しめん		260		×	咳、ふらつき、首痒み、赤突起
23.10.15	チョコレート		50	100	×	
23.10.15	ササニシキ米			320	○	
23.10.16	浄水	400	200	400	○	
23.10.16	海塩	2	2	2	×	
23.10.16	アボカド	125			×	
23.10.16	豚肩こま	103			×	腕出血、重度腕荒れ
23.10.16	チョコレート		100		×	

付録1 筆者の食事記録（Author's Meal Records）

日付	食物名	数量			適否	不調名
		朝	昼	夕		
23.10.16	ササニシキ米			320	○	
23.10.16	チョコレート			50	×	
23.10.17	浄水	400	200	400	○	
23.10.17	海塩	2	2	2	×	
23.10.17	アボカド	135			×	
23.10.17	豚ロース	109			×	
23.10.17	チョコレート		100		×	鼻痛、首荒れ
23.10.17	ササニシキ米			320	○	
23.10.17	コーンスナック			1	×	寝汗、動悸、腕痒み
23.10.18	浄水	400	200	400	○	
23.10.18	海塩	2	2	2	×	
23.10.18	アボカド	122			×	
23.10.18	豚ロース	103			×	
23.10.18	チョコレート		50		×	
23.10.18	チョコレート		50		×	腕痒み、頸痒み、鼻痛、膝裏荒れ、首痒み
23.10.18	チョコレート		50		×	
23.10.18	ササニシキ米			320	○	
23.10.19	浄水	200	400	400	○	
23.10.19	海塩	4			×	
23.10.19	アボカド	136			×	
23.10.19	豚ロース	102			×	
23.10.19	ササニシキ米	320			○	
23.10.19	チョコレート		50		×	肘荒れ
23.10.19	コーンスナック			1	×	
23.10.19	蒸しめん			130	×	首荒れ、足痒み、指角化
23.10.20	浄水	400	200	400	○	
23.10.20	海塩	4			×	
23.10.20	アボカド	124			×	
23.10.20	豚ロース	89			×	
23.10.20	ササニシキ米	320			○	
23.10.20	コーンスナック		1		×	口内噛み、左膝痛、乳首痒み、寝汗
23.10.20	コーンスナック		1		×	頭皮突起、眉突起、右目荒れ、寒気
23.10.20	ポップコーン菓子			55	×	
23.10.20	チョコレート			50	×	
23.10.21	浄水	400	200	400	○	
23.10.21	海塩	4			×	
23.10.21	アボカド	124			×	
23.10.21	豚ロース	80			×	
23.10.21	ササニシキ米	320			○	
23.10.21	ポップコーン菓子		55		×	
23.10.21	チョコレート		50	50	×	
23.10.22	浄水	400	200	400	○	
23.10.22	海塩	4			×	
23.10.22	アボカド	145			×	
23.10.22	豚ロース	96			×	
23.10.22	ササニシキ米	320			○	
23.10.22	ポップコーン菓子		55		×	
23.10.22	チョコレート		50	50	×	
23.10.22	クルミ			31	×	鼻水、クシャミ、腕荒れ、膝裏荒れ、首痒み、目やに
23.10.23	浄水	400	200	400	○	
23.10.23	海塩	2		2	×	
23.10.23	アボカド	126			×	
23.10.23	クルミ	30			×	首痛、右目荒れ、寒気、顔荒れ、意欲低下、視力低下、ふらつき

付録1　筆者の食事記録（Author's Meal Records）

日付	食物名	数量			適否	不調名
		朝	昼	夕		
23.10.23	チョコレート	50	50		×	
23.10.23	ポップコーン菓子		55		×	
23.10.23	豚ロース			100	×	
23.10.23	豚レバー			25	×	吐気
23.10.23	ササニシキ米			320	○	
23.10.24	浄水	400	200	400	○	
23.10.24	海塩	2		2	×	
23.10.24	アボカド	138			×	
23.10.24	スイートコーン	100			×	唇荒れ、頻尿、尻突起、首痒み、寒気、首痛、目荒れ
23.10.24	チョコレート	50	50	50	×	
23.10.24	ポップコーン菓子		55		×	
23.10.24	豚レバー			22	×	
23.10.24	豚ロース			100	×	
23.10.24	ササニシキ米			320	○	
23.10.25	浄水	400	200	400	○	
23.10.25	海塩	2		2	×	
23.10.25	アボカド	123			×	
23.10.25	チョコレート	50		100	×	
23.10.25	ポップコーン菓子		55		×	
23.10.25	クルミ		30		×	唇荒れ、膝裏荒れ、咳、尻突起、攻撃性、腕荒れ、目荒れ
23.10.25	豚レバー			24	×	
23.10.25	豚ロース			95	×	
23.10.25	ササニシキ米			320	○	
23.10.26	浄水	400	200	600	○	
23.10.26	海塩	2		2	×	
23.10.26	アボカド	132			×	
23.10.26	チョコレート	50	50	50	×	
23.10.26	サンマ	66			×	頭痛、指角化、背中痒み、膝裏痒み、額突起、腕荒れ、目荒れ
23.10.26	ポップコーン菓子		55		×	
23.10.26	豚レバー			24	×	
23.10.26	豚ロース			99	×	
23.10.26	ササニシキ米			320	○	
23.10.27	浄水	400	200	400	○	
23.10.27	海塩	2		2	×	
23.10.27	アボカド	138			×	
23.10.27	チョコレート	50	50	50	×	
23.10.27	ポップコーン菓子	55	55		×	
23.10.27	しめじ		125		×	唇荒れ、腕荒れ、腹荒れ、目荒れ、腹鳴り、尻突起、局部荒れ
23.10.27	豚レバー			30	×	過食欲
23.10.27	豚ロース			80	×	
23.10.27	ササニシキ米			320	○	
23.10.28	浄水	400	200	400	○	
23.10.28	海塩	2		2	×	
23.10.28	アボカド	112			×	
23.10.28	じゃがいも	194			×	口臭、腕赤み、左膝痛、腹荒れ、目荒れ、鼻水、髪荒れ
23.10.28	チョコレート	50	50	50	×	
23.10.28	ポップコーン菓子		55	55	×	
23.10.28	豚レバー			21	×	過食欲、腹鳴り、オナラ
23.10.28	豚ロース			100	×	
23.10.28	ササニシキ米			320	○	
23.10.29	浄水	400	200	400	○	
23.10.29	海塩	2		2	×	
23.10.29	アボカド	253			×	寒気、腹荒れ、目荒れ、尻突起、目痒み、鼻水、クシャミ、腕荒れ
23.10.29	チョコレート	42	42	32	×	

付録1 筆者の食事記録（Author's Meal Records）

日付	食物名	数量			適否	不調名
		朝	昼	夕		
23.10.29	ポップコーン菓子		55		×	
23.10.29	豚レバー			27	×	過食欲
23.10.29	豚ロース			104	×	
23.10.29	ササニシキ米			320	○	
23.10.29	チョコレート			22	×	
23.10.29	クルミ			15	×	脚荒れ
23.10.30	浄水	400	200	400	○	
23.10.30	海塩	2		2	×	
23.10.30	じゃがいも	253			×	腹荒れ
23.10.30	蒸しめん	81			×	首荒れ、目荒れ、ふらつき、寒気、赤突起、オナラ、尻突起、背中腫れ
23.10.30	チョコレート	42	42	36	×	
23.10.30	クルミ		15		×	脚荒れ
23.10.30	ポップコーン菓子		55	55	×	
23.10.30	チョコレート		22		×	
23.10.30	豚レバー			21	×	過食欲、膝出血
23.10.30	豚ロース			100	×	
23.10.30	ササニシキ米			320	○	
23.10.31	浄水	400	200	400	○	
23.10.31	海塩	2		2	×	
23.10.31	じゃがいも	85			×	目荒れ、不安、首痒み、腕荒れ、クシャミ、局部荒れ、腹荒れ
23.10.31	アボカド	102			×	
23.10.31	チョコレート	42	42	36	×	
23.10.31	ポップコーン菓子		55	55	×	
23.10.31	クルミ		12		×	耳突起、膝裏荒れ、耳痒み、目痒み、脚荒れ、頭皮痒み
23.10.31	チョコレート		22		×	
23.10.31	豚レバー			20	×	過食欲、膝出血
23.10.31	豚ロース			95	×	
23.10.31	ササニシキ米			320	○	
23.11.01	浄水	400	200	400	○	
23.11.01	海塩	2		2	×	
23.11.01	アボカド	111			×	
23.11.01	チョコレート	42	42	36	×	
23.11.01	ポップコーン菓子		55	55	×	
23.11.01	チョコレート		22		×	
23.11.01	豚レバー			17	×	過食欲、腕痒み、局部荒れ、膝出血
23.11.01	豚ロース			94	×	
23.11.01	ササニシキ米			320	○	
23.11.02	浄水	400	200	400	○	
23.11.02	海塩	2	2	2	×	
23.11.02	アボカド	139			×	
23.11.02	ポップコーン	50	50		過多	首痛、舌痛、腕痒み
23.11.02	チョコレート		100	50	×	
23.11.02	豚ロース			93	×	
23.11.02	ササニシキ米			320	○	
23.11.02	チョコレート			22	×	
23.11.03	浄水	400	200	400	○	
23.11.03	海塩	2	2	2	×	
23.11.03	アボカド	150			×	
23.11.03	チョコレート	50	50	50	×	
23.11.03	ポップコーン	51	50		過多	腕痒み、局部痒み、頭痛
23.11.03	なたね油	12	11		×	腕出汁、腕出血、腕痛、耳荒れ、鼻血
23.11.03	豚ロース			103	×	
23.11.03	ササニシキ米			320	○	
23.11.04	浄水	400	200	400	○	

付録1　筆者の食事記録（Author's Meal Records）

日付	食物名	数量			適否	不調名
		朝	昼	夕		
23.11.04	海塩	2	2	2	×	
23.11.04	ポップコーン	50	50	50	過多	首荒れ、腕出血、寒気
23.11.04	なたね油	12	8		×	腹荒れ、目荒れ、意欲低下、脇痒み、腕痛、オナラ、鼻血、顎痒み
23.11.04	アボカド	141			×	
23.11.04	豚ロース		101		×	
23.11.04	チョコレート		46	23	×	
23.11.04	ササニシキ米			320	○	
23.11.05	浄水	400	200	400	○	
23.11.05	海塩	2	2	2	×	
23.11.05	ポップコーン	50	50	50	過多	首荒れ、腕出血
23.11.05	アボカド	130			×	
23.11.05	チョコレート	23	23	104	×	
23.11.05	豚ロース		98		×	
23.11.05	ササニシキ米			320	○	
23.11.06	浄水	400	200	400	○	
23.11.06	海塩	2	2	2	×	
23.11.06	アボカド	143			×	
23.11.06	豚ロース	101			×	目荒れ、顔荒れ
23.11.06	チョコレート	23	77	92	×	
23.11.06	牛カルビ		80		×	眠気、頭痛、首痒み、倦怠感、クシャミ、腹痒み、口臭、額突起
23.11.06	ササニシキ米		320		○	
23.11.06	ポップコーン			70	過多	腹痒み、もも痒み
23.11.07	浄水	400	200	400	○	
23.11.07	海塩	2	2	2	×	
23.11.07	ポップコーン	35	35		過多	腹痒み、もも痒み
23.11.07	アボカド	150			×	
23.11.07	チョコレート	23			×	
23.11.07	豚ロース		100		×	
23.11.07	チョコレート		21		×	
23.11.07	チョコレート		22		×	腕出血、局部出血、膝裏荒れ、鼻水、クシャミ、鼻血
23.11.07	ササニシキ米			320	○	
23.11.07	チョコレート			73	×	
23.11.08	浄水	400	200	400	○	
23.11.08	海塩	2	2	2	×	
23.11.08	ポップコーン	40	40		過多	腹痒み、もも痒み、寒気
23.11.08	アボカド	130			×	
23.11.08	チョコレート	23		24	×	左目腫れ
23.11.08	豚ロース		93		×	
23.11.08	チョコレート		26	26	×	寒気、手汁、腕荒れ、目荒れ、腰痛
23.11.08	チョコレート		46	50	×	
23.11.08	ササニシキ米			320	○	
23.11.09	浄水	400	200	400	○	
23.11.09	海塩	2	2	2	×	
23.11.09	アボカド	139			×	
23.11.09	豚ロース	98			×	
23.11.09	チョコレート	25	24		×	左目腫れ
23.11.09	チョコレート	26			×	寒気、右目荒れ、局部荒れ、腹痒み、もも痒み、咳、腕荒れ、首痛
23.11.09	ササニシキ米		320		○	
23.11.09	チョコレート		46	115	×	
23.11.09	ポップコーン			50	○	
23.11.09	ビンチョウ			107	×	唇荒れ、口臭、歯荒れ、動悸、過食欲、過便意、鼻水、尻突起、泡尿
23.11.10	浄水	400	200	400	○	
23.11.10	海塩	2	2	2	×	
23.11.10	アボカド	141			×	

付録1 筆者の食事記録（Author's Meal Records）

日付	食物名	数量			適否	不調名
		朝	昼	夕		
23.11.10	豚ロース	106			×	
23.11.10	チョコレート	27			×	寒気、局部荒れ、目荒れ
23.11.10	ビンチョウ		109		×	寒気、動悸、眠気、首痒み、過便意、過食欲、腕出血、抜毛、鼻血
23.11.10	ササニシキ米		320		○	
23.11.10	チョコレート		100	69	○	
23.11.10	チョコレート		11		×	腕痒み
23.11.10	ポップコーン			50	○	
23.11.10	チョコレート			11	×	手痒み
23.11.11	浄水	400	200	400	○	
23.11.11	海塩	2		2	×	
23.11.11	アボカド	139			×	
23.11.11	豚ロース	109			×	右目荒れ
23.11.11	チョコレート	46	92	46	×	
23.11.11	焼きそば		333		×	寒気、眠気、唇荒れ、脇汗、頻尿、ふらつき、顎痒み、過眠
23.11.11	ポップコーン		50		○	
23.11.11	ササニシキ米			320	○	
23.11.11	チョコレート			11	×	
23.11.11	チョコレート			11	×	
23.11.12	浄水	400	200	400	○	
23.11.12	海塩	2		2	×	
23.11.12	アボカド	121			×	寒気、頻尿
23.11.12	豚ロース	83			×	目荒れ、腕出血、局部荒れ、オナラ
23.11.12	チョコレート	46	46	92	×	
23.11.12	もりそば		300		×	えずき、背中痛、頭痛、乳首痒み、眠気、鼻血、吐気、唇突起、泡尿
23.11.12	ねぎ		5		×	
23.11.12	ポップコーン		50		×	
23.11.12	チョコレート		11		×	
23.11.12	チョコレート		11		×	
23.11.12	チョコレート		11		×	
23.11.12	ササニシキ米			320	○	
23.11.13	浄水	400	200	400	○	
23.11.13	海塩	2		2	×	
23.11.13	アボカド	147			×	
23.11.13	豚ロース	98			×	目荒れ
23.11.13	ポップコーン		50		○	
23.11.13	食パン		123		×	寒気、尻突起、オナラ、口臭、泡尿、首痒み、便通悪化、舌痛、抜毛
23.11.13	チョコレート		92	46	×	
23.11.13	焼きそば		179		×	過眠、すね痒み、寒気、舌痛、便通悪化
23.11.13	ササニシキ米			320	○	
23.11.13	チョコレート			11	×	
23.11.13	チョコレート			11	×	
23.11.13	チョコレート			11	×	
23.11.14	浄水	400	200	400	○	
23.11.14	海塩	2			×	
23.11.14	アボカド	105			×	寒気、便通悪化、舌痛、局部荒れ
23.11.14	ポップコーン	50			○	
23.11.14	チョコレート	46	46	92	×	
23.11.14	焼きそば		170		×	脇汗、腕出血、泡尿、鼻血、すね痒み、オナラ、過眠、抜毛
23.11.14	チョコレート		11	11	×	
23.11.14	チョコレート		12		×	
23.11.14	チョコレート		11		×	
23.11.14	レトルトカレー		150		×	ゲップ、痒み、過食欲、寒気、過便意、首痒み、過眠、唇割れ
23.11.14	豚ロース			100	×	
23.11.14	ササニシキ米			320	○	
23.11.15	浄水	400	200	400	○	

付録1 筆者の食事記録（Author's Meal Records）

日付	食物名	数量 朝	昼	夕	適否	不調名
23.11.15	海塩	2	2	2	×	
23.11.15	ポップコーン	50			○	
23.11.15	チョコレート	46	46	46	×	
23.11.15	チョコレート	11	11	11	×	指曲痛、意欲低下、耳突起
23.11.15	アボカド		122		×	寒気、頻尿
23.11.15	豚肩こま		101		×	首痒み、眠気、ゲップ、目荒れ、オナラ、倦怠感、腹痒み、重度腕荒れ
23.11.15	チョコレート		12		×	
23.11.15	チョコレート		10		×	
23.11.15	ササニシキ米			320	○	
23.11.16	浄水	400	200	400	○	
23.11.16	海塩	2	2	2	×	
23.11.16	ポップコーン	50			○	
23.11.16	チョコレート	37	63	50	×	
23.11.16	チョコレート	11	11	28	×	指曲痛、首痒み、腕痒み、過眠、頭痛、局部痒み、意欲低下、耳突起
23.11.16	チョコレート	11			×	
23.11.16	チョコレート	12			×	
23.11.16	アボカド		127		×	
23.11.16	豚ロース		130		×	腹負担、ゲップ、寒気、オナラ、眠気、尻痛、乳首肥大
23.11.16	ササニシキ米			320	○	
23.11.17	浄水	400	200	400	○	
23.11.17	海塩	2	2	2	×	
23.11.17	ポップコーン	50			○	
23.11.17	チョコレート	100	50	50	×	脚痒み、腕出血、右目荒れ
23.11.17	アボカド		120		×	
23.11.17	豚ロース		85		×	
23.11.17	ササニシキ米			320	○	
23.11.17	チョコレート			30	×	目痒み、口横切れ、過眠、首痒み、額突起、左目腫れ、多尿
23.11.18	浄水	400	200	400	○	
23.11.18	海塩	2	2	2	×	
23.11.18	ポップコーン	50		50	過多	寒気、脚痒み、鼻水、過眠、首痒み、多尿、顎痒み
23.11.18	チョコレート	35			×	胸痛、脇痒み、口横切れ、左膝痛、攻撃性、左目腫れ、額痛
23.11.18	チョコレート	23	23	23	×	
23.11.18	アボカド		142		×	
23.11.18	豚ロース		100		×	首痒み、えずき、膝裏痒み、腕痒み
23.11.18	チョコレート		31		×	すね突起
23.11.18	ササニシキ米			320	○	
23.11.19	浄水	400	200	400	○	
23.11.19	海塩	2	2	2	×	
23.11.19	チョコレート	50	21	30	×	意欲低下、すね突起
23.11.19	アボカド		170		×	寒気、腹痒み、クシャミ、鼻水、右目荒れ、頻尿、頭痛、泡尿
23.11.19	豚ロース		100		×	
23.11.19	チョコレート		50	50	×	
23.11.19	ササニシキ米			320		
23.11.20	浄水	400	200	400	○	
23.11.20	海塩	2	2	2	×	
23.11.20	ポップコーン	50			○	
23.11.20	チョコレート	50	50		×	意欲低下、寒気、吐気、オナラ、腕出血、額突起、指曲痛、口内突起
23.11.20	豚ロース		98		×	
23.11.20	チョコレート		23	23	×	寒気、腹痒み
23.11.20	ササニシキ米			320	○	
23.11.21	浄水	400	200	400	○	
23.11.21	海塩	2	2	2	×	
23.11.21	ポップコーン	60			○	
23.11.21	カカオマス	30	30	15	×	歯荒れ、クシャミ、頭皮突起、親指曲痛、腕出血、半月縮小、首痒み、過眠

付録1　筆者の食事記録（Author's Meal Records）

日付	食物名	数量 朝	昼	夕	適否	不調名
23.11.21	アボカド		123		×	
23.11.21	豚ロース		97		×	
23.11.21	ササニシキ米			320	○	
23.11.22	浄水	400	200	400	○	
23.11.22	海塩	2	2	2	×	
23.11.22	ポップコーン	60			○	
23.11.22	カカオマス	30			×	頭皮突起
23.11.22	アボカド		104		×	
23.11.22	豚ロース		93		×	
23.11.22	強力小麦品		150		×	歯荒れ、目荒れ、手痒み、過眠、顎痒み、膝裏荒れ
23.11.22	ササニシキ米			320	○	
23.11.22	チョコレート			14	×	
23.11.22	チョコレート			50	×	
23.11.23	浄水	400	200	400	○	
23.11.23	海塩	2	2	2	×	
23.11.23	ポップコーン	50			○	
23.11.23	カカオマス	30	10		×	頭皮突起
23.11.23	アボカド		116		×	
23.11.23	強力小麦品		100		×	左首痛、ふらつき、寒気、耳痒み、目荒れ、泡尿、目痒み、首荒れ
23.11.23	豚ロース			100	×	
23.11.23	ササニシキ米			320	○	
23.11.23	チョコレート			100	×	
23.11.24	浄水	400	200	400	○	
23.11.24	海塩	2	2	2	×	
23.11.24	ポップコーン	50			○	
23.11.24	カカオマス	10	10		×	
23.11.24	アボカド		113		×	
23.11.24	強力小麦品		50		×	ふらつき、目荒れ、腕出血、オナラ、手痒み、首荒れ
23.11.24	チアシード		10		×	目荒れ
23.11.24	豚ロース			98	×	
23.11.24	ササニシキ米			320	○	
23.11.24	チョコレート			150	×	鼻突起、鼻水、左膝痛、目痒み
23.11.25	浄水	200	200	400	○	
23.11.25	海塩	2	2	2	×	
23.11.25	チアシード	10			×	目荒れ
23.11.25	ポップコーン	50			○	
23.11.25	カカオマス	10	10		×	
23.11.25	アボカド		112		×	目荒れ、便通悪化、首荒れ、局部荒れ
23.11.25	キヌア		50		×	腹負担、唇割れ、唇突起、腕出血、左脚痛、すね痒み、指角化
23.11.25	チョコレート		100	100	×	
23.11.25	豚ロース			96	×	
23.11.25	ササニシキ米			320	○	
23.11.26	浄水	200	200	400	○	
23.11.26	海塩	2	2	2	×	
23.11.26	チアシード	10			×	
23.11.26	ポップコーン	50			○	
23.11.26	カカオマス	20			×	
23.11.26	チョコレート	50	100	100	×	
23.11.26	アボカド		113		×	
23.11.26	豚ロース		95		×	首荒れ
23.11.26	うずら卵			48	×	めまい、足痒み、口横切れ、オナラ、膝痒み、腕痒み、過眠
23.11.26	ササニシキ米			320	○	
23.11.27	浄水	200	200	400	○	
23.11.27	海塩	2	2	2	×	

付録1 筆者の食事記録（Author's Meal Records）

日付	食物名	数量 朝	昼	夕	適否	不調名
23.11.27	チアシード	10			×	
23.11.27	ポップコーン	50			○	
23.11.27	牛乳	100			×	腹鳴り、腹痛、全身痒み、オナラ、左脚痛、唇割れ、腹負担、悪夢
23.11.27	チョコレート	50		150	×	
23.11.27	アボカド		101		×	
23.11.27	豚ロース		98		×	目荒れ、膝裏荒れ
23.11.27	カカオマス		20		×	
23.11.27	ササニシキ米			320	○	
23.11.28	浄水	200		400	○	
23.11.28	海塩	2	2		×	
23.11.28	チアシード	10			×	
23.11.28	ポップコーン	50			○	
23.11.28	カカオマス	30			×	脇痒み、頭皮突起、寒気、背中痛、抜毛、手痒み、口内噛み、便通悪化
23.11.28	牛乳	200	200		×	
23.11.28	アボカド		106		×	
23.11.28	豚ロース		97		×	首痒み
23.11.28	チョコレート		100	100	×	
23.11.28	ササニシキ米			320	○	
23.11.29	浄水	200	200	400	○	
23.11.29	海塩	2	2	2	×	
23.11.29	チアシード	10			×	
23.11.29	ポップコーン	50			○	
23.11.29	牛乳	200		200	×	口臭
23.11.29	チョコレート	50	150	100	×	
23.11.29	アボカド		98		×	
23.11.29	豚ロース		85		×	
23.11.29	ササニシキ米			320	○	
23.11.30	海塩	2	2	2	×	
23.11.30	ポップコーン	50			○	
23.11.30	牛乳	300	100		×	
23.11.30	カカオマス	30	30	30	×	額突起、足痒み、首出血、目痒み、腹痛、首痛
23.11.30	アボカド		107		×	
23.11.30	豚ロース		108		×	
23.11.30	浄水		200	400	○	
23.11.30	チョコレート		100	50	×	
23.11.30	ササニシキ米			320	○	
23.11.30	チアシード			10	×	
23.12.01	海塩	2	2	2	×	
23.12.01	チアシード	10			×	
23.12.01	ポップコーン	50			○	
23.12.01	牛乳	300	100	100	×	歯荒れ、眉間突起
23.12.01	カカオマス	10	10	10	×	首荒れ、オナラ、腕出血、脇汗、額突起、局部荒れ、膝裏荒れ
23.12.01	豚ロース		118		×	
23.12.01	浄水		200	400	○	
23.12.01	ササニシキ米		320	320	過多	首痒み
23.12.01	アボカド			123	×	
23.12.01	チョコレート			100	×	
23.12.02	海塩	1	2	2	×	
23.12.02	チアシード	10			×	
23.12.02	ポップコーン	50			○	
23.12.02	牛乳	300	100		×	口臭、頭皮痒み、歯荒れ、腕痒み、局部痒み、眉間突起、左脚痛
23.12.02	チョコレート	50	100	100	×	
23.12.02	浄水		200	600	○	
23.12.02	豚ロース		90		×	右目荒れ
23.12.02	ササニシキ米		320	320	過多	倦怠感、首痒み、過食欲

付録1 筆者の食事記録（Author's Meal Records）

日付	食物名	数量			適否	不調名
		朝	昼	夕		
23.12.02	アボカド			125	×	
23.12.03	浄水	200	200	600	○	
23.12.03	海塩	2	2		×	
23.12.03	チアシード	10			×	
23.12.03	ポップコーン	50			○	
23.12.03	牛乳	200			×	倦怠感、過食欲、右目荒れ、手荒れ
23.12.03	カカオマス	10			×	性欲減退
23.12.03	アボカド		114		×	
23.12.03	ササニシキ米		320		○	
23.12.03	チョコレート		200	100	×	
23.12.03	豚ロース			90	×	
23.12.03	レトルトカレー			150	×	足痒み、舌痛、肩痛、腕荒れ、過眠、腹鳴り、便通悪化
23.12.04	浄水	200	200	600	○	
23.12.04	海塩	2	2	2	×	
23.12.04	チアシード	10			×	
23.12.04	ポップコーン	50			○	
23.12.04	牛乳	200			×	
23.12.04	カカオマス	10			×	性欲減退
23.12.04	チョコレート	50	100	100	×	
23.12.04	アボカド		112		×	目荒れ、寒気、局部荒れ
23.12.04	豚ロース		105		×	
23.12.04	充てん豆腐		150		×	腹負担、意欲低下、左脚痛、尻痒み、指角化、耳突起、腕痒み、過眠
23.12.04	ササニシキ米			320	○	
23.12.05	浄水	200	400	600	○	
23.12.05	海塩	2	2	2	×	
23.12.05	ポップコーン	50			○	
23.12.05	牛乳	200			×	
23.12.05	カカオマス	10			×	性欲減退
23.12.05	チョコレート	50	50	50	×	
23.12.05	アボカド		111		×	
23.12.05	豚ロース		98		×	
23.12.05	チアシード		10		×	
23.12.05	グラニュー糖		2	2	×	口横切れ、耳突起、鼻痛、えずき、首荒れ、腹負担、腹荒れ、過眠
23.12.05	ササニシキ米			320	○	
23.12.06	浄水	400	200	600	○	
23.12.06	海塩	2	2	2	×	
23.12.06	チアシード	10			×	
23.12.06	ポップコーン	50			○	
23.12.06	チョコレート	100	50	50	×	
23.12.06	アボカド		126		×	右目荒れ、寒気、首痒み、腕痒み、膝痒み、局部痒み、抜毛
23.12.06	鶏ささみ		70		×	指曲痛、腹負担、舌噛み、額突起、攻撃性、ふらつき、吐気、過眠
23.12.06	牛乳		200		×	
23.12.06	カカオマス		11		×	性欲減退
23.12.06	豚ロース			109	×	
23.12.06	ササニシキ米			320	○	
23.12.07	浄水	400	400	400	○	
23.12.07	海塩	2	2	2	×	
23.12.07	チアシード	10			×	
23.12.07	ポップコーン	50			○	
23.12.07	チョコレート	50	50		×	
23.12.07	牛乳		100	100	×	首痒み、イライラ、眠気、ふらつき、手痒み、すね痒み、指角化
23.12.07	カカオマス		5	5	×	性欲減退
23.12.07	アボカド		127		×	右目荒れ、腕出血
23.12.07	ササニシキ米		320		○	
23.12.07	豚ロース			102	×	

付録1　筆者の食事記録（Author's Meal Records）

日付	食物名	数量			適否	不調名
		朝	昼	夕		
23.12.07	バスマティ米			280	×	額突起、足痒み、首荒れ、目荒れ、手痒み、腹鳴り、過眠、顎痒み
23.12.08	浄水	400	400	600	○	
23.12.08	海塩	2		2	×	
23.12.08	チアシード	10			×	
23.12.08	ポップコーン	50			○	
23.12.08	チョコレート	100	50	100	×	
23.12.08	アボカド		129		×	
23.12.08	豚ロース		105		×	
23.12.08	牛乳		200		×	目荒れ、ふらつき、首痒み、胸痛、寒気、額突起、脇汗
23.12.08	カカオマス		10		×	性欲減退、頭皮痒み
23.12.08	VCサプリ		1		×	眠気、吐気、首痒み、寒気、膝痒み、指曲痛、足指痛、足痒み
23.12.08	ササニシキ米			320	○	
23.12.09	浄水	400	400	600	○	
23.12.09	海塩	2	2	2	×	
23.12.09	チアシード	10			×	
23.12.09	ポップコーン	50			○	
23.12.09	チョコレート	100	100	50	×	
23.12.09	アセロラ	12			×	耳詰り、脇汗、額突起、腹荒れ、オナラ、腕出血、倦怠感、吐気
23.12.09	アボカド		134		×	歯荒れ
23.12.09	豚ロース		109		×	目痒み、目荒れ、局部痒み、舌痛、指角化、頭重、腹負担、抜毛
23.12.09	牛乳		200		×	
23.12.09	カカオマス		10		×	性欲減退
23.12.09	バスマティ米			280	×	足痒み、首痒み、首出血、過眠
23.12.10	浄水	400	400	400	○	
23.12.10	海塩	2	2	2	×	
23.12.10	ポップコーン	50			○	
23.12.10	チアシード	10			×	
23.12.10	アセロラ	5			×	額突起、脇汗、歯荒れ、寒気、口内突起、膝出血、指角化、吐気
23.12.10	チョコレート	100	50		×	
23.12.10	アボカド		123		×	倦怠感、腹負担、頭皮痒み
23.12.10	豚ロース		105		×	局部痒み、首痒み、目痒み、抜毛
23.12.10	ササニシキ米			320	○	
23.12.10	牛乳		200		×	口内荒れ、腹鳴り、吐気、口臭、眉突起、鼻痛、左目腫れ、足痒み
23.12.11	浄水	400	400	400	○	
23.12.11	海塩	2	2	2	×	
23.12.11	ポップコーン	50			○	
23.12.11	チアシード	10			×	
23.12.11	チョコレート	100	100	50	×	
23.12.11	アボカド		113		×	
23.12.11	豚ロース		103		×	首痒み
23.12.11	豚レバー		10		×	唇腫れ、抜毛、局部痒み、腹痒み、腕痒み、顎痒み、ささくれ
23.12.11	ササニシキ米			320	○	
23.12.11	牛乳			200	×	左腕痛、鼻痛
23.12.12	浄水	400	400	600	○	
23.12.12	海塩	2	2	2	×	
23.12.12	ポップコーン	50			○	
23.12.12	チアシード	10			×	
23.12.12	チョコレート	100	100	50	×	
23.12.12	アボカド		115		×	
23.12.12	豚ロース		101		×	
23.12.12	牛乳		210		×	口内荒れ、目痒み、腹痒み、局部痒み、腕荒れ、首痛、腕痒み
23.12.12	ササニシキ米			320	○	
23.12.13	浄水	400	400	400	○	
23.12.13	海塩	2	2	2	×	

付録1 筆者の食事記録(Author's Meal Records)

日付	食物名	数量 朝	昼	夕	適否	不調名
23.12.13	ポップコーン	50			○	
23.12.13	チアシード	10			×	
23.12.13	カカオマス	20			×	尻突起、腹荒れ、性欲減退
23.12.13	アボカド		135		×	便通悪化、膝裏荒れ
23.12.13	豚ロース		100		×	首荒れ、目荒れ、吐気
23.12.13	バスマティ米		180		×	眠気、ふらつき、脚荒れ、歯荒れ、眉突起、足痒み、動悸、腹痒み
23.12.13	ササニシキ米			320	○	
23.12.13	チョコレート			100	×	
23.12.14	浄水	400	400	600	○	
23.12.14	海塩	2	2	2	×	
23.12.14	ポップコーン	50			○	
23.12.14	チアシード	10			×	
23.12.14	カカオマス	20			×	頭皮突起、眉突起、耳突起、腹荒れ、唇荒れ、性欲減退
23.12.14	チョコレート	50	100	100	×	
23.12.14	アボカド		120		×	局部荒れ、寒気
23.12.14	豚ロース		109		×	
23.12.14	ササニシキ米			320	○	
23.12.15	浄水	400	400	600	○	
23.12.15	海塩	2	2	2	×	
23.12.15	ポップコーン	50			○	
23.12.15	チアシード	10			×	
23.12.15	チョコレート	50	50	100	×	
23.12.15	アボカド		110		×	オナラ、尻突起、耳鳴り
23.12.15	豚ロース		109		×	首痒み、頭皮痒み、抜毛、
23.12.15	ササニシキ米			320	○	
23.12.15	さといも			88	×	赤腕突起、左膝痛、残尿、腹痒み、手痒み、膝痒み、脇痒み
23.12.16	浄水	400	400	600	○	
23.12.16	海塩	2	2	2	×	
23.12.16	ポップコーン	50			○	
23.12.16	チアシード	10			×	
23.12.16	チョコレート	50			×	
23.12.16	アボカド		137		×	
23.12.16	ササニシキ米			320	○	
23.12.16	チョコレート			100	×	首荒れ、吐気
23.12.17	浄水	400	400	600	○	
23.12.17	海塩	2	2	2	×	
23.12.17	ポップコーン	50			○	
23.12.17	チアシード	10		10	×	顔荒れ、首荒れ、過眠、左目荒れ、背中突起、右肩荒れ、視力低下
23.12.17	アボカド	117			×	
23.12.17	豚ロース		112		×	
23.12.17	ササニシキ米			320	○	
23.12.18	浄水	400	400	600	○	
23.12.18	海塩	2	2	2	×	
23.12.18	ポップコーン	50			○	
23.12.18	チアシード	10	10		×	意欲低下、脇しこり、鼻痛、背中突起、額突起、頻尿、もも痒み
23.12.18	アボカド		104		×	寒気、目荒れ、腹痒み、局部痒み、膝痒み、手痒み、膝裏荒れ
23.12.18	豚ロース		98		×	脇痒み
23.12.18	ササニシキ米			320	○	
23.12.18	カカオマス			10	×	
23.12.18	チョコレート			50	×	
23.12.19	浄水	400	400	800	○	
23.12.19	海塩	2	2	2	×	
23.12.19	ポップコーン	50			○	
23.12.19	チョコレート	50			×	

付録1 筆者の食事記録（Author's Meal Records）

日付	食物名	数量			適否	不調名
		朝	昼	夕		
23.12.19	アボカド		123		×	首荒れ、泡尿、腹痒み
23.12.19	豚ロース		105		×	局部荒れ、目痒み、舌痛、耳鳴、耳突起
23.12.19	全粉乳		30		×	腹痛、鼻痛、頸突起、腕出血、口臭、入眠困難、鼻血、尻痛
23.12.19	ササニシキ米			320	○	
23.12.19	カカオマス			10	×	
23.12.19	チアシード			10	×	
23.12.20	浄水	400	400	600	○	
23.12.20	海塩	2	2	2	×	
23.12.20	ポップコーン	50			○	
23.12.20	チョコレート	100		50	×	もも痒み、頻尿、腹鳴り、便通悪化、頭皮突起、目荒れ、鼻血、鼻水
23.12.20	アボカド		114		×	
23.12.20	豚ロース		97		×	脇痒み、首痒み、腹痒み、腕荒れ、膝裏荒れ
23.12.20	カカオマス		10		×	
23.12.20	ササニシキ米			320	○	
23.12.20	チアシード			10	×	
23.12.21	浄水	400	400	800	○	
23.12.21	海塩	2	2	2	×	
23.12.21	ポップコーン	50			○	
23.12.21	ごま	10			×	耳詰り、唇痒み、頸痒み、赤腕突起、重度痒み、震え、左踵痛
23.12.21	アボカド		114		×	
23.12.21	豚ロース		102		×	首痒み、頭皮痒み、指角化、便通悪化、膝痒み
23.12.21	ササニシキ米			320	○	
23.12.21	チアシード			10	×	
23.12.21	カカオマス			10	×	
23.12.22	浄水	400	400	800	○	
23.12.22	海塩	2	2	2	×	
23.12.22	ポップコーン	50			○	
23.12.22	アボカド		101		×	寒気、手痒み、頸突起
23.12.22	豚ロース		100		×	目痒み、首荒れ、もも荒れ、指角化
23.12.22	牛乳		200		×	唇荒れ、腕出血、脇汗、頸痒み、吐気、腹痒み、過眠、口臭
23.12.22	ササニシキ米			320	○	
23.12.22	カカオマス			10	×	
23.12.22	チアシード			10	×	
23.12.23	浄水	400	400	800	○	
23.12.23	海塩	2	2	2	×	
23.12.23	ポップコーン	50			○	
23.12.23	アボカド		123		×	
23.12.23	豚ロース		99		×	首荒れ
23.12.23	チョコレート		50		×	脇汗、脇痒み、鼻水、口内突起、鼻血、腹荒れ、目やに、腕出血
23.12.23	ササニシキ米			320	○	
23.12.23	カカオマス			10	×	
23.12.23	チアシード			10	×	
23.12.24	浄水	400	400	600	○	
23.12.24	海塩	2	2	2	×	
23.12.24	ポップコーン	50			○	
23.12.24	カカオマス	11			×	手痒み、鼻血、脇汗
23.12.24	アボカド		127		×	
23.12.24	豚ロース		97		×	
23.12.24	チョコレート		50	50	×	えずき、目荒れ、首出血、膝赤み、腕出血、腹荒れ、頭痛
23.12.24	ササニシキ米			320	○	
23.12.24	チアシード			10	×	
23.12.25	浄水	400	400	600	○	
23.12.25	海塩	2	2	2	×	
23.12.25	ポップコーン	50			○	

付録1 筆者の食事記録（Author's Meal Records）

日付	食物名	数量			適否	不調名
		朝	昼	夕		
23.12.25	アボカド		113		×	
23.12.25	豚ロース		95		×	
23.12.25	ササニシキ米			320	○	
23.12.25	チアシード			10	×	首出血、腕出血、目痒み、手痒み、腹痒み、左目腫れ、腹鳴り、泡尿
23.12.26	浄水	400	400	600	○	
23.12.26	海塩	2	2	2	×	
23.12.26	ポップコーン	50			○	
23.12.26	チョコレート	50	50	50	×	
23.12.26	牛乳	200			×	舌痛、首荒れ、腕荒れ、腹荒れ、顎突起、歯茎痛
23.12.26	カカオマス	10			×	
23.12.26	アボカド		115		×	
23.12.26	豚ロース		102		×	
23.12.26	ササニシキ米			320	○	
23.12.27	浄水	400	400	600	○	
23.12.27	海塩	2	2	2	×	
23.12.27	ポップコーン	50			○	
23.12.27	チョコレート	50	50		×	
23.12.27	カカオマス	11			×	
23.12.27	アボカド		112		×	手痒み、顎痒み、抜毛、便通悪化、腹荒れ
23.12.27	豚ロース		97		×	
23.12.27	チアシード		5		×	
23.12.27	ササニシキ米			320	○	
23.12.27	キヌア			20	×	尻突起、腹痛、歯荒れ、唇割れ、すね痒み、口臭、震え、吐気
23.12.28	浄水	400	400	600	○	
23.12.28	海塩	2	2	2	×	
23.12.28	ポップコーン	50			○	
23.12.28	カカオマス	11			×	
23.12.28	チョコレート	50	50	50	×	
23.12.28	チアシード	5			×	
23.12.28	アボカド		101		×	
23.12.28	豚ロース		99		×	
23.12.28	ササニシキ米			320	○	
23.12.29	浄水	600	200	600	○	
23.12.29	海塩	2	2	2	×	
23.12.29	ポップコーン	50			○	
23.12.29	カカオマス	11			×	
23.12.29	チアシード	10			×	
23.12.29	アボカド		110		×	
23.12.29	豚ロース		105		×	
23.12.29	チョコレート		46	23	×	
23.12.29	ササニシキ米			320	○	
23.12.30	浄水	400	400	600	○	
23.12.30	海塩	2	2	2	×	
23.12.30	ポップコーン	50			○	
23.12.30	カカオマス	10			×	
23.12.30	チアシード	10			×	
23.12.30	チョコレート	46	46		×	
23.12.30	アボカド		111		×	
23.12.30	豚ロース		97		×	首荒れ、腹荒れ、腕荒れ、吐気、腹鳴り、目荒れ
23.12.30	ササニシキ米			320	○	
23.12.31	ボトル水	400	600	600	TBD	首荒れ、腹荒れ、腕荒れ、吐気、腹鳴り、目荒れ
23.12.31	海塩	2	2	2	×	
23.12.31	ポップコーン	50			○	
23.12.31	カカオマス	10			×	

付録1　筆者の食事記録（Author's Meal Records）

日付	食物名	数量			適否	不調名
		朝	昼	夕		
23.12.31	チョコレート	46	46	23	×	重度首荒れ、腹荒れ、膝裏荒れ
23.12.31	チアシード	10			×	
23.12.31	アボカド		125		×	
23.12.31	豚ロース		103		×	
23.12.31	ササニシキ米			320	○	
24.01.01	ボトル水	600	400	400	TBD	首荒れ、腹荒れ、腕荒れ、吐気、腹鳴り、目荒れ
24.01.01	海塩	2	2	2	×	
24.01.01	ポップコーン	50			○	
24.01.01	カカオマス	10			×	
24.01.01	チアシード	10			×	腹痒み、目痒み
24.01.01	アボカド		117		×	
24.01.01	豚ロース		104		×	首出血、手痒み、腕痒み、もも荒れ、顎痒み、尻痛
24.01.01	ササニシキ米			320	○	
24.01.02	ボトル水	400	400	600	TBD	首荒れ、腹荒れ、腕荒れ、吐気、腹鳴り、目荒れ
24.01.02	海塩	2	2	2	×	
24.01.02	ポップコーン	50			○	
24.01.02	カカオマス	10			×	
24.01.02	チアシード	10			×	首出血、腹痒み、過眠、寒気
24.01.02	ササニシキ米	320		320	過多	
24.01.02	アボカド		121		×	
24.01.02	豚ロース			97	×	
24.01.03	ボトル水	400	400	600	TBD	首荒れ、腹荒れ、腕荒れ、吐気、腹鳴り、目荒れ
24.01.03	海塩	2	2	2	×	
24.01.03	ポップコーン	50			○	
24.01.03	カカオマス	11			×	首出血、腕荒れ
24.01.03	アボカド		123		×	
24.01.03	ササニシキ米		320	320	過多	
24.01.03	豚ロース			97	×	
24.01.04	ボトル水	600	400	400	TBD	
24.01.04	海塩	2	2	2	×	
24.01.04	ポップコーン	50			○	
24.01.04	チアシード	10			×	
24.01.04	アボカド		132		×	
24.01.04	ササニシキ米		320	320	過多	唇出血、指出血、腕痒み、重度首荒れ、乳首肥大、オナラ、局部痒み
24.01.04	豚ロース			98	×	
24.01.05	浄水	200	400	400	○	
24.01.05	海塩	2	2	2	×	
24.01.05	ポップコーン	50			○	
24.01.05	チアシード	10			×	
24.01.05	チョコレート	46		23	×	
24.01.05	アボカド		126		×	
24.01.05	豚ロース		110		×	
24.01.05	カカオマス			10	×	
24.01.06	浄水	800	400	600	○	
24.01.06	海塩	2			×	
24.01.06	ポップコーン	50			○	
24.01.06	チアシード	10			×	
24.01.06	タコヤキ		226		×	
24.01.06	マヨコーンパン		1		×	
24.01.06	アップルパイ		100		×	
24.01.06	アボカド			102	×	
24.01.06	豚ロース			102	×	
24.01.07	浄水	600	600	600	○	

付録1 筆者の食事記録（Author's Meal Records）

日付	食物名	数量 朝	昼	夕	適否	不調名
24.01.07	海塩	2		2	×	
24.01.07	ポップコーン	50			○	
24.01.07	チアシード	10			×	
24.01.07	焼きそば		341		×	
24.01.07	メロンパン		1		×	
24.01.07	アボカド			126	×	
24.01.07	豚ロース			97	×	
24.01.07	ササニシキ米			160	○	
24.01.08	浄水	600	400	600	○	
24.01.08	海塩	2	2		×	
24.01.08	ポップコーン	50			○	
24.01.08	チアシード	10			×	
24.01.08	アボカド		123		×	
24.01.08	豚ロース		82		×	
24.01.08	ササニシキ米		160		○	
24.01.09	浄水	400	400	600	○	
24.01.09	海塩	2	2		×	
24.01.09	ポップコーン	50			○	
24.01.09	アボカド		115		×	
24.01.09	豚ロース		115		×	
24.01.09	ササニシキ米		160		○	
24.01.09	コッペパン			1	×	
24.01.09	クリームパン			1	×	
24.01.10	浄水	400	600	600	○	
24.01.10	海塩	2		2	×	
24.01.10	ポップコーン	50			○	
24.01.10	コッペパン		1		×	
24.01.10	焼きそば		368		×	
24.01.10	みかん		150		×	
24.01.10	ササニシキ米			320	○	
24.01.11	浄水	400	400	600	○	
24.01.11	ポップコーン	50			○	
24.01.11	チアシード	10			×	
24.01.11	カカオマス	10			×	首荒れ
24.01.11	牛乳	200			×	局部荒れ、腕荒れ、背中荒れ、オナラ、腹痛、眉突起、唇荒れ
24.01.11	アボカド		122		×	
24.01.11	豚ロース		91		×	
24.01.11	ササニシキ米			320	○	
24.01.12	浄水	400	400	200	○	
24.01.12	ポップコーン	50			○	
24.01.12	チアシード	10			×	
24.01.12	みかん	130	143	137	×	
24.01.12	アボカド		120		×	
24.01.12	豚ロース		98		×	
24.01.12	ササニシキ米			320	○	
24.01.13	浄水	200	400	600	○	
24.01.13	ポップコーン	50			○	
24.01.13	みかん	144			×	唇出血
24.01.13	アボカド		131		×	
24.01.13	豚ロース		95		×	
24.01.13	ササニシキ米			320	○	
24.01.13	海塩			2	×	
24.01.14	浄水	400	400	400	○	

付録1　筆者の食事記録（Author's Meal Records）

日付	食物名	数量			適否	不調名
		朝	昼	夕		
24.01.14	ポップコーン	50			○	
24.01.14	アボカド		117		×	
24.01.14	豚ロース		116		×	
24.01.14	海塩			2	×	
24.01.14	ササニシキ米			320	○	
24.01.15	浄水	400	400	600	○	
24.01.15	ポップコーン	50			○	
24.01.15	チアシード	10			×	
24.01.15	アボカド		117		×	
24.01.15	豚ロース		103		×	
24.01.15	コッペパン			2	×	乳首痒み、腕荒れ、腹荒れ
24.01.16	浄水	400	400	600	○	
24.01.16	ポップコーン	50			○	
24.01.16	焼きそば		341		×	首出血
24.01.16	アボカド			124	×	
24.01.16	豚ロース			104	×	
24.01.17	浄水	600	400	600	○	
24.01.17	ポップコーン	50			○	
24.01.17	ササニシキ米	320		320	過多	左膝痛
24.01.17	アボカド		120		×	
24.01.17	豚ロース			103	×	
24.01.17	海塩			2	×	
24.01.18	浄水	400	400	600	○	
24.01.18	ポップコーン	50			○	
24.01.18	アボカド	123			×	
24.01.18	ササニシキ米		320		○	
24.01.18	豚ロース			89	×	
24.01.19	浄水	600	400	600	○	
24.01.19	チアシード	10			×	
24.01.19	カカオマス	10	10		×	口内突起、吐気、クシャミ、乳首出血、首荒れ、膝裏荒れ、爪赤み
24.01.19	アボカド		122		×	
24.01.19	海塩		2		×	
24.01.19	豚ロース			108	×	
24.01.19	ヨーグルト			100	×	
24.01.20	浄水	600	400	600	○	
24.01.20	海塩	2			×	
24.01.20	ポップコーン	50			○	
24.01.20	チアシード	10			×	
24.01.20	ヨーグルト	100	100		×	腕荒れ、背中荒れ、左目荒れ
24.01.20	フライドチキン		267		×	顎痒み、唇痒み、乳首出血、首荒れ、頻尿
24.01.20	フライドチキン		51		×	
24.01.20	アボカド			109	×	
24.01.20	豚ロース			84	×	
24.01.20	りんご			200	×	えずき
24.01.21	浄水	400	400	400	○	
24.01.21	海塩	2	2	2	×	
24.01.21	ポップコーン	50			○	
24.01.21	チアシード	10			×	
24.01.21	りんご	200			×	えずき、口内突起、舌痛、乳首出血
24.01.21	アボカド		117		×	
24.01.21	グリーンキウイ		127		×	
24.01.21	豚ロース			113	×	
24.01.21	バナナ			100	×	局部痒み

付録1　筆者の食事記録（Author's Meal Records）

日付	食物名	数量			適否	不調名
		朝	昼	夕		
24.01.22	浄水	600	400	600	○	
24.01.22	海塩	2	2		×	
24.01.22	ポップコーン	50			○	
24.01.22	チアシード	10			×	
24.01.22	グリーンキウイ	122			×	
24.01.22	バナナ	95			×	胸痒み、舌痛、左目腫れ、寒気、口臭、腕荒れ、ささくれ
24.01.22	ササニシキ米		160		○	
24.01.22	アボカド		131		×	
24.01.22	コッペパン		1		×	
24.01.22	豚ロース			102	×	
24.01.23	浄水	400	200	400	○	
24.01.23	海塩	2		2	×	
24.01.23	ポップコーン	50			○	
24.01.23	チアシード	10			×	
24.01.23	グリーンキウイ	134			×	
24.01.23	コッペパン		1		×	
24.01.23	ジュース		400		×	左腕痛、重度首出血
24.01.23	ササニシキ米			160	○	
24.01.23	豚ロース			106	×	
24.01.23	アボカド			120	×	
24.01.24	浄水	400	400	600	○	
24.01.24	海塩	2	2	2	×	
24.01.24	ポップコーン	50			○	
24.01.24	チアシード	10			×	
24.01.24	グリーンキウイ	143			×	
24.01.24	強力小麦品		75		×	口内噛み、重度首出血、乳首出血、腕荒れ、腹痛
24.01.24	アボカド		115		×	
24.01.24	ササニシキ米			160	○	
24.01.24	豚ロース			107	×	
24.01.25	浄水	400	400	600	○	
24.01.25	海塩	2	2		×	
24.01.25	ポップコーン	50			○	
24.01.25	チアシード	10			×	
24.01.25	グリーンキウイ	71	70		×	
24.01.25	ササニシキ米		160	160	○	
24.01.25	アボカド		98		×	
24.01.25	豚ロース			107	×	口内噛み、唇出血、首荒れ
24.01.26	浄水	400	400	600	○	
24.01.26	海塩	2			×	
24.01.26	ポップコーン	50			○	
24.01.26	チアシード	10			×	
24.01.26	グリーンキウイ	122			×	
24.01.26	コッペパン	1	1		×	
24.01.26	焼きそば		241		×	唇出血
24.01.26	アボカド		101		×	
24.01.26	ササニシキ米			320	○	
24.01.27	浄水	600	400	400	○	
24.01.27	海塩	2			×	
24.01.27	ポップコーン	50			○	
24.01.27	チアシード	10			×	
24.01.27	グリーンキウイ	131			×	
24.01.27	アボカド	115			×	
24.01.27	かけそば		1		×	
24.01.27	タコヤキ			241	×	

付録1　筆者の食事記録（Author's Meal Records）

日付	食物名	数量			適否		不調名
		朝	昼	夕			
24.01.28	浄水	600	400	400	○		
24.01.28	ポップコーン	50			○		
24.01.28	チアシード	10			×		
24.01.28	グリーンキウイ	120			×		
24.01.28	アボカド	90			×		
24.01.28	かけそば		1		×		
24.01.28	コッペパン		1		×		首出血、手痒み、膝裏荒れ
24.01.28	うどん			360	×		
24.01.29	浄水	600	400		○		
24.01.29	海塩	2			×		
24.01.29	ポップコーン	50			○		
24.01.29	チアシード	10			×		
24.01.29	グリーンキウイ	121			×		
24.01.29	アボカド	93			×		
24.01.29	かけそば		1		×		
24.01.29	まんじゅう		1		×		
24.01.29	うどん			360	×		
24.01.30	浄水	600	400	400	○		
24.01.30	海塩	2			×		
24.01.30	ポップコーン	50			○		
24.01.30	チアシード	10			×		
24.01.30	グリーンキウイ	133			×		
24.01.30	アボカド	88			×		
24.01.30	かけそば		1	1	×		
24.01.31	浄水	400	400	400	○		
24.01.31	海塩	2			×		
24.01.31	ポップコーン	50			○		
24.01.31	アボカド	86			×		
24.01.31	かけそば		1	1	×		顔痒み、頻尿、首荒れ
24.01.31	豚ロース			102	×		
24.02.01	浄水	400	400	400	○		
24.02.01	海塩	2		2	×		
24.02.01	ポップコーン	50			○		
24.02.01	アボカド	134			×		
24.02.01	豚ロース	99			×		
24.02.01	薄力小麦品		350	350	×		
24.02.02	浄水	400	400	400	○		
24.02.02	海塩	2			×		
24.02.02	ポップコーン	50			○		
24.02.02	アボカド	130			×		
24.02.02	豚ロース	88			×		
24.02.02	グリーンキウイ	129			×		
24.02.02	ササニシキ米		320		○		
24.02.02	かけそば			1	×		
24.02.03	浄水	400	400	200	○		
24.02.03	海塩	2			×		
24.02.03	ポップコーン	50			○		
24.02.03	グリーンキウイ	126			×		
24.02.03	アボカド	161			×		
24.02.03	かけうどん		1	1	×		
24.02.04	浄水	400	200	400	○		
24.02.04	海塩	2			×		

付録1　筆者の食事記録（Author's Meal Records）

日付	食物名	数量			適否	不調名
		朝	昼	夕		
24.02.04	ポップコーン	50			○	
24.02.04	グリーンキウイ	130			×	
24.02.04	アボカド	143			×	
24.02.04	薄力小麦品	350			×	
24.02.04	ササニシキ米			320	○	
24.02.05	浄水	400	200	200	○	
24.02.05	海塩	2		2	×	
24.02.05	ポップコーン	50			○	
24.02.05	グリーンキウイ	88			×	
24.02.05	ササニシキ米	320		320	過多	
24.02.05	かけそば		1		×	
24.02.06	浄水	400	400	200	○	
24.02.06	海塩	2	2		×	
24.02.06	ポップコーン	50	50		過多	口内荒れ、腹負担
24.02.06	グリーンキウイ	91	86		×	
24.02.06	ササニシキ米		320	320	過多	
24.02.07	浄水	400	400	200	○	
24.02.07	海塩	2	2		×	
24.02.07	ポップコーン	50	50		過多	口内荒れ
24.02.07	ササニシキ米		320	320	過多	
24.02.07	豚ロース		108		×	
24.02.07	豚レバー			75	×	顎しこり、手荒れ
24.02.08	浄水	400	600	400	○	
24.02.08	海塩	2			×	
24.02.08	ポップコーン	50			○	
24.02.08	チョコレート	18			×	
24.02.08	チョコレート	32			×	
24.02.08	タコヤキ		230		×	
24.02.08	チキンナゲット		230		×	
24.02.08	メロンパン		1		×	
24.02.08	ササニシキ米			320	○	
24.02.08	豚ロース			107	×	
24.02.08	豚レバー			20	×	手荒れ
24.02.09	浄水	400	400	400	○	
24.02.09	海塩	2			×	
24.02.09	ポップコーン	50			○	
24.02.09	チョコレート	40			×	
24.02.09	チョコレート	9			×	
24.02.09	かけそば		1		×	
24.02.09	コッペパン		1		×	
24.02.09	食パン		120		×	
24.02.09	ササニシキ米			320	○	
24.02.09	豚ロース			112	×	
24.02.09	豚レバー			25	×	手荒れ、ほてり
24.02.10	浄水	400	400	400	○	
24.02.10	海塩	2			×	
24.02.10	ポップコーン	50			○	
24.02.10	食パン	120	120	120	×	顎荒れ、首痒み
24.02.10	ヨーグルト	100			×	
24.02.10	かけそば		1		×	
24.02.10	ササニシキ米			320	×	
24.02.10	豚ロース			105	×	
24.02.11	浄水	400	400	600	○	

付録1 筆者の食事記録（Author's Meal Records）

日付	食物名	数量			適否	不調名
		朝	昼	夕		
24.02.11	海塩	2			×	
24.02.11	ポップコーン	50			○	
24.02.11	食パン	120	120		×	顎荒れ、首痒み
24.02.11	チョコレート	40			×	
24.02.11	かけそば		1		×	
24.02.11	ササニシキ米			320	○	
24.02.11	豚ロース			100	×	
24.02.12	浄水	600	200	600	○	
24.02.12	海塩	2			×	
24.02.12	ポップコーン	50			○	
24.02.12	薄力小麦品	350			×	
24.02.12	カカオマス	20			×	寒気、尻痛、頻尿、踵痛、首荒れ、腕荒れ
24.02.12	かけそば		1		×	
24.02.12	チョコレート		20		×	
24.02.12	ササニシキ米			320	○	
24.02.12	豚ロース			98	×	
24.02.12	チョコレート			50	×	寒気
24.02.13	浄水	600	200	600	○	
24.02.13	海塩	2			×	
24.02.13	ポップコーン	50			○	
24.02.13	薄力小麦品	350			×	
24.02.13	アボカド	57			×	寒気、踵痛、首荒れ、腕荒れ、目荒れ
24.02.13	かけそば		1		×	
24.02.13	チョコレート		40		×	足痺れ、胸痛、頭痛
24.02.13	ササニシキ米			320	○	
24.02.13	豚ロース			101	×	
24.02.14	浄水	600	200	400	○	
24.02.14	海塩	2		2	×	
24.02.14	ポップコーン	50			○	
24.02.14	薄力小麦品	350			×	
24.02.14	チョコレート	40	40	40	×	足痺れ、胸痛、頭痛、腹荒れ
24.02.14	かけそば		1		×	
24.02.14	ササニシキ米			320	○	
24.02.14	豚ロース			105	×	
24.02.15	浄水	400	400	400	○	
24.02.15	海塩	2		2	×	
24.02.15	ポップコーン	50			○	
24.02.15	薄力小麦品	300			×	
24.02.15	さつまいも	153			×	顔荒れ、胸痛、腕痒み、赤首突起、オナラ、左目腫れ
24.02.15	かけそば		1		×	
24.02.15	ササニシキ米			320	○	
24.02.15	豚ロース			91	×	
24.02.16	浄水	400	400	600	○	
24.02.16	海塩	2		2	×	
24.02.16	ポップコーン	50			○	
24.02.16	薄力小麦品	350	120		×	
24.02.16	チアシード	10			×	踵痛、左目腫れ、左膝痛、首荒れ、腕出汁
24.02.16	かけそば		1		×	
24.02.16	豚ロース		100		×	
24.02.16	ササニシキ米			320	○	
24.02.17	浄水	400	400	400	○	
24.02.17	海塩	2		2	×	
24.02.17	ポップコーン	50			○	
24.02.17	薄力小麦品	350		350	×	

付録1　筆者の食事記録（Author's Meal Records）

日付	食物名	数量			適否	不調名
		朝	昼	夕		
24.02.17	豚ロース		103		×	
24.02.17	かけそば		1		×	
24.02.18	浄水	400	400	400	○	
24.02.18	海塩	2		2	×	
24.02.18	ポップコーン	50			○	
24.02.18	薄力小麦品	350		350	×	
24.02.18	かけうどん		1		×	
24.02.18	チョコレート		40		×	
24.02.18	豚ロース			103	×	
24.02.18	チョコレート			50	×	眉突起
24.02.19	浄水	400	400	400	○	
24.02.19	海塩	2	2		×	
24.02.19	ポップコーン	50			○	
24.02.19	薄力小麦品	350	140	350	×	
24.02.19	豚ロース		95		×	
24.02.19	チョコレート		50		×	眉突起
24.02.19	ラクトアイス		4	3	×	目荒れ、首荒れ、腕ただれ、左腕痛、過眠、膝裏荒れ
24.02.20	浄水	400	400	400	○	
24.02.20	海塩	2	2		×	
24.02.20	ポップコーン	50			○	
24.02.20	薄力小麦品	350	180	350	×	
24.02.20	グリーンキウイ	68			×	
24.02.20	豚ロース		98		×	
24.02.20	チョコレート		47	45	×	口内突起、頭痛、えずき、首荒れ、口突起、背中荒れ、頭皮突起
24.02.21	浄水	400	400	400	○	
24.02.21	海塩	2	2		×	
24.02.21	ポップコーン	50			○	
24.02.21	薄力小麦品	350	350	140	×	
24.02.21	グリーンキウイ	89			×	
24.02.21	豚ロース		101		×	
24.02.21	クッキー		15		×	
24.02.21	マサバ			130	×	
24.02.22	浄水	400	400	600	○	
24.02.22	海塩	2		2	×	
24.02.22	ポップコーン	50			○	
24.02.22	薄力小麦品	350		350	×	
24.02.22	グリーンキウイ	87			×	
24.02.22	クッキー		15		×	
24.02.22	クッキー		6	12	×	
24.02.22	クッキー		10		×	
24.02.23	浄水	400	400	600	○	
24.02.23	海塩	2			×	
24.02.23	ポップコーン	50			○	
24.02.23	グリーンキウイ	89			×	
24.02.23	薄力小麦品	350			×	
24.02.23	豚レバー	23			×	手荒れ、オナラ、顔痒み、もも突起、意欲低下
24.02.23	クッキー	5	10		×	
24.02.23	もりそば		1		×	すね突起、頭皮痒み、左乳首痒み
24.02.23	クッキー		5		×	
24.02.23	クッキー			15	×	
24.02.24	浄水	400	400	600	○	
24.02.24	海塩	2			×	
24.02.24	ポップコーン	50			○	

付録1 筆者の食事記録（Author's Meal Records）

日付	食物名	数量			適否	不調名
		朝	昼	夕		
24.02.24	グリーンキウイ	93			×	
24.02.24	薄力小麦品	350			×	
24.02.24	クッキー	10	5	15	×	
24.02.24	ピザ		355		×	口内荒れ、手荒れ
24.02.25	浄水	400	400	400	○	
24.02.25	海塩	2			×	
24.02.25	薄力小麦品	350		350	×	
24.02.25	グリーンキウイ	91			×	
24.02.25	タコヤキ		237		×	
24.02.25	焼きそば		295		×	
24.02.25	クッキー		10	5	×	
24.02.26	浄水	400	400	600	○	
24.02.26	海塩	2			×	
24.02.26	薄力小麦品	350	350	350	×	
24.02.26	グリーンキウイ	78			×	
24.02.26	バター		12	10	×	左膝痛、乳首出血、腕荒れ
24.02.26	クラッカー		60		×	
24.02.27	浄水	400	400	600	○	
24.02.27	海塩	2		2	×	
24.02.27	ポップコーン	50			○	
24.02.27	薄力小麦品	350		350	×	
24.02.27	クラッカー	60		60	×	
24.02.27	うどん		200		×	口横切れ、左脚痛、オナラ
24.02.27	ニンジン		73		○	
24.02.27	グリーンキウイ			68	×	
24.02.28	浄水	400	400	400	○	
24.02.28	ポップコーン	50			○	
24.02.28	クラッカー	60			×	左足痛、えずき
24.02.28	海塩		2	2	×	
24.02.28	ニンジン		85		○	
24.02.28	薄力小麦品		350		×	
24.02.28	サブレ		8	16	×	
24.02.28	ササニシキ米			320	○	
24.02.28	グリーンキウイ			83	×	
24.02.29	浄水	600	200	600	○	
24.02.29	海塩	2			×	
24.02.29	ポップコーン	50			○	
24.02.29	サブレ	8			×	
24.02.29	カレー		200		×	局部痛、左目荒れ
24.02.29	白米		480		×	
24.02.29	みそ汁		150		×	
24.02.29	野菜サラダ		35		×	
24.02.29	粒あん		100		×	
24.02.29	薄力小麦品			350	×	
24.03.01	浄水	400	400	400	○	
24.03.01	海塩	2	2		×	
24.03.01	ポップコーン	50			○	
24.03.01	粒あん	100	100	100	×	頭皮痒み
24.03.01	グリーンキウイ	89			×	
24.03.01	ニンジン		98		○	
24.03.01	豚ロース		36		×	手出血、首荒れ、左目荒れ
24.03.01	ササニシキ米		320		○	
24.03.01	薄力小麦品			350	×	

付録1　筆者の食事記録（Author's Meal Records）

日付	食物名	数量			適否	不調名
		朝	昼	夕		
24.03.02	浄水	400	400	400	○	
24.03.02	海塩	2	2		×	
24.03.02	ポップコーン	50			○	
24.03.02	グリーンキウイ	84			×	
24.03.02	粒あん	100			×	
24.03.02	ニンジン		100		○	
24.03.02	ササニシキ米		320		○	
24.03.02	アイスミルク		1		×	
24.03.02	アイスミルク		1		×	
24.03.02	チョコレート		50		×	首出血、頭痛、眉突起
24.03.02	薄力小麦品			350	×	
24.03.03	浄水	400	200	400	○	
24.03.03	海塩	2	2		×	
24.03.03	ポップコーン	50			○	
24.03.03	グリーンキウイ	94			×	
24.03.03	チョコレート	18			×	
24.03.03	チョコレート	18			×	
24.03.03	チョコレート	24			×	胸痛、寒気、首出血、頭痛
24.03.03	ニンジン		97		○	
24.03.03	ササニシキ米		320		○	
24.03.03	アイスミルク		2		×	
24.03.03	薄力小麦品			350	×	
24.03.03	粒あん			100	×	
24.03.03	せんべい			100	×	脚痒み、腕痒み、口内噛み
24.03.04	浄水	400	200	400	○	
24.03.04	海塩	2	2		×	
24.03.04	ポップコーン	50			○	
24.03.04	グリーンキウイ	91			×	
24.03.04	チアシード	10			×	めまい、腹荒れ
24.03.04	アイスミルク	1	1	1	×	手出血、寒気
24.03.04	せんべい	28	28		×	背中荒れ、局部痒み、胸痛
24.03.04	ニンジン		107		○	
24.03.04	ササニシキ米		320		○	
24.03.04	薄力小麦品			350	×	
24.03.04	粒あん			100	×	
24.03.05	浄水	400	200	200	○	
24.03.05	海塩	2	2		×	
24.03.05	ポップコーン	50			○	
24.03.05	粒あん	100		100	×	
24.03.05	グリーンキウイ	93			×	
24.03.05	アイスミルク	1	2	1	×	手出血、寒気
24.03.05	ニンジン		95		○	
24.03.05	ササニシキ米		320		○	
24.03.05	薄力小麦品			350	×	
24.03.06	浄水	400	200	200	○	
24.03.06	海塩	2	2		×	
24.03.06	ポップコーン	50			○	
24.03.06	粒あん	100	100		×	
24.03.06	グリーンキウイ	96			×	
24.03.06	全粉乳	15			×	手出血、左膝痛、唇荒れ、首出血、ささくれ、えずき
24.03.06	ニンジン		89		○	
24.03.06	ササニシキ米		320		○	
24.03.06	アイスクリーム		2	1	×	目痒み
24.03.06	薄力小麦品			350	×	
24.03.06	せんべい			84	×	脚痒み、足切れ、尻痛、背中荒れ

付録1　筆者の食事記録（Author's Meal Records）

日付	食物名	数量 朝	昼	夕	適否	不調名
24.03.07	浄水	400	200	400	○	
24.03.07	海塩	2	2		×	
24.03.07	ポップコーン	50			○	
24.03.07	粒あん	100		100	×	
24.03.07	グリーンキウイ	89			×	
24.03.07	アイスクリーム	2	2		×	
24.03.07	ニンジン		97		○	
24.03.07	こめ油		15		×	腰痛、膝皮めくれ
24.03.07	ササニシキ米		320		○	
24.03.07	アイスミルク		1		×	
24.03.07	薄力小麦品			350	×	
24.03.07	アイスミルク			1	×	えずき
24.03.08	浄水	400	400	400	○	
24.03.08	海塩	2	2		×	
24.03.08	こめ油	5	5	5	×	腰痛
24.03.08	ポップコーン	50			○	
24.03.08	粒あん	100	100	100	×	
24.03.08	グリーンキウイ	96			×	
24.03.08	ニンジン		95		○	
24.03.08	ササニシキ米		320		○	
24.03.08	アイスミルク		3	3	×	唇荒れ
24.03.08	薄力小麦品			350	×	
24.03.09	浄水	400	400	400	○	
24.03.09	海塩	2	2		×	
24.03.09	こめ油	5	5	5	×	
24.03.09	ポップコーン	50			○	
24.03.09	こしあん	100	100	40	×	
24.03.09	グリーンキウイ	90			×	
24.03.09	炒り大豆	30	30		×	舌痛、足痛、脚痛、左目腫れ、顔荒れ、首荒れ、膝裏荒れ
24.03.09	ニンジン		100		○	
24.03.09	ササニシキ米		320		○	
24.03.09	薄力小麦品			350	×	
24.03.10	浄水	400	200	400	○	
24.03.10	海塩	2	2		×	
24.03.10	こめ油	10	10	10	×	
24.03.10	ポップコーン	50			○	
24.03.10	こしあん	155	50	96	×	
24.03.10	グリーンキウイ	98			×	
24.03.10	ブロッコリー		102		×	眉突起、ささくれ、腹鳴り、首荒れ、肩荒れ、便通悪化
24.03.10	ササニシキ米		320		○	
24.03.10	ニンジン			97	○	
24.03.10	薄力小麦品			350	×	
24.03.11	浄水	400	400	400	○	
24.03.11	グリーンキウイ	98			×	
24.03.11	ポップコーン	50			○	
24.03.11	海塩	2	2	2	×	
24.03.11	こしあん	150	100	10	×	
24.03.11	ブロッコリー		101		×	眉突起、ささくれ、腹鳴り、首荒れ、唇割れ、肩荒れ、便通悪化、目荒れ
24.03.11	薄力小麦品		350		×	
24.03.11	ニンジン			100	○	
24.03.11	ササニシキ米			320	○	
24.03.11	粒あん			140	×	
24.03.12	浄水	400	400	400	○	
24.03.12	海塩	2	2	2	×	
24.03.12	ポップコーン	50			○	

付録1 筆者の食事記録（Author's Meal Records）

日付	食物名	数量 朝	昼	夕	適否	不調名
24.03.12	グリーンキウイ	100			×	
24.03.12	粒あん	150	150	150	×	局部荒れ、首荒れ、顔荒れ、局部痛、足痛、目荒れ
24.03.12	薄力小麦品		350		×	
24.03.12	ニンジン			98	○	
24.03.12	ササニシキ米			320	○	
24.03.13	浄水	400	400	400	○	
24.03.13	海塩	2		2	×	
24.03.13	ポップコーン	50			○	
24.03.13	グリーンキウイ	88			×	
24.03.13	アボカド	151			×	指割れ、すね痒み、血圧上昇、口内突起、腕荒れ、泡尿、鼻痛
24.03.13	薄力小麦品		350		×	過便意、首荒れ
24.03.13	粒あん		100	100	×	
24.03.13	ニンジン			91	○	
24.03.13	ササニシキ米			320	○	
24.03.14	浄水	400	200	400	○	
24.03.14	海塩	2		2	×	
24.03.14	ポップコーン	50			○	
24.03.14	グリーンキウイ	100			×	
24.03.14	アボカド	104			×	視力低下、寒気、すね痒み、泡尿、背中荒れ、鼻血
24.03.14	薄力小麦品		350		×	左膝痛、左目腫れ
24.03.14	粒あん		100		×	
24.03.14	ニンジン			98	○	
24.03.14	ササニシキ米			320	○	
24.03.14	こしあん			100	×	
24.03.15	浄水	400	400	400	○	
24.03.15	海塩	2	2	2	×	
24.03.15	ポップコーン	50			○	
24.03.15	グリーンキウイ	94			×	
24.03.15	こしあん	100		100	×	
24.03.15	粒あん	100			×	
24.03.15	豚ロース		80		×	首荒れ、頬突起、背中荒れ、右足痛、オナラ、クシャミ、もも荒れ
24.03.15	薄力小麦品		350		×	
24.03.15	ニンジン			93	○	
24.03.15	ササニシキ米			320	○	
24.03.16	浄水	400	400	400	○	
24.03.16	海塩	2	2	2	×	
24.03.16	ポップコーン	50			○	
24.03.16	グリーンキウイ	103			×	
24.03.16	こしあん	100	100	100	×	
24.03.16	薄力小麦品		350		×	
24.03.16	粒あん		100		×	
24.03.16	ニンジン			100	○	
24.03.16	ササニシキ米			320	○	
24.03.17	浄水	400	600	400	○	
24.03.17	海塩	2	2	2	×	
24.03.17	ポップコーン	50			○	
24.03.17	グリーンキウイ	107			×	
24.03.17	薄力小麦品	350			×	
24.03.17	乾そば		100		×	目荒れ、背中荒れ、すね痒み、もも痒み、顔荒れ、首荒れ、鼻突起
24.03.17	こしあん		100	100	×	
24.03.17	ニンジン			107	○	
24.03.17	ササニシキ米			320	○	
24.03.18	浄水	600	400	400	○	
24.03.18	海塩	2	2	2	×	唇突起

付録1 筆者の食事記録（Author's Meal Records）

日付	食物名	数量			適否	不調名
		朝	昼	夕		
24.03.18	ポップコーン	50			○	
24.03.18	グリーンキウイ	59			×	
24.03.18	ニンジン		98	96	過多	顔痒み、もも痒み、過便意、腕荒れ、踵痛
24.03.18	薄力小麦品		350		×	
24.03.18	粒あん		100	100	×	
24.03.18	ササニシキ米			320	○	
24.03.19	浄水	400	400	400	○	
24.03.19	ポップコーン	50			○	
24.03.19	グリーンキウイ	111			×	
24.03.19	粒あん	200		100	×	
24.03.19	ニンジン		98		○	
24.03.19	薄力小麦品		350		×	顔痒み、もも痒み、腕荒れ、踵痛、過便意
24.03.19	ササニシキ米			320	○	
24.03.19	海塩			2	×	
24.03.19	アイスミルク			2	×	
24.03.20	浄水	400	400	200	○	
24.03.20	ポップコーン	50			○	
24.03.20	グリーンキウイ	57			×	
24.03.20	粒あん	100	100	100	×	
24.03.20	クッキー	5			×	意欲低下、倦怠感、唇割れ
24.03.20	せんべい	42			×	左膝痛、胸痛、口内噛み、背中荒れ、踵痛
24.03.20	薄力小麦品		350		×	
24.03.20	アイスミルク		1		×	
24.03.20	ニンジン			95	○	
24.03.20	チーズ			20	×	
24.03.20	ササニシキ米			320	○	
24.03.21	浄水	400	400	200	○	
24.03.21	ポップコーン	50			○	
24.03.21	バター	5			×	
24.03.21	粒あん	100	100	100	×	
24.03.21	クッキー	5			×	意欲低下、倦怠感、すね痒み、首痒み、唇割れ、膝裏荒れ
24.03.21	グリーンキウイ	85			×	
24.03.21	薄力小麦品		350		×	
24.03.21	チーズ		20	20	×	
24.03.21	アイスミルク		1		×	
24.03.21	ニンジン			95	○	
24.03.21	ササニシキ米			320	○	
24.03.21	アイスミルク			1	×	腕荒れ、首突起
24.03.22	浄水	400	400	400	○	
24.03.22	ポップコーン	50			○	
24.03.22	グリーンキウイ	83			×	
24.03.22	粒あん	100		100	×	
24.03.22	アイスミルク	1			×	
24.03.22	薄力小麦品		350		×	
24.03.22	チーズ		20	20	×	
24.03.22	こしあん		100		×	
24.03.22	アイスミルク		1		×	腕荒れ、首痒み、すね痒み、膝裏荒れ、局部痛
24.03.22	ニンジン			93	○	
24.03.22	ササニシキ米			320	○	
24.03.22	せんべい			58	×	歯茎痛、踵痛
24.03.23	浄水	400	400	400	○	
24.03.23	ポップコーン	50			○	
24.03.23	バター	5			×	意欲低下
24.03.23	グリーンキウイ	79			×	
24.03.23	こしあん	100	100	100	×	

付録1 筆者の食事記録（Author's Meal Records）

日付	食物名	数量			適否	不調名
		朝	昼	夕		
24.03.23	せんべい	58			×	寒気、舌噛み、クシャミ、咳、眠気、倦怠感
24.03.23	薄力小麦品		350		×	
24.03.23	チーズ		20	20	×	
24.03.23	アイスミルク		1		×	すね痒み、首荒れ、腕荒れ、膝裏荒れ
24.03.23	アイスクリーム		1		×	
24.03.23	ニンジン			96	○	
24.03.23	ササニシキ米			320	○	
24.03.23	冷凍コロッケ			60	×	
24.03.24	浄水	400	400	200	○	
24.03.24	ポップコーン	50			○	
24.03.24	バター	5			×	
24.03.24	グリーンキウイ	84			×	
24.03.24	冷凍コロッケ	120			×	
24.03.24	こしあん	100	100	100	×	
24.03.24	アイスミルク	1			×	
24.03.24	白身魚フライ		60	60	×	胸痛、顔突起、左膝痛、オナラ、手出血、すね痒み、赤腕突起
24.03.24	薄力小麦品		350		×	
24.03.24	チーズ		20	20	×	
24.03.24	ニンジン			96	○	
24.03.24	ササニシキ米			320	○	
24.03.25	浄水	400	400	400	○	
24.03.25	ポップコーン	50			○	
24.03.25	冷凍コロッケ	120	120		×	頭痛、脇痒み、膝裏荒れ、腕荒れ、脇汗、寝汗
24.03.25	グリーンキウイ	75			×	
24.03.25	こしあん	100	62		×	
24.03.25	アイスミルク	1			×	
24.03.25	薄力小麦品		350		×	
24.03.25	チーズ		20	20	×	
24.03.25	粒あん		36	100	×	
24.03.25	ニンジン			95	○	
24.03.25	ササニシキ米			320	○	
24.03.26	浄水	400	400	200	○	
24.03.26	ポップコーン	50			○	
24.03.26	冷凍コロッケ	120			×	
24.03.26	グリーンキウイ	78			×	
24.03.26	粒あん	100	100	100	×	
24.03.26	アイスミルク	1			×	
24.03.26	冷凍タコヤキ		195	96	×	ゲップ、口臭、オナラ、腕荒れ、脚荒れ、口横切れ
24.03.26	薄力小麦品		350		×	
24.03.26	チーズ		20	20	×	
24.03.26	ニンジン			104	○	
24.03.26	ササニシキ米			320	○	
24.03.27	浄水	400	400	400	○	
24.03.27	ポップコーン	50			○	
24.03.27	グリーンキウイ	85			×	
24.03.27	冷凍コロッケ	60			×	
24.03.27	冷凍タコヤキ	96		95	×	
24.03.27	粒あん	100	100	100	×	
24.03.27	アイスミルク	1			×	
24.03.27	冷凍コロッケ		60		×	
24.03.27	チキンナゲット		91		×	眉突起、舌噛み、頭痛、眠気、腕出血、局部痛、悪夢、首荒れ、便通悪化
24.03.27	薄力小麦品		350		×	
24.03.27	チーズ		20	24	×	
24.03.27	ニンジン			93	○	
24.03.27	ササニシキ米			320	○	

付録1　筆者の食事記録（Author's Meal Records）

日付	食物名	数量			適否	不調名
		朝	昼	夕		
24.03.28	浄水	400	400	400	○	
24.03.28	ポップコーン	50			○	
24.03.28	冷凍コロッケ	60	120		×	脇汗、頭痛、脇痒み、胸痛、オナラ、ささくれ、寝汗
24.03.28	冷凍タコヤキ	95		96	×	
24.03.28	グリーンキウイ	89			×	
24.03.28	粒あん	100			×	
24.03.28	アイスミルク	1			×	
24.03.28	薄力小麦品		350		×	
24.03.28	チーズ		20	30	×	
24.03.28	粒あん		100	100	×	
24.03.28	ニンジン			92	○	
24.03.28	ササニシキ米			320	○	
24.03.29	浄水	400	400	400	○	
24.03.29	ポップコーン	50			○	
24.03.29	冷凍タコヤキ	191			×	
24.03.29	グリーンキウイ	85			×	
24.03.29	粒あん	100	100	100	×	
24.03.29	アイスミルク	1			×	
24.03.29	冷凍コロッケ		60	60	×	
24.03.29	レトルトカレー		150		×	唇突起、脚痒み、口内荒れ、オナラ、腕痒み、首痒み
24.03.29	薄力小麦品		350		×	
24.03.29	チーズ		25	25	×	
24.03.29	ニンジン			104	○	
24.03.29	ササニシキ米			320	○	
24.03.30	浄水	400	400	400	○	
24.03.30	グリーンキウイ	84			×	
24.03.30	冷凍コロッケ	120			×	顔荒れ、首荒れ、膝裏荒れ、多尿、腹痒み
24.03.30	冷凍タコヤキ	195			×	
24.03.30	粒あん	100	100	100	×	
24.03.30	アイスミルク	1			×	
24.03.30	ポップコーン		50		○	
24.03.30	大豆油		5		×	もも痒み、局部痒み、腕出血、オナラ、すね痒み、寝汗、唇割れ
24.03.30	薄力小麦品		350		×	
24.03.30	チーズ		25	25	×	
24.03.30	ニンジン			100	○	
24.03.30	ササニシキ米			320	○	
24.03.31	浄水	400	400	400	○	
24.03.31	ポップコーン	50			○	
24.03.31	冷凍タコヤキ	189			×	
24.03.31	グリーンキウイ	90			×	
24.03.31	粒あん	100	100	100	×	
24.03.31	アイスミルク	1			×	
24.03.31	冷凍コロッケ		68	61	×	すね痒み
24.03.31	冷凍マグロカツ		50		×	頭痛、胸痛、尻痛、多尿、鼻突起、腕痒み、オナラ、寝汗
24.03.31	薄力小麦品		350		×	
24.03.31	チーズ		25	25	×	
24.03.31	チョコレート		18		×	膝裏荒れ、首荒れ、顎突起
24.03.31	ニンジン			100	○	
24.03.31	ササニシキ米			320	○	
24.04.01	浄水	400	400	400	○	
24.04.01	ポップコーン	50			○	
24.04.01	冷凍タコヤキ	188			×	
24.04.01	グリーンキウイ	86			×	
24.04.01	粒あん	100	100	100	×	
24.04.01	チョコレート	22			×	手出血、右目荒れ、眠気、膝裏荒れ、首荒れ、顎突起
24.04.01	冷凍コロッケ		65	60	×	手荒れ、舌痛、膝裏荒れ

付録1　筆者の食事記録（Author's Meal Records）

日付	食物名	数量			適否	不調名
		朝	昼	夕		
24.04.01	冷凍イカカツ		58		×	左脚痛、首荒れ
24.04.01	薄力小麦品		350		×	
24.04.01	チーズ		25	25	×	
24.04.01	アイスミルク		1		×	
24.04.01	みたらし団子		180		×	足指荒れ
24.04.01	ニンジン			96	○	
24.04.01	ササニシキ米			320	○	
24.04.02	浄水	400	400	400	○	
24.04.02	ポップコーン	50			○	
24.04.02	グリーンキウイ	91			×	
24.04.02	冷凍イカカツ	63	54		×	左脚痛、首荒れ、舌噛み、脇汗
24.04.02	冷凍コロッケ	62		60	×	手荒れ、舌痛
24.04.02	冷凍タコヤキ	191			×	
24.04.02	粒あん	100	100	100	×	
24.04.02	アイスミルク	1			×	
24.04.02	オニオンリング		61		×	
24.04.02	薄力小麦品		350		×	
24.04.02	チーズ		25	25	×	
24.04.02	うぐいすパン		1		×	
24.04.02	ニンジン			102	○	
24.04.02	ササニシキ米			320	○	
24.04.03	浄水	400	400	400	○	
24.04.03	ポップコーン	50			○	
24.04.03	グリーンキウイ	86			×	
24.04.03	冷凍タコヤキ	189			×	
24.04.03	粒あん	100	100	100	×	
24.04.03	アイスミルク	1			×	右腕痛
24.04.03	オニオンリング		59		×	
24.04.03	冷凍コロッケ		65	67	×	手荒れ、舌痛、オナラ、便通悪化
24.04.03	薄力小麦品		350		×	
24.04.03	チーズ		25	25	×	
24.04.03	金時豆パン		1		×	頭痛、顔痒み、ほてり、眉突起、足指荒れ、背中荒れ、赤腕突起
24.04.03	ニンジン			104	○	
24.04.03	ササニシキ米			320	○	
24.04.04	浄水	400	400	400	○	
24.04.04	ポップコーン	50			○	
24.04.04	グリーンキウイ	92			×	
24.04.04	冷凍タコヤキ	193			×	
24.04.04	粒あん	100	100	100	×	
24.04.04	アイスミルク	1			×	
24.04.04	ニンジン		57	44	○	
24.04.04	冷凍コロッケ		65	69	×	手荒れ、舌痛
24.04.04	チーズ		25	25	×	
24.04.04	薄力小麦品		350		×	
24.04.04	アイスミルク		1		×	すね痒み、踵痛、便通悪化、すね痛
24.04.04	ササニシキ米			320	○	
24.04.05	浄水	400	400	400	○	
24.04.05	ポップコーン	50			○	
24.04.05	グリーンキウイ	85			×	
24.04.05	冷凍タコヤキ	193			×	
24.04.05	粒あん	100	100	100	×	
24.04.05	アイスミルク	1			×	
24.04.05	ニンジン		51	50	×	
24.04.05	冷凍コロッケ		67	71	×	手荒れ、舌痛
24.04.05	チーズ		25	25	×	
24.04.05	薄力小麦品		350		×	

付録1 筆者の食事記録（Author's Meal Records）

日付	食物名	数量			適否	不調名
		朝	昼	夕		
24.04.05	ラクトアイス		1		×	
24.04.05	ササニシキ米			320	○	
24.04.06	浄水	400	400	400	○	
24.04.06	ポップコーン	50			○	
24.04.06	グリーンキウイ	98			×	
24.04.06	冷凍タコヤキ	191			×	
24.04.06	ラクトアイス	1	1		×	
24.04.06	冷凍コロッケ		127		×	舌痛、頭痛、眠気、倦怠感、鼻痛、肩赤突起
24.04.06	チーズ		25	25	×	
24.04.06	薄力小麦品		350		×	
24.04.06	粒あん		100	100	×	
24.04.06	ニンジン			93	○	
24.04.06	ササニシキ米			320	○	
24.04.06	アイスミルク			1	×	鼻詰り
24.04.07	浄水	400	400	400	○	
24.04.07	ポップコーン	50			○	
24.04.07	グリーンキウイ	80			×	
24.04.07	冷凍タコヤキ	192			×	
24.04.07	粒あん	100	100	100	×	
24.04.07	ラクトアイス	1	1	1	×	
24.04.07	冷凍コロッケ		63		×	頭痛、舌痛、重度腕痒み、重度首痒み、顔痒み、もも荒れ、寝汗
24.04.07	チーズ		25	25	×	
24.04.07	薄力小麦品		350		×	眠気、倦怠感、鼻痒み
24.04.07	ニンジン			96	○	
24.04.07	ササニシキ米			320	○	
24.04.08	浄水	400	200	400	○	
24.04.08	ポップコーン	50			○	
24.04.08	グリーンキウイ	88			×	
24.04.08	冷凍タコヤキ	194			×	
24.04.08	粒あん	100	100	100	×	
24.04.08	ラクトアイス	1	1	1	×	
24.04.08	冷凍コロッケ		62		×	鼻痛、肩赤突起、脇痒み、寝汗、多尿、眉突起、足指荒れ
24.04.08	チーズ		25	25	×	
24.04.08	薄力小麦品		350		×	
24.04.08	ニンジン			93	○	
24.04.08	ササニシキ米			320	○	
24.04.09	浄水	400	200	400	○	
24.04.09	ポップコーン	50			○	
24.04.09	グリーンキウイ	87			×	
24.04.09	冷凍タコヤキ	186	93		×	顔痒み、膝裏痛、鼻突起、口横切れ、耳裏突起、背中痒み
24.04.09	粒あん	100	100	100	×	
24.04.09	ラクトアイス	1	1	1	×	
24.04.09	チーズ		25	25	×	
24.04.09	薄力小麦品		350		×	腕荒れ、首痒み、顎痒み
24.04.09	ニンジン			105	○	
24.04.09	ササニシキ米			320	○	
24.04.10	浄水	400	200	400	○	
24.04.10	ポップコーン	50			○	
24.04.10	グリーンキウイ	86			×	
24.04.10	冷凍タコヤキ	184	94		×	耳裏突起、舌痛、眠気、頭痛、右目痛、眉突起、膝裏荒れ、顔痒み
24.04.10	粒あん	100	100	100	×	
24.04.10	ラクトアイス	1	1	1	×	
24.04.10	チーズ		25	25	×	
24.04.10	薄力小麦品		350		×	
24.04.10	ニンジン			106	○	

付録1 筆者の食事記録（Author's Meal Records）

日付	食物名	数量			適否	不調名
		朝	昼	夕		
24.04.10	ササニシキ米			320	○	
24.04.11	浄水	400	200	400	○	
24.04.11	ポップコーン	50			○	
24.04.11	グリーンキウイ	90			×	
24.04.11	冷凍タコヤキ	192			×	
24.04.11	粒あん	100	100	100	×	
24.04.11	ラクトアイス	1	1	1	×	
24.04.11	冷凍コロッケ		61		×	
24.04.11	チーズ		25	25	×	
24.04.11	薄力小麦品		350		×	泡尿
24.04.11	白玉団子		104		×	腕ただれ、顎突起、口内炎、膝裏荒れ、耳突起、背中荒れ
24.04.11	ニンジン			96	○	
24.04.11	ササニシキ米			320	○	
24.04.12	浄水	400	400	400	○	
24.04.12	ポップコーン	50			○	
24.04.12	グリーンキウイ	89			×	
24.04.12	冷凍タコヤキ	96		94	×	
24.04.12	白玉団子	105			×	腕ただれ、脚ただれ、クシャミ、耳痒み、背中荒れ、泡尿
24.04.12	粒あん	100	100	100	×	
24.04.12	ラクトアイス	1	1	1	×	
24.04.12	冷凍コロッケ		67		×	
24.04.12	チーズ		25	25	×	
24.04.12	薄力小麦品		350		×	眠気、倦怠感
24.04.12	ニンジン			83	○	
24.04.12	ササニシキ米			320	○	
24.04.13	浄水	400	400	400	○	
24.04.13	ポップコーン	50			○	
24.04.13	グリーンキウイ	66			×	
24.04.13	冷凍タコヤキ	193			×	
24.04.13	粒あん	100	100	100	×	
24.04.13	ラクトアイス	100	100		×	手出血、出汁、眠気、倦怠感、もも張り、左膝痛、脇痒み
24.04.13	冷凍コロッケ		61		×	唇突起、頭皮痒み、背中痒み、多尿、耳突起
24.04.13	チーズ		25	25	×	
24.04.13	中力小麦品		350		×	
24.04.13	ニンジン			99	○	
24.04.13	ササニシキ米			320	○	
24.04.13	ラクトアイス			1	×	
24.04.14	浄水	400	400	400	○	
24.04.14	ポップコーン	50			○	
24.04.14	グリーンキウイ	87			×	
24.04.14	冷凍タコヤキ	190			×	
24.04.14	粒あん	100	100	100	×	
24.04.14	ラクトアイス	1	1	1	×	顔痒み、腕荒れ、左膝痛、すね痒み、手荒れ
24.04.14	冷凍コロッケ		62		×	
24.04.14	チーズ		25	25	×	
24.04.14	強力小麦品		350		×	首突起、鼻突起、右胸痒み、肩痛、もも痛、首荒れ、背中荒れ、脇痒み
24.04.14	ニンジン			99	○	
24.04.14	ササニシキ米			320	○	
24.04.15	浄水	400	400	400	○	
24.04.15	ポップコーン	50			○	
24.04.15	グリーンキウイ	86			×	
24.04.15	冷凍タコヤキ	189			×	
24.04.15	粒あん	100	100	100	×	
24.04.15	ラクトアイス	1	1	1	×	顔荒れ、えずき、右目荒れ、指曲痛、頭痛、手荒れ、泡尿、舌痛、口内炎
24.04.15	冷凍コロッケ		69		×	

付録1　筆者の食事記録（Author's Meal Records）

日付	食物名	数量			適否	不調名
		朝	昼	夕		
24.04.15	チーズ		25	25	×	
24.04.15	薄力小麦品		350		×	
24.04.15	ニンジン			95	〇	
24.04.15	ササニシキ米			320	〇	
24.04.16	浄水	400	200	400	〇	
24.04.16	ポップコーン	50			〇	
24.04.16	グリーンキウイ	86			×	
24.04.16	冷凍タコヤキ	193			×	
24.04.16	粒あん	100	100	100	×	
24.04.16	ラクトアイス	1	1	1	×	寒気、目荒れ、えずき、右目荒れ、指曲痛、泡尿、耳裏痛
24.04.16	チーズ		25	25	×	
24.04.16	薄力小麦品		350		×	
24.04.16	ニンジン			95	〇	
24.04.16	ササニシキ米			320	〇	
24.04.17	浄水	400	400	400	〇	
24.04.17	グリーンキウイ	108			×	
24.04.17	ポップコーン	50			〇	
24.04.17	冷凍タコヤキ	191			×	
24.04.17	粒あん	100	100	100	×	
24.04.17	冷凍コロッケ		65		×	舌痛、腕痒み、耳突起、足指荒れ、眉突起、寝汗
24.04.17	チーズ		25	25	×	
24.04.17	薄力小麦品		350		×	
24.04.17	ラクトアイス		1		×	
24.04.17	ニンジン			104	〇	
24.04.17	ササニシキ米			320	〇	
24.04.18	浄水	400	400	400	〇	
24.04.18	グリーンキウイ	69			×	
24.04.18	ポップコーン	50			〇	
24.04.18	冷凍タコヤキ	193			×	
24.04.18	チーズ	25	25	25	×	顎突起、顔荒れ、膝痛、口内炎、首荒れ、えずき
24.04.18	粒あん	100	100	100	×	
24.04.18	薄力小麦品		350		×	
24.04.18	ラクトアイス		1		×	
24.04.18	ニンジン			101	〇	
24.04.18	ササニシキ米			320	〇	
24.04.19	浄水	400	200	600	〇	
24.04.19	グリーンキウイ	94			×	
24.04.19	ポップコーン	50			〇	
24.04.19	冷凍タコヤキ	190			×	
24.04.19	粒あん	100	100	100	×	
24.04.19	薄力小麦品		350		×	背中荒れ、足痒み、左目腫れ
24.04.19	ラクトアイス		100		×	寒気、意欲低下、腰痛、耳痒み、顎痛、胸赤突起、尿臭
24.04.19	ラクトアイス		1		×	
24.04.19	ニンジン			101	〇	
24.04.19	チーズ			25	×	
24.04.19	ササニシキ米			320	〇	
24.04.20	浄水	400	200	400	〇	
24.04.20	グリーンキウイ	88			×	
24.04.20	ポップコーン	50			〇	
24.04.20	冷凍タコヤキ	190			×	
24.04.20	粒あん	100	100	100	×	
24.04.20	ラクトアイス	1	1		×	
24.04.20	オニオンリング		99		×	脱力、舌痛、腹痛、背中荒れ、足痒み、耳痒み
24.04.20	チーズ		25	25	×	
24.04.20	薄力小麦品		350		×	

付録1　筆者の食事記録（Author's Meal Records）

日付	食物名	数量			適否	不調名
		朝	昼	夕		
24.04.20	ニンジン			104	○	
24.04.20	ササニシキ米			320	○	
24.04.21	浄水	400	400	400	○	
24.04.21	グリーンキウイ	72			×	
24.04.21	ポップコーン	50			○	
24.04.21	冷凍タコヤキ	191			×	顔荒れ、足痒み
24.04.21	粒あん	100	100	100	×	
24.04.21	ラクトアイス	1	1		×	
24.04.21	チーズ		25	25	×	乳首痒み、膝荒れ、目痒み、首荒れ、背中荒れ、赤腕突起、寝汗
24.04.21	薄力小麦品		350		×	
24.04.21	ニンジン			100	○	
24.04.21	ササニシキ米			320	○	
24.04.22	浄水	400	400	400	○	
24.04.22	グリーンキウイ	85			×	
24.04.22	ポップコーン	50			○	
24.04.22	冷凍タコヤキ	191			×	
24.04.22	粒あん	100	100	100	×	
24.04.22	ラクトアイス	0.5	0.5		×	
24.04.22	チーズ		25	25	×	舌痛、乳首痒み、首痒み、額突起、唇荒れ
24.04.22	薄力小麦品		350		×	
24.04.22	ニンジン			105	○	
24.04.22	ササニシキ米			320	○	
24.04.23	浄水	600	400	400	○	
24.04.23	グリーンキウイ	93			×	
24.04.23	ポップコーン	50			○	
24.04.23	冷凍タコヤキ	190			×	
24.04.23	粒あん	100	100	100	×	
24.04.23	キャベツ		98		×	手痒み、腕痒み、腹痒み
24.04.23	チーズ		25		×	
24.04.23	薄力小麦品		350		×	
24.04.23	ラクトアイス		1	1	×	
24.04.23	ニンジン			101	○	
24.04.23	ササニシキ米			320	○	
24.04.24	浄水	600	400	400	○	
24.04.24	グリーンキウイ	77			×	
24.04.24	ポップコーン	50			○	
24.04.24	冷凍タコヤキ	190			×	
24.04.24	粒あん	100	100	100	×	
24.04.24	ラクトアイス	1	1		×	指突起、顔痒み、舌痛、膝裏痒み、ふらつき
24.04.24	キャベツ		99		×	
24.04.24	チーズ		25		×	
24.04.24	薄力小麦品		350		×	右目荒れ、目荒れ、腕ただれ、首痒み
24.04.24	ニンジン			101	○	
24.04.24	ササニシキ米			320	○	
24.04.25	浄水	400	400	400	○	
24.04.25	グリーンキウイ	95			×	
24.04.25	ポップコーン	50			○	
24.04.25	粒あん	100	100	100	×	
24.04.25	アイスミルク	1			×	肩突起、脇痒み、えずき、膝突起、寝汗、耳裏痛
24.04.25	キャベツ		101		×	
24.04.25	チーズ		25		×	
24.04.25	薄力小麦品		350		×	膝裏痒み、鼻痒み
24.04.25	ニンジン			102	○	
24.04.25	ササニシキ米			320	○	

付録1　筆者の食事記録（Author's Meal Records）

日付	食物名	数量 朝	昼	夕	適否	不調名
24.04.26	浄水	600	400	400	○	
24.04.26	グリーンキウイ	90			×	
24.04.26	ポップコーン	50			○	
24.04.26	冷凍タコヤキ	192			×	
24.04.26	粒あん	100	100	100	×	
24.04.26	キャベツ		97		×	手痒み、肩突起、もも荒れ、首荒れ、腕ただれ、耳痒み、腹痒み
24.04.26	チーズ		25		×	
24.04.26	薄力小麦品		350		×	
24.04.26	ニンジン			97	○	
24.04.26	ササニシキ米			320	○	
24.04.27	浄水	600	400	400	○	
24.04.27	グリーンキウイ	86			×	
24.04.27	ポップコーン	50			○	
24.04.27	冷凍タコヤキ	191			×	
24.04.27	粒あん	100	200	100	×	腹突起、顔荒れ、腕ただれ、眉突起、寝汗
24.04.27	チーズ		25		×	
24.04.27	薄力小麦品		350		×	
24.04.27	ニンジン			97	○	
24.04.27	ササニシキ米			320	○	
24.04.28	浄水	600	400	400	○	
24.04.28	グリーンキウイ	77			×	
24.04.28	ポップコーン	50			○	
24.04.28	海塩	1		1	×	
24.04.28	冷凍タコヤキ	188			×	
24.04.28	粒あん	100	100		×	
24.04.28	アイスミルク	1			×	顔痒み、胸痛
24.04.28	チーズ		25		×	
24.04.28	薄力小麦品		350		×	
24.04.28	ラクトアイス		1	1	×	すね痛、こめかみしこり
24.04.28	ニンジン			103	○	
24.04.28	ササニシキ米			320	○	
24.04.29	浄水	600	200	600	○	
24.04.29	グリーンキウイ	107			×	
24.04.29	ポップコーン	50			○	
24.04.29	海塩	1		1	×	
24.04.29	冷凍タコヤキ	194			×	
24.04.29	ラクトアイス	1			×	首突起、腹突起、もも張り、すね突起、腕荒れ、歯茎痛、耳詰り
24.04.29	チーズ		25		×	
24.04.29	薄力小麦品		350		×	
24.04.29	粒あん		100	100	×	
24.04.29	アイスミルク		1		×	
24.04.29	ニンジン			100	○	
24.04.29	ササニシキ米			320	○	
24.04.30	浄水	600	400	600	○	
24.04.30	グリーンキウイ	91			×	
24.04.30	ポップコーン	50			○	
24.04.30	海塩	1			×	
24.04.30	冷凍タコヤキ	190			×	
24.04.30	アイスミルク	1		1	×	顎しこり、背中痒み、寝汗、指突起、頭皮痒み、耳痒み、えずき
24.04.30	チーズ	30			×	
24.04.30	薄力小麦品	350			×	膝裏痒み
24.04.30	粒あん		200		×	
24.04.30	ニンジン			98	○	
24.04.30	ササニシキ米			320	○	
24.04.30	焼のり			6	×	顎しこり、口臭、尻突起

付録1 筆者の食事記録（Author's Meal Records）

日付	食物名	数量			適否	不調名
		朝	昼	夕		
24.05.01	浄水	600	400	400	○	
24.05.01	グリーンキウイ	105			×	
24.05.01	ポップコーン	50			○	
24.05.01	海塩	1		1	×	
24.05.01	冷凍タコヤキ	191			×	
24.05.01	チーズ	30			×	
24.05.01	薄力小麦品	350			×	
24.05.01	粒あん		200		×	
24.05.01	ニンジン			104	○	
24.05.01	ササニシキ米			320	○	
24.05.01	焼のり			6	×	顎しこり、オナラ、腹突起、尻突起、膝裏痒み、過食欲、もも荒れ
24.05.01	アイスミルク			3	×	脇汗、唇割れ
24.05.02	浄水	600	400	400	○	
24.05.02	グリーンキウイ	80			×	
24.05.02	ポップコーン	50			○	
24.05.02	海塩	1	1		×	
24.05.02	冷凍タコヤキ	191			×	
24.05.02	チーズ	30			×	
24.05.02	薄力小麦品	350			×	
24.05.02	ニンジン		100		○	
24.05.02	ササニシキ米		320		○	
24.05.02	粒あん			200	×	
24.05.02	アイスミルク			2	×	赤腕突起、赤脚突起、頭痛、便通悪化、腹負担、手出血、唇割れ
24.05.03	浄水	600	400	400	○	
24.05.03	グリーンキウイ	55			×	
24.05.03	ポップコーン	50			○	
24.05.03	海塩	2			×	
24.05.03	チーズ	30			×	
24.05.03	薄力小麦品	350			×	
24.05.03	ニンジン	95			○	
24.05.03	ササニシキ米	320			○	
24.05.03	粒あん		200		×	
24.05.03	冷凍タコヤキ			192	×	
24.05.03	アイスミルク			2	×	唇突起、鼻痛、寒気
24.05.04	浄水	600	400	400	○	
24.05.04	ゴールドキウイ	55			×	唇割れ
24.05.04	ポップコーン	50			○	
24.05.04	海塩	1			×	
24.05.04	薄力小麦品	350			×	
24.05.04	チーズ	30			×	
24.05.04	粒あん	200			×	
24.05.04	冷凍タコヤキ		192		×	
24.05.04	アイスクリーム		2		×	目痒み、眠気、倦怠感、オナラ、足痒み、手荒れ
24.05.04	ニンジン			95	○	
24.05.04	ササニシキ米			320	○	
24.05.04	ラクトアイス			1	×	
24.05.05	浄水	600	400	400	○	
24.05.05	ゴールドキウイ	55			×	唇割れ
24.05.05	ポップコーン	50			○	
24.05.05	海塩	1			×	
24.05.05	粒あん	200			×	
24.05.05	薄力小麦品		350		×	もも痒み、顔痒み
24.05.05	チーズ		30		×	
24.05.05	ラクトアイス		1.5		×	脇汗、腹痛、半月縮小、オナラ、頬荒れ、耳突起、首荒れ
24.05.05	ニンジン			91	○	
24.05.05	ササニシキ米			320	○	

付録1 筆者の食事記録（Author's Meal Records）

日付	食物名	数量			適否	不調名
		朝	昼	夕		
24.05.05	冷凍タコヤキ			192	×	
24.05.06	浄水	600	400	400	○	
24.05.06	グリーンキウイ	88			×	
24.05.06	ポップコーン	50			○	
24.05.06	海塩	1			×	
24.05.06	粒あん	200			×	
24.05.06	冷凍タコヤキ		190		×	顔痒み
24.05.06	薄力小麦品		350		×	
24.05.06	チーズ		30		×	
24.05.06	ラクトアイス		2		×	手荒れ、寝汗、脇痒み、首痒み、オナラ、顎痒み、背中荒れ
24.05.06	ニンジン			100	○	
24.05.06	ササニシキ米			320	○	
24.05.07	浄水	400	400	400	○	
24.05.07	グリーンキウイ	94			×	
24.05.07	ポップコーン	50			○	
24.05.07	海塩	1			×	
24.05.07	粒あん	200			×	
24.05.07	冷凍タコヤキ		195		×	
24.05.07	薄力小麦品		350		×	首荒れ、膝裏荒れ、手荒れ
24.05.07	チーズ		30		×	
24.05.07	アイスクリーム		2		×	足裏痛、顔突起、脇痒み、胸痛、眠気、抜毛、足指痒み、オナラ
24.05.07	ニンジン			107	○	
24.05.07	ササニシキ米			320	○	
24.05.08	浄水	600	400	400	○	
24.05.08	グリーンキウイ	88			×	
24.05.08	ポップコーン	50			○	
24.05.08	海塩	1			×	
24.05.08	粒あん	200			×	
24.05.08	冷凍タコヤキ		196		×	
24.05.08	薄力小麦品		350		×	えずき、オナラ、顔荒れ
24.05.08	チーズ		30		×	
24.05.08	ミルクアイス		7		×	顎しこり、肩突起、腕ただれ、半月縮小、左目腫れ、鼻出血、歯茎痛
24.05.08	ニンジン			97	○	
24.05.08	ササニシキ米			320	○	
24.05.09	浄水	400	400	400	○	
24.05.09	グリーンキウイ	95			×	
24.05.09	ポップコーン	50			○	
24.05.09	海塩	1		1	×	
24.05.09	粒あん	200			×	
24.05.09	冷凍タコヤキ		194		×	
24.05.09	薄力小麦品		350		×	
24.05.09	チーズ		30		×	
24.05.09	ホイップクリーム		50		×	眠気、倦怠感、腕出汁、鼻出血、顔突起
24.05.09	ニンジン			98	○	
24.05.09	ササニシキ米			320	○	
24.05.10	浄水	400	400	400	○	
24.05.10	グリーンキウイ	90			×	
24.05.10	ポップコーン	50			○	
24.05.10	海塩	1		1	×	
24.05.10	粒あん	200	50		×	
24.05.10	冷凍タコヤキ		192		×	半月縮小、顔痒み、腕ただれ、鼻水、クシャミ
24.05.10	薄力小麦品		700		×	口臭、寝汗、耳鳴り、鼻出血、オナラ、腰痛、左膝痛、左目腫れ
24.05.10	チーズ		30		×	
24.05.10	ニンジン			98	○	
24.05.10	ササニシキ米			320	○	

付録1 筆者の食事記録（Author's Meal Records）

日付	食物名	数量 朝	昼	夕	適否	不調名
24.05.11	浄水	600	400	600	○	
24.05.11	グリーンキウイ	89			×	
24.05.11	ポップコーン	50			○	
24.05.11	海塩	1		1	×	
24.05.11	粒あん	200	100		×	
24.05.11	冷凍タコヤキ		192		×	
24.05.11	アイスミルク		1		×	首突起、腕ただれ、鼻水、口内荒れ、膝裏荒れ
24.05.11	薄力小麦品		350		×	
24.05.11	チーズ		30		×	
24.05.11	ニンジン			102	○	
24.05.11	ササニシキ米			320	○	
24.05.12	浄水	600	400	400	○	
24.05.12	グリーンキウイ	84			×	
24.05.12	ポップコーン	50			×	
24.05.12	海塩	1			×	
24.05.12	粒あん	150	150		×	
24.05.12	冷凍タコヤキ		192		×	
24.05.12	薄力小麦品		350		×	顔痒み、腕ただれ、唇突起
24.05.12	アイスミルク		1		×	鼻水、膝裏荒れ、頭痛、首突起、寝汗、唇突起、半月縮小
24.05.12	ニンジン		100		○	
24.05.12	チーズ		30		×	
24.05.12	ササニシキ米			320	○	
24.05.13	浄水	600	400	400	○	
24.05.13	グリーンキウイ	96			×	
24.05.13	ポップコーン	50			○	
24.05.13	海塩	1		1	×	
24.05.13	粒あん	200	100		×	
24.05.13	冷凍タコヤキ		190		×	顔痒み、膝裏荒れ
24.05.13	チーズ		50		×	
24.05.13	薄力小麦品		350		×	
24.05.13	ラクトアイス		0.5		×	口内出血、えずき、腹負担、頭重、不安、歯茎痛、便通悪化
24.05.13	ニンジン		100		○	
24.05.13	ササニシキ米			320	○	
24.05.14	浄水	600	400	400	○	
24.05.14	グリーンキウイ	90			×	
24.05.14	ポップコーン	50			○	
24.05.14	海塩	1			×	
24.05.14	粒あん	200	100		×	
24.05.14	冷凍タコヤキ		191		×	
24.05.14	チーズ		50		×	
24.05.14	薄力小麦品		470		×	顔痒み、腕出血、左目腫れ、頭痛、腹負担、半月縮小、首突起、便通悪化
24.05.14	ニンジン			95	○	
24.05.14	みそ			20	×	
24.05.14	ササニシキ米			320	○	
24.05.15	浄水	600	400	400	○	
24.05.15	グリーンキウイ	96			×	
24.05.15	ポップコーン	50			○	
24.05.15	海塩	1			×	
24.05.15	粒あん	200	100		×	
24.05.15	冷凍タコヤキ		192		×	
24.05.15	チーズ		25		×	
24.05.15	薄力小麦品		470		×	便通悪化、目荒れ
24.05.15	ニンジン			102	○	
24.05.15	みそ			15	×	
24.05.15	ササニシキ米			320	○	

付録1　筆者の食事記録（Author's Meal Records）

日付	食物名	数量			適否	不調名
		朝	昼	夕		
24.05.16	浄水	600	400	600	○	
24.05.16	ゴールドキウイ	51			×	胸痛、唇割れ、首突起、左膝痛、クシャミ、足指荒れ
24.05.16	ポップコーン	50			○	
24.05.16	海塩	1			×	
24.05.16	粒あん	200	100		×	
24.05.16	冷凍タコヤキ		189		×	
24.05.16	チーズ		25		×	
24.05.16	冷凍コロッケ		124		×	唇出血、顎突起、脇突起、乳首痒み
24.05.16	ラクトアイス		2		×	
24.05.16	ニンジン			107	○	
24.05.16	みそ			15	×	
24.05.16	ササニシキ米			320	○	
24.05.17	浄水	600	400	600	○	
24.05.17	グリーンキウイ	73			×	
24.05.17	ポップコーン	50			○	
24.05.17	海塩	1			×	口内突起、舌噛み
24.05.17	粒あん	200	100		×	
24.05.17	冷凍タコヤキ		195		×	
24.05.17	冷凍コロッケ		124		×	顔痒み、唇出血、頭皮突起、顎突起、左膝痛、唇突起、足指荒れ
24.05.17	チーズ		25		×	
24.05.17	アイスミルク		2		×	不安、寝癖、腹負担、指突起
24.05.17	ニンジン			108	○	
24.05.17	みそ			15	×	
24.05.17	ササニシキ米			320	○	
24.05.18	浄水	600	400	400	○	
24.05.18	グリーンキウイ	80			×	
24.05.18	ポップコーン	50			○	
24.05.18	粒あん	200	100		×	
24.05.18	冷凍タコヤキ		192		×	
24.05.18	チーズ		25		×	
24.05.18	薄力小麦品		250		×	顔痒み、腹負担、歯茎痛、尻突起
24.05.18	ラクトアイス		2		×	鼻痒み、口臭、肩突起、すね突起、指曲痛、歯茎出血、耳鳴り
24.05.18	ニンジン			107	○	
24.05.18	みそ			15	×	唇割れ、歯茎出血、指曲痛
24.05.18	ササニシキ米			320	○	
24.05.19	浄水	600	400	600	○	
24.05.19	グリーンキウイ	76			×	
24.05.19	ポップコーン	50			○	
24.05.19	海塩	1			×	
24.05.19	粒あん	200	100		×	
24.05.19	冷凍タコヤキ		190		×	
24.05.19	チーズ		30		×	
24.05.19	薄力小麦品		250		×	
24.05.19	グラニュー糖		20		×	寝込、顔痒み、頭皮痒み、首痒み、腹痒み、眉突起
24.05.19	ニンジン			97	○	
24.05.19	みそ			10	×	唇割れ、歯茎出血、指曲痛
24.05.19	ササニシキ米			320	○	
24.05.20	浄水	600	400	400	○	
24.05.20	グリーンキウイ	73			×	
24.05.20	ポップコーン	50			○	
24.05.20	海塩	1			×	
24.05.20	粒あん	300			×	
24.05.20	冷凍タコヤキ		188		×	
24.05.20	チーズ		25		×	
24.05.20	薄力小麦品		250		×	

付録1 筆者の食事記録（Author's Meal Records）

日付	食物名	数量			適否	不調名
		朝	昼	夕		
24.05.20	アイスミルク		1		×	首痒み、鼻血
24.05.20	ラクトアイス		2		×	
24.05.20	ニンジン			93	○	
24.05.20	みそ			10	×	唇割れ、歯茎出血、指曲痛
24.05.20	ササニシキ米			320	○	
24.05.21	浄水	600	400	400	○	
24.05.21	グリーンキウイ	75			×	
24.05.21	ポップコーン	60			過多	
24.05.21	海塩	1			×	
24.05.21	粒あん	300			×	尻突起、裏もも痛
24.05.21	冷凍タコヤキ		189		×	
24.05.21	チーズ		25	15	×	
24.05.21	薄力小麦品		280		×	腕荒れ、腹負担
24.05.21	ラクトアイス		2		×	
24.05.21	アイスミルク		2		×	咳、鼻突起、耳突起、腹負担、首突起
24.05.21	ニンジン			102	○	
24.05.21	ササニシキ米			320	○	
24.05.22	浄水	600	400	200	○	
24.05.22	グリーンキウイ	76			×	
24.05.22	ポップコーン	40			○	
24.05.22	海塩	1			×	
24.05.22	粒あん	200	100		×	
24.05.22	冷凍タコヤキ		195		×	
24.05.22	チーズ		20	20	×	
24.05.22	薄力小麦品		280		×	腕荒れ、半月縮小、腹負担
24.05.22	ニンジン			98	○	
24.05.22	ササニシキ米			320	○	
24.05.22	アイスミルク			2	×	
24.05.23	浄水	600	400	400	○	
24.05.23	グリーンキウイ	81			×	
24.05.23	ポップコーン	50			○	
24.05.23	海塩	2			×	
24.05.23	粒あん	200	100		×	
24.05.23	ラクトアイス	1			×	
24.05.23	冷凍タコヤキ		190		×	
24.05.23	チーズ		21	19	×	寝癖、舌痛
24.05.23	薄力小麦品		250		×	
24.05.23	アイスミルク			1	×	顔痒み、首痒み、頭痛
24.05.23	ニンジン			102	○	
24.05.23	ササニシキ米			320	○	
24.05.24	浄水	600	400	400	○	
24.05.24	グリーンキウイ	81			×	
24.05.24	ポップコーン	50			○	
24.05.24	海塩	2			×	
24.05.24	粒あん	300			×	
24.05.24	ラクトアイス		1		×	
24.05.24	冷凍タコヤキ		188		×	
24.05.24	チーズ		20	20	×	クシャミ、腕ただれ、寝癖、過眠、舌痛、膝裏痒み
24.05.24	薄力小麦品		250		×	顔荒れ、寝汗、鼻水、首痒み
24.05.24	ニンジン			102	○	
24.05.24	ササニシキ米			320	○	
24.05.25	浄水	400	400	400	○	
24.05.25	グリーンキウイ	85			×	
24.05.25	ポップコーン	50			○	
24.05.25	粒あん	300			×	

付録1 筆者の食事記録（Author's Meal Records）

日付	食物名	数量			適否	不調名
		朝	昼	夕		
24.05.25	ラクトアイス	1	1	1	×	
24.05.25	冷凍タコヤキ		193		×	
24.05.25	チーズ		20	20	×	腕ただれ、腹負担、鼻出血、寝汗
24.05.25	薄力小麦品		250		×	
24.05.25	ニンジン			106	○	
24.05.25	ササニシキ米			320	○	
24.05.26	浄水	600	400	400	○	
24.05.26	グリーンキウイ	75			×	
24.05.26	ポップコーン	50			○	
24.05.26	粒あん	200	100		×	
24.05.26	ラクトアイス		2		×	眠気、腹鳴り、口内炎、腕出汁
24.05.26	冷凍タコヤキ		192		×	
24.05.26	薄力小麦品		250		×	
24.05.26	ニンジン			103	○	
24.05.26	ササニシキ米			320	○	
24.05.26	煮干			11	×	口内噛み、腹突起、鼻出血、頭皮痒み、尿臭
24.05.27	浄水	600	400	400	○	
24.05.27	グリーンキウイ	89			×	
24.05.27	ポップコーン	50			○	
24.05.27	粒あん	300			×	
24.05.27	ラクトアイス		1		×	
24.05.27	冷凍タコヤキ		192		×	
24.05.27	チーズ		25		×	
24.05.27	薄力小麦品		250		×	
24.05.27	ニンジン			103	○	
24.05.27	ササニシキ米			320	○	
24.05.27	煮干			10	×	背中痛、頭痛、吐気、左膝痛、鼻出血、頭皮痒み、尿臭
24.05.28	浄水	600	400	400	○	
24.05.28	グリーンキウイ	89			×	
24.05.28	ポップコーン	50			○	
24.05.28	粒あん	300			×	
24.05.28	ラクトアイス		1		×	
24.05.28	冷凍タコヤキ		194		×	
24.05.28	チーズ		25		×	
24.05.28	薄力小麦品		250		×	便通悪化、手荒れ、目荒れ、半月縮小
24.05.28	ニンジン			99	○	
24.05.28	ササニシキ米			320	○	
24.05.28	冷凍ギョーザ			88	×	ふらつき、腕出血、抜毛、首突起、足痒み、足指荒れ、ささくれ
24.05.29	浄水	400	600	400	○	
24.05.29	グリーンキウイ	78			×	
24.05.29	ポップコーン	50			○	
24.05.29	粒あん	300			×	
24.05.29	ラクトアイス		1		×	
24.05.29	冷凍タコヤキ		192		×	
24.05.29	チーズ		25		×	
24.05.29	薄力小麦品		250		×	
24.05.29	ニンジン			97	○	
24.05.29	ササニシキ米			320	○	
24.05.29	冷凍ギョーザ			90	×	ふらつき、耳裏痛、便通悪化、頭痛、尻突起、顔痒み、ささくれ
24.05.30	浄水	600	400	200	○	
24.05.30	グリーンキウイ	88			×	
24.05.30	ポップコーン	50			○	
24.05.30	粒あん	300			×	
24.05.30	ラクトアイス		1		×	
24.05.30	冷凍タコヤキ		190		×	

付録1 筆者の食事記録(Author's Meal Records)

日付	食物名	数量			適否	不調名
		朝	昼	夕		
24.05.30	チーズ		25		×	
24.05.30	薄力小麦品		250		×	
24.05.30	ニンジン			98	○	
24.05.30	ササニシキ米			320	○	
24.05.30	冷凍ギョーザ			28	×	皮抜、唇割れ、首痒み、顔痒み、尻突起、鼻詰り、眉突起
24.05.31	浄水	600	400	200	○	
24.05.31	グリーンキウイ	87			×	
24.05.31	ポップコーン	50			○	
24.05.31	粒あん	300			×	
24.05.31	ラクトアイス		1		×	
24.05.31	冷凍タコヤキ		194		×	
24.05.31	チーズ		25		×	
24.05.31	薄力小麦品		250		×	
24.05.31	ニンジン			95	○	
24.05.31	ササニシキ米			320	○	
24.05.31	豚ミンチ			25	×	便通悪化、耳突起、唇割れ、鼻詰り、尻突起、目荒れ、顔痒み
24.06.01	浄水	600	400	200	○	
24.06.01	グリーンキウイ	84			×	
24.06.01	ポップコーン	50			○	
24.06.01	粒あん	300			×	
24.06.01	ラクトアイス		1		×	
24.06.01	冷凍タコヤキ		192		×	
24.06.01	チーズ		25		×	
24.06.01	薄力小麦品		250		×	
24.06.01	ニンジン			100	○	
24.06.01	ササニシキ米			320	○	
24.06.02	浄水	600	200	200	○	
24.06.02	グリーンキウイ	87			×	
24.06.02	ポップコーン	50			○	
24.06.02	粒あん	300			×	
24.06.02	冷凍タコヤキ		192		×	
24.06.02	チーズ		25		×	
24.06.02	薄力小麦品		250		×	目痒み、足痒み
24.06.02	アイスクリーム		1		×	もも痒み、舌噛み、肩痒み、耳痒み、尻突起、便通悪化、ゲップ、口臭
24.06.02	ニンジン			98	○	
24.06.02	ササニシキ米			320	○	
24.06.02	ラクトアイス			1	×	
24.06.03	浄水	600	400	400	○	
24.06.03	グリーンキウイ	78			×	
24.06.03	ポップコーン	50			○	
24.06.03	粒あん	300			×	
24.06.03	冷凍タコヤキ		194		×	
24.06.03	チーズ		15	10	×	
24.06.03	薄力小麦品		250		×	
24.06.03	白花豆煮		101		×	腕荒れ、耳裏痛、膝裏痒み、目荒れ、倦怠感、頭痛、歯茎痛
24.06.03	ラクトアイス		1		×	
24.06.03	ニンジン			99	○	
24.06.03	ササニシキ米			320	○	
24.06.04	浄水	600	200	400	○	
24.06.04	グリーンキウイ	84			×	
24.06.04	ポップコーン	50			○	
24.06.04	粒あん	300			×	
24.06.04	冷凍タコヤキ		192		×	顔荒れ、首荒れ、多尿
24.06.04	チーズ		13	13	×	口内炎、耳裏痛、腹負担、半月縮小、頭痛、手荒れ、顎しこり
24.06.04	薄力小麦品		250		×	

付録1　筆者の食事記録（Author's Meal Records）

日付	食物名	数量			適否	不調名
		朝	昼	夕		
24.06.04	白花豆煮		200		×	歯茎痛
24.06.04	ニンジン			104	○	
24.06.04	ササニシキ米			320	○	
24.06.05	浄水	600	400	200	○	
24.06.05	グリーンキウイ	80			×	
24.06.05	ポップコーン	50			○	
24.06.05	粒あん	300			×	
24.06.05	冷凍タコヤキ		193		×	
24.06.05	チーズ		13		×	口内炎、耳裏痛、腹負担、顔荒れ、首荒れ、半月縮小
24.06.05	薄力小麦品		250		×	
24.06.05	白花豆煮		200		×	歯茎痛
24.06.05	ニンジン			98	○	
24.06.05	ササニシキ米			320	○	
24.06.05	ラクトアイス			1	×	
24.06.06	浄水	600	400		○	
24.06.06	グリーンキウイ	88			×	
24.06.06	ポップコーン	50			○	
24.06.06	粒あん	300			×	
24.06.06	冷凍タコヤキ		189		×	
24.06.06	薄力小麦品		250		×	
24.06.06	白花豆煮		200		×	歯茎痛、顔荒れ、口内炎、耳裏痛
24.06.06	ニンジン			100	○	
24.06.06	ササニシキ米			320	○	
24.06.07	浄水	600	400	200	○	
24.06.07	グリーンキウイ	87			×	
24.06.07	ポップコーン	50			×	
24.06.07	海塩	1		1	×	
24.06.07	粒あん	300			×	
24.06.07	チーズ		25		×	多尿、膝裏痒み、頸突起、鼻突起
24.06.07	薄力小麦品		350		×	倦怠感、歯茎出血、便通悪化、腹負担
24.06.07	白花豆煮		200	80	×	歯茎痛
24.06.07	ラクトアイス		1		×	
24.06.07	ニンジン			95	○	
24.06.07	ササニシキ米			320	○	
24.06.08	浄水	600	400	200	○	
24.06.08	グリーンキウイ	81			×	
24.06.08	ポップコーン	50			○	
24.06.08	海塩	1		2	×	顎痒み、歯茎痛、倦怠感、腹負担
24.06.08	粒あん	300			×	
24.06.08	チーズ		25		×	
24.06.08	薄力小麦品		350		×	
24.06.08	白花豆煮		200		×	歯茎痛
24.06.08	ラクトアイス		1		×	
24.06.08	ニンジン			95	○	
24.06.08	ササニシキ米			320	○	
24.06.09	浄水	600	400	200	○	
24.06.09	グリーンキウイ	88			×	
24.06.09	ポップコーン	50			○	
24.06.09	海塩	1			×	腹痛、歯茎痛、顔痒み、倦怠感、舌噛み
24.06.09	粒あん	300			×	
24.06.09	チーズ		25	25	×	
24.06.09	薄力小麦品		350		×	
24.06.09	白花豆煮		100	100	×	歯茎痛
24.06.09	ラクトアイス		1		×	
24.06.09	ニンジン			97	○	

付録1　筆者の食事記録（Author's Meal Records）

日付	食物名	数量			適否	不調名
		朝	昼	夕		
24.06.09	ササニシキ米			320	○	
24.06.10	浄水	600	400	400	○	
24.06.10	グリーンキウイ	80			×	
24.06.10	ポップコーン	50			○	
24.06.10	粒あん	300			×	
24.06.10	チーズ		25	25	×	腹突起、腕痒み、尻突起、すね荒れ、足指荒れ、不安
24.06.10	薄力小麦品		350		×	口臭、半月縮小、膝裏痒み、耳鳴り
24.06.10	白花豆煮		100	100	×	歯茎痛
24.06.10	ニンジン			95	○	
24.06.10	ササニシキ米			320	○	
24.06.11	浄水	600	400	400	○	
24.06.11	グリーンキウイ	81			×	
24.06.11	ポップコーン	50			○	
24.06.11	粒あん	300			×	歯茎痛、唇突起、鼻水
24.06.11	薄力小麦品		350		×	眠気、倦怠感、口臭、尿臭、オナラ、抜毛、すね突起、不安
24.06.11	白花豆煮		100	100	×	眠気、倦怠感、歯茎痛
24.06.11	ニンジン			97	○	
24.06.11	ササニシキ米			320	○	
24.06.11	ラクトアイス			1	×	えずき
24.06.11	冷凍タコヤキ			190	×	
24.06.12	浄水	600	400	400	○	
24.06.12	グリーンキウイ	81			×	
24.06.12	ポップコーン	50			○	
24.06.12	粒あん	200		100	×	
24.06.12	白花豆煮	100	90		×	歯茎痛、口内炎
24.06.12	冷凍タコヤキ		185		×	
24.06.12	ラクトアイス		1		×	えずき
24.06.12	ニンジン			92	○	
24.06.12	ササニシキ米			320	○	
24.06.12	チーズ			25	×	
24.06.13	浄水	600	400	400	○	
24.06.13	グリーンキウイ	74			×	
24.06.13	ポップコーン	50			○	
24.06.13	海塩	1	1	1	×	えずき、手赤突起、唇出血、もも痒み、肩荒れ、鼻血、左まぶた痛
24.06.13	粒あん	300			×	
24.06.13	冷凍タコヤキ		185		×	
24.06.13	薄力小麦品		250		×	腹負担、足痒み、すね痒み、口内噛み、多尿、過便意
24.06.13	ニンジン			104	○	
24.06.13	ササニシキ米			320	○	
24.06.13	ラクトアイス			1	×	
24.06.13	白花豆煮			50	×	
24.06.14	浄水	600	400	200	○	
24.06.14	グリーンキウイ	79			×	
24.06.14	ポップコーン	50			○	
24.06.14	粒あん	300			×	
24.06.14	冷凍タコヤキ		185		×	
24.06.14	薄力小麦品		250		×	
24.06.14	白花豆煮		50	50	×	歯茎痛、腹負担、倦怠感、左肘痛
24.06.14	ニンジン			90	○	
24.06.14	ササニシキ米			320	○	
24.06.15	浄水	600	400	400	○	
24.06.15	グリーンキウイ	78			×	
24.06.15	ポップコーン	50			○	
24.06.15	粒あん	300			×	

付録1 筆者の食事記録（Author's Meal Records）

日付	食物名	数量			適否	不調名
		朝	昼	夕		
24.06.15	ラクトアイス	1			×	耳裏痛、えずき
24.06.15	冷凍タコヤキ		193		×	
24.06.15	薄力小麦品		250		×	
24.06.15	チーズ		25		×	
24.06.15	パウンドケーキ		97		×	ゲップ、口臭、口臭、腹痛、胸痛、歯茎痛、多尿、顔痒み、便通悪化
24.06.15	ニンジン			99	○	
24.06.15	ササニシキ米			320	○	
24.06.16	浄水	600	400	400	○	
24.06.16	グリーンキウイ	84			×	
24.06.16	ポップコーン	50			○	
24.06.16	粒あん	200		100	×	
24.06.16	プリン	85			×	
24.06.16	ラクトアイス		0.8		×	
24.06.16	冷凍タコヤキ		189		×	
24.06.16	薄力小麦品		250		×	首突起、鼻出血、歯茎痛、顔痒み、頭皮痒み、倦怠感、抜毛、胸痛
24.06.16	チーズ		25		×	
24.06.16	パウンドケーキ		60		×	
24.06.16	ニンジン			92	○	
24.06.16	ササニシキ米			320	○	
24.06.17	浄水	600	400	400	○	
24.06.17	グリーンキウイ	84			×	
24.06.17	ポップコーン	50			○	
24.06.17	粒あん	200		100	×	
24.06.17	ラクトアイス		0.8		×	
24.06.17	冷凍タコヤキ		190		×	
24.06.17	薄力小麦品		250		×	顔痒み、歯茎痛、頬突起、鼻水
24.06.17	チーズ		25		×	
24.06.17	パウンドケーキ		80		×	
24.06.17	ニンジン			93	○	
24.06.17	ササニシキ米			320	○	
24.06.18	浄水	600	400	200	○	
24.06.18	グリーンキウイ	78			×	ゲップ臭、左耳痛、鼻血、足指荒れ、すね突起、意欲低下、便通悪化
24.06.18	ポップコーン	50			○	
24.06.18	粒あん	200	100		×	
24.06.18	ラクトアイス		0.8		×	
24.06.18	冷凍タコヤキ		193		×	
24.06.18	薄力小麦品		250		×	
24.06.18	チーズ		25		×	歯茎痛、顔痒み、腕固突起、鼻水、頬突起、眉突起、尻突起
24.06.18	パウンドケーキ		79		×	鼻痒み、倦怠感、多尿
24.06.18	ニンジン			98	○	
24.06.18	ササニシキ米			320	○	
24.06.19	浄水	600	400	200	○	
24.06.19	グリーンキウイ	74			×	左耳痛、鼻血、足指荒れ、意欲低下、腕突起、顎しこり、便通悪化
24.06.19	ポップコーン	50			○	
24.06.19	粒あん	200	100		×	倦怠感、ゲップ、肩突起、多尿、もも突起
24.06.19	パウンドケーキ	85		70	×	腹痛、鼻痛、顔突起、顎しこり、足突起、足突起、もも突起、多尿
24.06.19	冷凍タコヤキ		190		×	
24.06.19	薄力小麦品		250		×	
24.06.19	ニンジン			102	○	
24.06.19	ササニシキ米			320	○	
24.06.20	浄水	600	400	200	○	
24.06.20	グリーンキウイ	89			×	
24.06.20	ポップコーン	50			○	
24.06.20	粒あん	200	100		×	
24.06.20	パウンドケーキ	78			×	顔痒み、歯茎痛

付録1 筆者の食事記録（Author's Meal Records）

日付	食物名	数量			適否	不調名
		朝	昼	夕		
24.06.20	冷凍タコヤキ		193		×	
24.06.20	薄力小麦品		250		×	
24.06.20	ニンジン			103	○	
24.06.20	ササニシキ米			320	○	
24.06.20	ラクトアイス			0.8	×	
24.06.21	浄水	600	200	200	○	
24.06.21	グリーンキウイ	75			×	
24.06.21	ポップコーン	50			○	
24.06.21	粒あん	200	100		×	もも痒み、多尿、鼻痒み、耳突起
24.06.21	パウンドケーキ	77	79		×	鼻痛、顎しこり、顔突起、鼻血、左目腫れ、耳鳴り、眠気、倦怠感
24.06.21	薄力小麦品		250		×	
24.06.21	ニンジン			104	○	
24.06.21	ササニシキ米			320	○	
24.06.22	浄水	400	600	200	○	
24.06.22	グリーンキウイ	90			×	
24.06.22	ポップコーン	50			○	
24.06.22	粒あん	100	200		×	
24.06.22	薄力小麦品	250			×	
24.06.22	プリン		85		×	
24.06.22	白花豆煮		100		×	もも突起、不安、歯茎痛、左目腫れ
24.06.22	ラクトアイス		0.6		×	
24.06.22	ニンジン			103	○	
24.06.22	ササニシキ米			320	○	
24.06.22	チーズ			25	×	
24.06.23	浄水	600	400	200	○	
24.06.23	グリーンキウイ	88			×	
24.06.23	ポップコーン	50			○	
24.06.23	粒あん	100	100	100	×	
24.06.23	白花豆煮	100	100		×	腹負担、舌痛、耳裏痛、意欲低下、倦怠感、頬しこり、腹痛
24.06.23	冷凍タコヤキ		190		×	
24.06.23	パウンドケーキ		80		×	不安、もも突起、歯茎痛、頬痒み、クシャミ、えずき、オナラ
24.06.23	ニンジン			95	○	
24.06.23	ササニシキ米			320	○	
24.06.23	チーズ			25	×	
24.06.24	浄水	600	400	200	○	
24.06.24	グリーンキウイ	91			×	
24.06.24	ポップコーン	50			○	
24.06.24	粒あん	100	200		×	
24.06.24	パウンドケーキ	77	80		×	えずき、頭皮突起、腹負担、頭皮痒み、唇突起、顔痒み
24.06.24	冷凍タコヤキ		190		×	
24.06.24	ニンジン			104	○	
24.06.24	ササニシキ米			320	○	
24.06.25	浄水	600	400	200	○	
24.06.25	グリーンキウイ	93			×	
24.06.25	ポップコーン	50			○	
24.06.25	粒あん	200	100	100	×	
24.06.25	パウンドケーキ	60	52		×	倦怠感、歯茎痛、顔痒み
24.06.25	冷凍タコヤキ		216		×	
24.06.25	プリン		85		×	えずき、頭皮突起、腹負担、頭皮痒み、唇突起、顔痒み
24.06.25	ニンジン			98	○	
24.06.25	ササニシキ米			320	○	
24.06.26	浄水	600	400	200	○	
24.06.26	グリーンキウイ	89			×	
24.06.26	ポップコーン	50			○	

付録1 筆者の食事記録（Author's Meal Records）

日付	食物名	数量 朝	昼	夕	適否	不調名
24.06.26	粒あん	300	100		×	
24.06.26	パウンドケーキ		50		×	腕荒れ、倦怠感、眠気、歯茎痛、多尿
24.06.26	薄力小麦品		200		×	
24.06.26	チーズ		25		×	クシャミ、顔痒み、鼻臭、指角化、口臭、目痒み、残尿、眉突起
24.06.26	ニンジン			105	○	
24.06.26	ササニシキ米			320	○	
24.06.27	浄水	600	400	200	○	
24.06.27	グリーンキウイ	84			×	
24.06.27	ポップコーン	50			○	
24.06.27	粒あん	300	100		×	
24.06.27	パウンドケーキ		66		×	多尿、歯茎痛、倦怠感、不安
24.06.27	薄力小麦品		250		×	
24.06.27	チーズ		25		×	顔痒み、クシャミ、尻突起、頭皮痒み、乳首痒み、腕荒れ
24.06.27	ニンジン			101	○	
24.06.27	ササニシキ米			320	○	
24.06.28	浄水	600	400	200	○	
24.06.28	グリーンキウイ	84			×	
24.06.28	ポップコーン	50			○	
24.06.28	粒あん	200	300	100	×	
24.06.28	パウンドケーキ	31	43		×	多尿、歯茎痛、倦怠感、不安
24.06.28	薄力小麦品		250		×	
24.06.28	ニンジン			100	○	
24.06.28	ササニシキ米			320	○	
24.06.29	浄水	600	200	200	○	
24.06.29	グリーンキウイ	87			×	
24.06.29	ポップコーン	50			○	
24.06.29	海塩	1			×	腹痒み、顎しこり、首痒み、クシャミ、多尿、手痒み、赤腕突起
24.06.29	粒あん	300	200	100	×	
24.06.29	薄力小麦品		250		×	頭皮痒み、抜毛、眠気、倦怠感、顔痒み、オナラ
24.06.29	ラクトアイス		1		×	顔痒み、歯茎痛
24.06.29	ニンジン			97	○	
24.06.29	ササニシキ米			320	○	
24.06.30	浄水	600	400	200	○	
24.06.30	グリーンキウイ	88			×	
24.06.30	ポップコーン	50			○	
24.06.30	粒あん	200	200	100	×	
24.06.30	サラダ油	5			×	えずき、耳鳴り、すね突起、尻突起、左膝痛、耳裏痛、寒気
24.06.30	薄力小麦品		250		×	顔痒み、クシャミ、足指荒れ、多尿、腹負担
24.06.30	ニンジン			100	○	
24.06.30	ササニシキ米			320	○	
24.07.01	浄水	600	400		○	
24.07.01	グリーンキウイ	134			×	
24.07.01	ポップコーン	50			○	
24.07.01	粒あん	300	100	100	×	えずき、首痒み、えへん虫、吐気、首痛、便通悪化
24.07.01	薄力小麦品		350		×	多尿、ほてり、オナラ、局部痒み、抜毛、腹負担、もも痒み、腕痒み
24.07.01	ニンジン			92	○	
24.07.01	ササニシキ米			320	○	
24.07.02	浄水	600	400	200	○	
24.07.02	グリーンキウイ	123			×	
24.07.02	ポップコーン	50			○	
24.07.02	粒あん	200	200	100	×	えずき、オナラ、口臭、多尿
24.07.02	冷凍タコヤキ		197		×	
24.07.02	ニンジン			102	○	
24.07.02	ササニシキ米			320	○	

付録1 筆者の食事記録（Author's Meal Records）

日付	食物名	数量 朝	昼	夕	適否	不調名
24.07.02	チーズ			25	×	頬突起、腹負担、ささくれ、クシャミ、頭痛、すね突起、左耳痛
24.07.03	浄水	600	400	200	○	
24.07.03	グリーンキウイ	126			×	
24.07.03	ポップコーン	50			○	
24.07.03	粒あん	200	200	100	×	耳鳴り、多尿、局部痒み、倦怠感、眠気、不安、歯茎痛
24.07.03	冷凍タコヤキ		193		×	
24.07.03	パウンドケーキ		41		×	首突起、腹痛、クシャミ、顎しこり、足指痒み、動悸、局部痛
24.07.03	ニンジン			99	○	
24.07.03	ササニシキ米			320	○	
24.07.03	ラクトアイス			1	×	顔痒み、歯茎痛、不安、えずき、クシャミ、オナラ
24.07.04	浄水	600	400	200	○	
24.07.04	グリーンキウイ	85			×	
24.07.04	ポップコーン	50			○	
24.07.04	粒あん	200	200	100	×	
24.07.04	冷凍タコヤキ		199		×	歯茎痛、顔痒み
24.07.04	ニンジン			103	○	
24.07.04	ササニシキ米			320	○	
24.07.05	浄水	600	200	400	○	
24.07.05	グリーンキウイ	127			×	
24.07.05	ポップコーン	50			○	
24.07.05	粒あん	200	200	100	×	歯茎痛、背中突起、腕出血、脚突起
24.07.05	パウンドケーキ		77		×	顔突起、多尿、えずき、首突起、足指痒み、オナラ、鼻血
24.07.05	ニンジン			103	○	
24.07.05	ササニシキ米			320	○	
24.07.06	浄水	400	600	200	○	
24.07.06	ポップコーン	50			○	
24.07.06	粒あん	200			×	眠気、尻突起、頭痛、顔痒み、腕荒れ
24.07.06	プリン		170		×	首突起、すね突起、眉突起、オナラ、えずき、多尿、便通悪化、口臭
24.07.06	ニンジン			95	○	
24.07.06	ササニシキ米			320	○	
24.07.07	浄水	600	400	200	○	
24.07.07	ポップコーン	50			○	
24.07.07	粒あん	200	100		×	顔荒れ、歯茎出血
24.07.07	グリーンキウイ	88			×	便通悪化、オナラ、目やに、足指痒み、寝癖
24.07.07	白花豆煮		200		×	乳首肥大、もも痒み、もも突起、えずき、耳突起、頭痛、頬出血
24.07.07	ニンジン			95	○	
24.07.07	ササニシキ米			320	○	
24.07.08	浄水	600	400	200	○	
24.07.08	グリーンキウイ	90			×	
24.07.08	ポップコーン	50			○	
24.07.08	粒あん	200	200		×	
24.07.08	プリン		170		×	多尿、便通悪化
24.07.08	ニンジン			100	○	
24.07.08	ササニシキ米			320	○	
24.07.09	浄水	600	400	200	○	
24.07.09	グリーンキウイ	89			×	えずき、腹負担、腕突起
24.07.09	ポップコーン	50			○	
24.07.09	粒あん	200	200		×	口内突起、歯茎痛、耳裏痛、顔痒み、局部痒み、舌痛
24.07.09	牛丼		1		×	視力低下、ゲップ臭、足痒み、うなじ荒れ、左もも荒れ、右耳痛
24.07.09	ニンジン			103	○	
24.07.09	ササニシキ米			320	○	
24.07.10	浄水	600	400	200	○	

付録1　筆者の食事記録（Author's Meal Records）

日付	食物名	数量			適否	不調名
		朝	昼	夕		
24.07.10	グリーンキウイ	89			×	
24.07.10	ポップコーン	50			○	
24.07.10	粒あん	200	200		×	
24.07.10	白米		238		×	歯茎痛、顔痒み、耳突起、クシャミ、口臭
24.07.10	プリン		85	85	×	腹負担、多尿
24.07.10	ニンジン			105	○	
24.07.10	ササニシキ米			320	○	
24.07.11	浄水	600	400	200	○	
24.07.11	グリーンキウイ	87			×	
24.07.11	ポップコーン	50			○	
24.07.11	粒あん	200	200		×	歯茎痛
24.07.11	卵豆腐		3		×	耳裏痛、意欲低下、眠気、口内突起、腕突起、頭皮痒み、足指荒れ
24.07.11	プリン		85	85	×	不安、肩痒み、顔痒み、すね突起、多尿、耳突起、局部荒れ、尻突起
24.07.11	ニンジン			90	○	
24.07.11	ササニシキ米			320	○	
24.07.12	浄水	600	400		○	
24.07.12	グリーンキウイ	91			×	
24.07.12	ポップコーン	50			○	
24.07.12	粒あん	200	200		×	
24.07.12	ラクトアイス		1		×	多尿、視力低下、えずき、すね突起、顎突起、口臭、目痒み、便通悪化
24.07.12	ニンジン			99	○	
24.07.12	ササニシキ米			320	○	
24.07.13	浄水	400	400	200	○	
24.07.13	グリーンキウイ	95			×	ゲップ、頬出血
24.07.13	粒あん	200	200		×	歯茎腫れ、耳裏痛、多尿、目痒み、顔痒み、
24.07.13	牛乳	100			×	口臭、腰痛、オナラ、腕出血、局部痛、意欲低下、寝癖
24.07.13	ポップコーン		50		○	
24.07.13	ニンジン			86	○	
24.07.13	ササニシキ米			320	○	
24.07.14	浄水	400	400	200	○	
24.07.14	グリーンキウイ	81			×	頬出血、耳裏痛、局部痒み
24.07.14	粒あん	200	200		×	頭皮痒み、顔痒み、目痒み、オナラ、抜毛、
24.07.14	スキムミルク	10			×	脇臭、歯茎痛、腕出血、意欲低下、多尿、悪夢、便通悪化、嚥下痛
24.07.14	ポップコーン		50		○	
24.07.14	ニンジン			102	○	
24.07.14	ササニシキ米			320	○	
24.07.15	浄水	600	400	200	○	
24.07.15	グリーンキウイ	83			×	左膝痛、オナラ、足裏痛、耳裏痛、寝癖、多尿、目やに
24.07.15	粒あん	200	200		×	えずき、舌痛、鼻痛
24.07.15	ゆで卵	56			○	
24.07.15	ポップコーン		50		○	
24.07.15	ニンジン			108	○	
24.07.15	ササニシキ米			320	○	
24.07.16	浄水	400	200	200	○	
24.07.16	グリーンキウイ	86			×	
24.07.16	粒あん	200	100	100	×	顔痒み、舌痛
24.07.16	ゆで卵	50			○	
24.07.16	ポップコーン		50		○	
24.07.16	ラクトアイス		1		×	眉突起、多尿、腕荒れ、オナラ、口臭、鼻水、クシャミ、耳突起
24.07.16	ニンジン			105	○	
24.07.16	ササニシキ米			320	○	
24.07.17	浄水	600	200	200	○	
24.07.17	グリーンキウイ	89			×	

付録1 筆者の食事記録（Author's Meal Records）

日付	食物名	数量 朝	昼	夕	適否	不調名
24.07.17	粒あん	200	200		×	顔痒み、口臭、歯茎痛、舌痛、すね痒み、尻突起、尻痒み
24.07.17	ゆで卵	51			○	
24.07.17	ポップコーン		50		○	
24.07.17	牛乳		50		×	クシャミ、多尿、不安、便通悪化、頭皮突起、視力低下、頬突起
24.07.17	ニンジン			99	○	
24.07.17	ササニシキ米			320	○	
24.07.18	浄水	600	400	200	○	
24.07.18	グリーンキウイ	84			×	
24.07.18	粒あん	200	200		×	
24.07.18	海塩	2	2		×	過便意、顔痒み、クシャミ、不安、便通悪化、局部痒み、攻撃性
24.07.18	ゆで卵	55			○	
24.07.18	ポップコーン		50		○	
24.07.18	ニンジン			97	○	
24.07.18	ササニシキ米			320	○	
24.07.19	浄水	600	400	200	○	
24.07.19	グリーンキウイ	86			×	
24.07.19	粒あん	200	200		×	膝裏痒み、歯茎痛、腕荒れ、目痒み、耳裏痛
24.07.19	ゆで卵	53			○	
24.07.19	ポップコーン		50		○	
24.07.19	サラダ油		10		×	腹負担、足指荒れ、局部痒み、左膝痛、不安、多尿、便通悪化
24.07.19	ニンジン			103	○	
24.07.19	ササニシキ米			320	○	
24.07.20	浄水	600	200	400	○	
24.07.20	グリーンキウイ	84			×	
24.07.20	粒あん	200	200		×	
24.07.20	ゆで卵	53			○	
24.07.20	ラクトアイス	0.5			×	耳突起、鼻血、膝裏痒み、目痒み、右腕痛、不安
24.07.20	ポップコーン		50		○	
24.07.20	プリン		85		×	耳裏痛、えずき、多尿
24.07.20	ニンジン			104	○	
24.07.20	ササニシキ米			320	○	
24.07.21	浄水	600	400	200	○	
24.07.21	グリーンキウイ	81			×	
24.07.21	粒あん	200	200		×	
24.07.21	ゆで卵	53			○	
24.07.21	ポップコーン		50		○	
24.07.21	プリン		85		×	腕突起、すね痒み、もみあげ突起、顔痒み、オナラ、腹痛
24.07.21	ニンジン			106	○	
24.07.21	ササニシキ米			320	○	
24.07.22	浄水	600	400	200	○	
24.07.22	グリーンキウイ	76			×	
24.07.22	粒あん	150	150		×	顔痒み、半月縮小、腕荒れ、鼻臭、歯茎出血、額突起
24.07.22	ゆで卵	54	50		過多	脚突起、局部痒み、食欲減退
24.07.22	ポップコーン		50		○	
24.07.22	ニンジン			100	○	
24.07.22	ササニシキ米			320	○	
24.07.23	浄水	600	400	200	○	
24.07.23	グリーンキウイ	153			×	腹負担、不安、背中痒み、食欲減退、頭皮痒み、腕突起、クシャミ
24.07.23	粒あん	150	150	200	×	首痒み
24.07.23	ポップコーン		50		○	
24.07.23	ニンジン			103	○	
24.07.23	ササニシキ米			320	○	
24.07.24	浄水	600	200	400	○	

付録1　筆者の食事記録（Author's Meal Records）

日付	食物名	数量			適否	不調名
		朝	昼	夕		
24.07.24	粒あん	300	200		×	赤腕突起、口内突起、唇割れ、乳首肥大、クシャミ、えずき、尻突起
24.07.24	ゆで卵		54		○	
24.07.24	ポップコーン		50		○	
24.07.24	海塩		1		×	クシャミ、左腕痛、耳裏痛、すね痒み、もも痒み、鼻水、目痒み
24.07.24	ニンジン			102	○	
24.07.24	ササニシキ米			320	○	
24.07.24	冷凍タコヤキ			98	×	顔痒み、顔痒み、歯茎痛
24.07.25	浄水	600	400	200	○	
24.07.25	海塩	1			×	左腕痛、鼻水、口内突起、左膝痛、耳裏痛、オナラ、もも痒み
24.07.25	グリーンキウイ	91			×	えずき
24.07.25	粒あん	100	200		×	
24.07.25	岩塩		2	2	過多	腹痛、舌痛、半月縮小
24.07.25	ポップコーン		50		○	
24.07.25	ニンジン			94	○	
24.07.25	ササニシキ米			320	○	
24.07.25	ゆで卵			53	○	
24.07.26	浄水	600	400	200	○	
24.07.26	グリーンキウイ	80			×	右目荒れ、えずき、顔痒み、膝裏痒み、頭皮痒み、クシャミ
24.07.26	ポップコーン	50			○	
24.07.26	岩塩	2			過多	
24.07.26	粒あん	100	200		×	
24.07.26	牛乳		200		×	不安、唇割れ、体力低下、腕出血、右足痺れ、すね痒み、顎しこり
24.07.26	ニンジン			92	○	
24.07.26	ササニシキ米			320	○	
24.07.26	ゆで卵			58	○	
24.07.27	浄水	600	400	200	○	
24.07.27	グリーンキウイ	78			×	鼻水、もも突起、耳突起、頬突起
24.07.27	ポップコーン	50			○	
24.07.27	岩塩	1	1	1	過多	
24.07.27	粒あん	100	100		×	
24.07.27	パウンドケーキ		79		×	肩突起、すね突起、眠気、指角化、多尿、眉間突起、耳裏痛
24.07.27	ニンジン			96	○	
24.07.27	ササニシキ米			320	○	
24.07.27	ゆで卵			45	○	
24.07.28	浄水	600	400	200	○	
24.07.28	グリーンキウイ	84			×	腹負担、局部痒み
24.07.28	ポップコーン	50			○	
24.07.28	岩塩	1		1	過多	
24.07.28	粒あん	100	100	100	×	多尿、歯茎痛、顔痒み、眠気、腕荒れ、頭皮痒み
24.07.28	冷凍タコヤキ		189		×	尻痒み、脚痒み、手荒れ、意欲低下、オナラ、頭皮突起、膝裏痒み
24.07.28	ニンジン			92	○	
24.07.28	ササニシキ米			320	○	
24.07.28	ゆで卵			49	○	
24.07.29	浄水	600	400	200	○	
24.07.29	グリーンキウイ	85			×	目荒れ、オナラ、えずき、腕痒み、便通悪化
24.07.29	ポップコーン	50			○	
24.07.29	岩塩	1	1	1	過多	
24.07.29	粒あん	100	100	100	×	顔痒み、ゲップ、腹負担、尻痒み、歯茎痛
24.07.29	薄力小麦品		350		×	右足痺れ、半月縮小、胸痛、眉間突起、過食欲、脚むくみ、イライラ
24.07.29	ニンジン			97	○	
24.07.29	ササニシキ米			320	○	
24.07.29	ゆで卵			49	○	
24.07.30	浄水	600	400	200	○	
24.07.30	グリーンキウイ	79			×	

付録1　筆者の食事記録（Author's Meal Records）

日付	食物名	数量			適否	不調名
		朝	昼	夕		
24.07.30	ポップコーン	50			○	
24.07.30	岩塩	1	1	1	過多	
24.07.30	粒あん	100	200	100	×	顔痒み、腹負担、眠気、多尿、歯茎痛
24.07.30	薄力小麦品		180		×	すね痒み、意欲低下、目荒れ、えずき、指曲痛、不安、鼻水、イライラ
24.07.30	ニンジン			96	○	
24.07.30	ササニシキ米			320	○	
24.07.30	ゆで卵			46	○	
24.07.31	浄水	400	400	400	○	
24.07.31	グリーンキウイ	74			×	鼻水、すね痒み、ゲップ
24.07.31	ポップコーン	50			○	
24.07.31	岩塩	1	1	1	過多	
24.07.31	粒あん	100	200	100	×	尻痒み、えずき、顔痒み、腕出血、頭皮痒み、目荒れ、オナラ
24.07.31	プリン		85		×	歯茎出血、右足痒れ、多尿、寝癖、鼻詰り、鼻血、耳突起
24.07.31	ニンジン			108	○	
24.07.31	ササニシキ米			320	○	
24.07.31	ゆで卵			46	○	
24.08.01	浄水	400	400	400	○	
24.08.01	グリーンキウイ	79			×	
24.08.01	ポップコーン	50			○	
24.08.01	岩塩	1	1	1	過多	寝癖、オナラ
24.08.01	粒あん	100	200		×	歯茎痛、顔痒み、手痒み、腕痒み、
24.08.01	ニンジン			98	○	
24.08.01	バスマティ米			320	×	脱力、膝出血、もも痒み、足痒み、左膝痛、多尿、悪夢
24.08.01	ゆで卵			44	○	
24.08.02	浄水	400	400	400	○	
24.08.02	グリーンキウイ	73			×	えずき、鼻水、体力低下、目痒み、歯荒れ、膝痒み
24.08.02	ポップコーン	50			○	
24.08.02	岩塩	1	1	1	過多	
24.08.02	粒あん	100	200	100	×	歯茎痛、顔痒み、赤腕突起、尻痒み、舌痛、口臭
24.08.02	豚もも		58		×	足指痒み、頬突起、首痛、もも赤突起、攻撃性、局部痒み
24.08.02	ニンジン			92	○	
24.08.02	ササニシキ米			320	○	
24.08.02	ゆで卵			46	○	
24.08.03	浄水	400	400	400	○	
24.08.03	グリーンキウイ	78			×	
24.08.03	ポップコーン	50			○	
24.08.03	岩塩	1	1	1	過多	
24.08.03	粒あん	100	300	100	×	多尿、鼻血、倦怠感、脚痒み、尻痒み、首突起、顔痒み
24.08.03	ニンジン			102	○	
24.08.03	ササニシキ米			320	○	
24.08.03	ゆで卵			46	○	
24.08.04	浄水	400	400	400	○	
24.08.04	グリーンキウイ	73			×	
24.08.04	ポップコーン	50			○	
24.08.04	岩塩	1	1	1	過多	
24.08.04	粒あん		300		×	脚痒み、舌噛み、口内突起、首突起、右目荒れ、顔痒み、局部痛
24.08.04	ニンジン			110	○	
24.08.04	ササニシキ米			320	○	
24.08.04	ゆで卵			50	○	
24.08.05	浄水	400	400	400	○	
24.08.05	グリーンキウイ	75			×	耳奥痛、鼻水、鼻臭、乳首肥大、下痢、口内噛み、倦怠感、脚痒み
24.08.05	ポップコーン	50			○	
24.08.05	岩塩	1		1	過多	
24.08.05	粒あん	100	300		×	歯茎痛、口内荒れ、多尿、クシャミ、顔荒れ、ゲップ、右目荒れ

付録1 筆者の食事記録（Author's Meal Records）

日付	食物名	数量			適否	不調名
		朝	昼	夕		
24.08.05	ニンジン			101	○	
24.08.05	ササニシキ米			320	○	
24.08.05	ゆで卵			50	○	
24.08.06	浄水	400	400	400	○	
24.08.06	グリーンキウイ	68			×	鼻水、耳奥痛、便通悪化、耳裏痛、倦怠感、ゲップ、視力低下、脇臭
24.08.06	ポップコーン	50			○	
24.08.06	岩塩	1	1		過多	
24.08.06	粒あん		200		×	歯茎出血、多尿、顔荒れ、クシャミ
24.08.06	ニンジン			106	○	
24.08.06	ササニシキ米			320	○	
24.08.06	ゆで卵			54	○	
24.08.07	浄水	400	400	400	○	
24.08.07	グリーンキウイ	78			×	多尿、頭重、脇痒み、ゲップ、腕痒み、胸痛、目荒れ、脇臭
24.08.07	ポップコーン	50			○	
24.08.07	岩塩	1		1	過多	
24.08.07	粒あん		200		×	顔痒み
24.08.07	ニンジン			95	○	
24.08.07	ササニシキ米			320	○	
24.08.07	ゆで卵			50	○	
24.08.08	浄水	400	400	400	○	
24.08.08	グリーンキウイ	76			×	下痢、腹痛、舌痛、ゲップ、眉間突起、えずき、腕痒み
24.08.08	ポップコーン	50			○	
24.08.08	岩塩	1		1	過多	
24.08.08	粒あん		200		×	歯茎痛、顔痒み
24.08.08	ニンジン			94	○	
24.08.08	ササニシキ米			320	○	
24.08.09	浄水	400	400	400	○	
24.08.09	グリーンキウイ	71			×	腹負担、ゲップ、唾臭、便通悪化、局部痛、舌むくみ、脱力、鼻詰り
24.08.09	ポップコーン	50			○	
24.08.09	岩塩	1		1	過多	
24.08.09	粒あん		200		×	顔痒み、歯茎痛、多尿、口内荒れ
24.08.09	ニンジン			108	○	
24.08.09	ササニシキ米			320	○	
24.08.10	グリーンキウイ	71			×	腹痛、目痒み、性欲増、脱力、ゲップ、クシャミ、足指出血
24.08.10	ポップコーン	50			○	
24.08.10	岩塩	1		1	過多	
24.08.10	浄水	200	400	400	○	
24.08.10	粒あん	100	200		×	もも荒れ、歯茎痛、顔痒み
24.08.10	ニンジン			92	○	
24.08.10	ササニシキ米			320	○	
24.08.11	浄水	400	400	400	○	
24.08.11	ポップコーン	50			○	
24.08.11	岩塩	1		1	過多	頭重、半月縮小、不安、口内突起
24.08.11	粒あん	100	200		×	歯茎痛、もも荒れ、眠気、尻痒み、顔痒み、多尿、腕荒れ
24.08.11	ニンジン			92	○	
24.08.11	ササニシキ米			320	○	
24.08.11	ゆで卵			50	○	
24.08.12	浄水	400	400	200	○	
24.08.12	ポップコーン	50			○	
24.08.12	岩塩	1		1	過多	
24.08.12	粒あん		200		×	
24.08.12	グリーンキウイ		87		×	顔痒み、眠気、倦怠感、口内突起
24.08.12	ニンジン			105	○	

付録1 筆者の食事記録（Author's Meal Records）

日付	食物名	数量			適否	不調名
		朝	昼	夕		
24.08.12	ササニシキ米			320	○	
24.08.13	浄水	400	400	400	○	
24.08.13	グリーンキウイ	80			×	歯茎痛、鼻突起、顔荒れ、口内炎、鼻水、食欲減退、不安
24.08.13	ポップコーン	50			○	
24.08.13	岩塩	1		1	過多	
24.08.13	粒あん		200		×	
24.08.13	ニンジン			96	○	
24.08.13	ササニシキ米			320	○	
24.08.14	浄水	400	400	400	○	
24.08.14	グリーンキウイ	84			×	歯茎痛、舌痛、顔痒み、腕痒み、不安、吐気、寝込、口内炎
24.08.14	ポップコーン	50			○	
24.08.14	粒あん		200		×	
24.08.14	ニンジン			104	○	
24.08.14	ササニシキ米			320	○	
24.08.14	岩塩		1	1	過多	
24.08.15	浄水	400	400	400	○	
24.08.15	ポップコーン	50			○	
24.08.15	岩塩	1		1	過多	
24.08.15	粒あん		200		×	耳突起、頭皮突起、顔痒み、赤腕突起、えずき、クシャミ
24.08.15	ニンジン			102	○	
24.08.15	ササニシキ米			320	○	
24.08.15	ゆで卵			52	○	
24.08.16	浄水	200	600	200	○	
24.08.16	ポップコーン	50			○	
24.08.16	岩塩	1		1	過多	
24.08.16	グリーンキウイ	78			×	クシャミ、脱力、耳裏痛、吐気、耳突起、寝込、脚荒れ、ささくれ
24.08.16	粒あん		100		×	尻痒み、口内突起、歯茎痛、多尿、顔痒み
24.08.16	ニンジン			102	○	
24.08.16	ササニシキ米			320	○	
24.08.16	ゆで卵			50	○	
24.08.17	浄水	400	400	400	○	
24.08.17	ポップコーン	50			○	
24.08.17	岩塩	1			○	
24.08.17	鶏からあげ		170		×	鼻詰り、耳裏痛、抜毛、左膝痛、左肘痛、下痢、唇割れ
24.08.17	ニンジン			94	○	
24.08.17	ササニシキ米			320	○	
24.08.18	浄水	400	400	400	○	
24.08.18	ポップコーン	50			○	
24.08.18	岩塩	1			○	
24.08.18	ハンバーガー		2		×	脚痒み、顔痒み、クシャミ、脱力、攻撃性、鼻水、えずき、鼻突起
24.08.18	ニンジン			102	○	
24.08.18	ササニシキ米			320	○	
24.08.18	ゆで卵			50	○	
24.08.19	浄水	400	400	400	○	
24.08.19	ポップコーン	50			○	
24.08.19	岩塩	1			○	
24.08.19	チキンカツ		200		×	局部痛、脱力、意欲低下、歯茎出血、顔痒み、耳痛、肩痛、えずき
24.08.19	ニンジン			98	○	
24.08.19	ササニシキ米			320	○	
24.08.20	浄水	400	400	400	○	
24.08.20	ポップコーン	50			○	
24.08.20	岩塩	1			○	

付録1　筆者の食事記録（Author's Meal Records）

日付	食物名	数量			適否	不調名
		朝	昼	夕		
24.08.20	粒あん	100			×	腕荒れ、顔痒み、歯茎痛、クシャミ、歯荒れ、半月縮小、尻痒み、左膝痛
24.08.20	鶏からあげ		160		×	
24.08.20	ニンジン			102	○	
24.08.20	ササニシキ米			320	○	
24.08.21	浄水	400		600	○	
24.08.21	ポップコーン	50			○	
24.08.21	岩塩	1			○	
24.08.21	水道水		200		TBD	
24.08.21	卵焼き		25		×	歯茎出血、耳突起
24.08.21	ニンジン		10	102	○	
24.08.21	白米		180		×	顔痒み、赤脚突起、半月縮小、首突起、局部痛、膝出血、尻痒み
24.08.21	鶏からあげ		190		×	
24.08.21	ササニシキ米			320	○	
24.08.22	浄水	400	400	400	○	
24.08.22	ポップコーン	50			○	
24.08.22	岩塩	1			○	
24.08.22	鶏からあげ		160		×	鼻臭、クシャミ、半月縮小
24.08.22	ラクトアイス		1		×	顔痒み、頭皮痒み、右目荒れ、局部痒み、えずき、寝込み、便通悪化
24.08.22	ニンジン			105	○	
24.08.22	ササニシキ米			320	○	
24.08.22	ゆで卵			46	○	
24.08.23	浄水	400	400	400	○	
24.08.23	ポップコーン	50			○	
24.08.23	岩塩	1			○	
24.08.23	焼鳥		160		×	えずき、唇突起、局部痒み、尻痒み、顔痒み、歯茎痛、クシャミ、悪夢
24.08.23	ニンジン			106	○	
24.08.23	ササニシキ米			320	○	
24.08.23	ゆで卵			42	○	
24.08.24	浄水	400	400	400	○	
24.08.24	ポップコーン	50			○	
24.08.24	岩塩	1			○	
24.08.24	鶏からあげ		210		×	頭皮痒み、鼻詰り、歯茎痛、鼻痒み、口内荒れ、半月縮小、耳突起
24.08.24	ニンジン			102	○	
24.08.24	ササニシキ米			320	○	
24.08.24	ゆで卵			42	○	
24.08.25	浄水	400	400	400	○	
24.08.25	ポップコーン	50			○	
24.08.25	岩塩	1			○	
24.08.25	鶏からあげ		150		×	
24.08.25	ラクトアイス		1		×	クシャミ、腕突起、脚突起、局部痒み、鼻痒み、多尿、歯茎痛
24.08.25	ニンジン			100	○	
24.08.25	ササニシキ米			320	○	
24.08.25	ゆで卵			42	○	
24.08.26	浄水	400	400	400	○	
24.08.26	ポップコーン	50			○	
24.08.26	岩塩	1			○	
24.08.26	鶏もも		174		×	顔痒み、尻痒み、悪夢、乳首肥大、足痒み、意欲低下、過性欲、過食欲
24.08.26	ニンジン			102	○	
24.08.26	ササニシキ米			320	○	
24.08.26	ゆで卵			42	○	
24.08.27	浄水	400	400		○	
24.08.27	ポップコーン	50			○	
24.08.27	岩塩	1			○	

付録1　筆者の食事記録（Author's Meal Records）

日付	食物名	数量			適否	不調名
		朝	昼	夕		
24.08.27	鶏からあげ		113		×	
24.08.27	ラクトアイス		1		×	
24.08.27	粒あん		100		×	腕出血
24.08.27	ニンジン			102	○	
24.08.27	ササニシキ米			320	○	
24.08.27	ゆで卵			42	○	
24.08.28	浄水	600	400	400	○	
24.08.28	ポップコーン	50			○	
24.08.28	岩塩	1			○	
24.08.28	鶏からあげ		132		×	
24.08.28	イカからあげ		102		×	えずき、歯茎出血、耳垢、尻突起、左目荒れ、半月縮小、舌痛、腕出血
24.08.28	ニンジン			101	○	
24.08.28	ササニシキ米			320	○	
24.08.28	ゆで卵			42	○	
24.08.29	浄水	400	400	400	○	
24.08.29	ポップコーン	50			○	
24.08.29	岩塩	1			○	
24.08.29	鶏からあげ		146		×	
24.08.29	アジフライ		100		×	足指荒れ、顔痒み、腕出血、耳垢、鼻水、すね突起、もも突起、眠気
24.08.29	ラクトアイス		1		×	膝裏痒み
24.08.29	ニンジン			103	○	
24.08.29	ササニシキ米			320	○	
24.08.29	ゆで卵			43	○	
24.08.30	浄水	400	400	400	○	
24.08.30	ポップコーン	50			○	
24.08.30	岩塩	1			○	
24.08.30	鶏からあげ		118		×	
24.08.30	豚ヒレカツ		105		×	えずき、鼻詰り、ゲップ、脇汗、クシャミ、歯茎痛、咳、顔むくみ
24.08.30	ニンジン			105	○	
24.08.30	ササニシキ米			320	○	
24.08.30	ゆで卵			43	○	
24.08.31	浄水	400	400	400	○	
24.08.31	ポップコーン	50			○	
24.08.31	岩塩	1			○	
24.08.31	鶏からあげ		154		×	
24.08.31	ラクトアイス		1		×	
24.08.31	粒あん		100		×	
24.08.31	ニンジン			102	○	
24.08.31	ササニシキ米			320	○	
24.08.31	ゆで卵			44	○	

付録 2　筆者の食物適否一覧（Author's Food Suitability List）

筆者の食事適否一覧を次頁以降に示す。ここで、各項目について説明する。

(1) 番号（Number）
一覧全体の通し番号を記載している。

(2) 食物名（Name of Food）
食べ物の名前を記載している。食事記録から主要なものを抽出した。

(3) 分類/属性（Classification in Attributes）
食べ物の分類を記載している。これらは食品成分表の分類に準拠した。

(4) 単複/属性（Single or Combined in Attributes）
食べ物が単一食物の場合は「単一」、複合食物の場合は「複合」と記載している。

(5) 番号/属性（Number in Attributes）
食べ物が単一食物の場合は通し番号 S001~を記載している。

(6) 基準/数量（Standard Amount）
食べ物の基準数量を記載している。栄養成分値を計算する場合に用いられる。

(7) 単位/数量（Unit of Amount）
食べ物の数量単位を記載している。栄養成分値を計算する場合に用いられる。

(8) 回数/食事実績（Counts of Meal Experience）
食べた回数を記載している。（期間：2018 年 1 月 1 日~2024 年 8 月 31 日）。

(9) 適否/食事実績（Suitability in Meal Experience）
食べ物が適合食物の場合は「○」、不適食物の場合は「×」を記載している。

(10)記事（Notes）
食べ物についての補足記事を記載している。

付録2 筆者の食物適否一覧(Author's Food Suitability List)

番号	食物名	属性 分類	属性 単複	属性 番号	数量 基準	数量 単位	食事実績 回数	食事実績 適否	記事
1	オートミール	穀物	単一	S001	100	g	18	×	
2	キヌア	穀物	単一	S002	100	g	2	×	
3	薄力小麦品	穀物	単一	S003	350	g	139	×	
4	中力小麦品	穀物	単一	S004	350	g	5	×	
5	強力小麦品	穀物	単一	S005	350	g	9	×	
6	パスタ	穀物	単一	S006	100	g	46	×	
7	玄米	穀物	単一	S007	100	g	159	×	
8	白米	穀物	単一	S008	100	g	1633	×	
9	バスマティ米	穀物	単一	S009	100	g	4	×	
10	ササニシキ米	穀物	単一	S010	100	g	449	○	適合量320g
11	ポップコーン	穀物	単一	S011	100	g	301	○	適合量50g
12	食パン	穀物	複合		100	g	107	×	
13	フランスパン	穀物	複合		100	g	19	×	
14	ライ麦パン	穀物	複合		100	g	4	×	
15	ロールパン	穀物	複合		100	g	33	×	
16	クロワッサン	穀物	複合		100	g	208	×	
17	ナン	穀物	複合		100	g	43	×	
18	マフィン	穀物	複合		100	g	85	×	
19	自作パン	穀物	複合		100	g	285	×	
20	うどん	穀物	複合		100	g	180	×	
21	そば	穀物	複合		100	g	68	×	
22	蒸しめん	穀物	複合		100	g	7	×	
23	コーンフレーク	穀物	複合		100	g	8	×	
24									
25	さつまいも	いも	単一	S012	100	g	310	×	
26	さといも	いも	単一	S013	100	g	1	×	
27	じゃがいも	いも	単一	S014	100	g	23	×	
28	山芋とろろ	いも	単一	S015	100	g	23	×	
29	こんにゃく	いも	単一		100	g	5	TBD	
30	フライドポテト	いも	複合		100	g	12	×	
31	ごま豆腐	いも	複合		100	g	3	×	
32	大学いも	いも	複合		103	g	2	×	
33									
34	上白糖	甘味	単一	S016	100	g	2	×	
35	グラニュー糖	甘味	単一	S017	100	g	2	×	
36	てんさい糖	甘味	単一	S018	100	g	2	×	
37	はちみつ	甘味	単一	S019	100	g	8	×	
38									
39	小豆	豆	単一	S020	100	g	1	×	
40	金時豆	豆	単一	S021	100	g	7	×	
41	大豆	豆	単一	S022	100	g	26	×	
42	きな粉	豆	単一	S023	100	g	6	×	
43	もめん豆腐	豆	単一	S024	100	g	33	×	
44	きぬ豆腐	豆	単一	S025	100	g	321	×	
45	充てん豆腐	豆	単一	S026	100	g	4	×	
46	納豆	豆	単一	S027	100	g	578	×	
47	豆乳	豆	単一	S028	100	g	17	×	
48	ひよこ豆	豆	単一	S029	100	g	2	×	
49	黒豆	豆	単一	S030	100	g	2	×	
50	えんどう豆煮	豆	複合		100	g	2	×	
51	大豆水煮	豆	複合		100	g	2	×	
52	白花豆煮	豆	複合		100	g	15	×	
53	厚揚げ	豆	複合		100	g	10	×	
54	がんもどき	豆	複合		100	g	11	×	
55	高野豆腐	豆	複合		100	g	9	×	
56	おから	豆	複合		100	g	6	×	
57	粒あん	豆	複合		100	g	190	×	
58	こしあん	豆	複合		100	g	11	×	
59	五目豆	豆	複合		153	g	13	×	
60									

付録2 筆者の食物適否一覧（Author's Food Suitability List）

番号	食物名	属性			数量		食事実績		記事
		分類	単複	番号	基準	単位	回数	適否	
61	アーモンド	種実	単一	S031	100	g	10	×	
62	カシューナッツ	種実	単一	S032	100	g	34	×	
63	甘栗	種実	単一	S033	100	g	9	×	
64	クルミ	種実	単一	S034	100	g	137	×	
65	ごま	種実	単一	S035	100	g	15	×	
66	チアシード	種実	単一	S036	100	g	61	×	
67	マカダミアナッツ	種実	単一	S037	100	g	36	×	
68	ピーナッツ	種実	単一	S038	100	g	10	×	
69	ピスタチオ	種実	単一	S039	100	g	10	×	
70	カカオマス	種実	単一	S040	100	g	39	×	
71									
72	アスパラ	野菜	単一	S041	100	g	8	×	
73	枝豆	野菜	単一	S042	100	g	4	×	
74	オクラ	野菜	単一	S043	100	g	12	×	
75	カボチャ	野菜	単一	S044	100	g	1	×	
76	キャベツ	野菜	単一	S045	100	g	691	×	
77	きゅうり	野菜	単一	S046	100	g	31	×	
78	ゴボウ	野菜	単一	S047	100	g	4	×	
79	こまつな	野菜	単一	S048	100	g	151	×	
80	しょうが	野菜	単一	S049	100	g	14	×	
81	セロリ	野菜	単一	S050	100	g	2	×	
82	大根	野菜	単一	S051	100	g	84	×	
83	大根葉	野菜	単一	S052	100	g	1	×	
84	玉ねぎ	野菜	単一	S053	100	g	18	×	
85	チンゲン	野菜	単一	S054	100	g	66	×	
86	スイートコーン	野菜	単一	S055	100	g	3	×	
87	トマト	野菜	単一	S056	100	g	22	×	
88	ナス	野菜	単一	S057	100	g	2	×	
89	ゴーヤ	野菜	単一	S058	100	g	13	×	
90	ねぎ	野菜	単一	S059	100	g	3	×	
91	白菜	野菜	単一	S060	100	g	34	×	
92	ピーマン	野菜	単一	S061	100	g	32	×	
93	ブロッコリー	野菜	単一	S062	100	g	31	×	
94	ほうれん草	野菜	単一	S063	100	g	6	×	
95	みずな	野菜	単一	S064	100	g	21	×	
96	ようさい	野菜	単一	S065	100	g	2	×	
97	レタス	野菜	単一	S066	100	g	89	×	
98	レンコン	野菜	単一	S067	100	g	7	×	
99	ニンジン	野菜	単一	S068	100	g	423	○	適合量100g
100	モロヘイヤ	野菜	単一	S069	100	g	1	×	
101	グリーンリーフ	野菜	単一	S070	100	g	5	×	
102	つるむらさき	野菜	単一	S071	100	g	3	×	
103	カブ根	野菜	単一	S072	100	g	21	×	
104	カブ葉	野菜	単一	S073	100	g	16	×	
105	しゅんぎく	野菜	単一	S074	100	g	1	×	
106	緑豆もやし	野菜	単一		100	g	3	TBD	
107	ミックスベジ	野菜	複合		100	g	7	×	
108	野菜サラダ	野菜	複合		100	g	721	×	
109	漬物	野菜	複合		100	g	110	×	
110	たくあん	野菜	複合		100	g	15	×	
111	白菜漬け	野菜	複合		100	g	83	×	
112	キムチ	野菜	複合		100	g	51	×	
113	カボチャ煮	野菜	複合		100	g	58	×	
114	タケノコ煮	野菜	複合		100	g	18	×	
115	もやし炒め	野菜	複合		100	g	8	×	
116	キンピラゴボウ	野菜	複合		100	g	79	×	
117	レンコンキンピラ	野菜	複合		100	g	13	×	
118	切干大根	野菜	複合		198	g	43	×	
119	菜の花和え	野菜	複合		156	g	6	×	
120	インゲン和え	野菜	複合		100	g	26	×	

付録2 筆者の食物適否一覧（Author's Food Suitability List）

番号	食物名	属性			数量		食事実績		記事
		分類	単複	番号	基準	単位	回数	適否	
121	ほうれん草和え	野菜	複合		100	g	42	×	
122									
123	アセロラ	果物	単一	S075	100	g	2	×	
124	アボカド	果物	単一	S076	100	g	195	×	
125	柿	果物	単一	S077	100	g	7	×	
126	みかん	果物	単一	S078	100	g	65	×	
127	グレープフルーツ	果物	単一	S079	100	g	8	×	
128	レモン	果物	単一	S080	100	g	5	×	
129	グリーンキウイ	果物	単一	S081	100	g	192	×	
130	ゴールドキウイ	果物	単一	S082	100	g	28	×	
131	スモモ	果物	単一	S083	100	g	3	×	
132	バナナ	果物	単一	S084	100	g	116	×	
133	デラウェア	果物	単一	S085	100	g	2	×	
134	モモ	果物	単一	S086	100	g	2	×	
135	りんご	果物	単一	S087	100	g	49	×	
136	マンゴー	果物	単一	S088	100	g	1	×	
137	いちご	果物	単一	S089	100	g	3	×	
138	ブルーベリー	果物	単一	S090	100	g	2	×	
139	パイナップル	果物	単一	S091	100	g	4	×	
140	すいか	果物	単一	S092	100	g	1	×	
141	メロン	果物	単一	S093	100	g	1	×	
142	梨	果物	単一	S094	100	g	1	×	
143	プルーン	果物	単一	S095	100	g	4	×	
144	レーズン	果物	単一	S096	100	g	2	×	
145	梅干	果物	複合		100	g	118	×	
146									
147	しめじ	きのこ	単一	S097	100	g	1	×	
148									
149	焼のり	藻	単一	S098	100	g	2	×	
150	昆布	藻	単一	S099	100	g	9	×	
151	わかめ	藻	単一	S100	100	g	9	×	
152	ひじき煮	藻	複合		100	g	58	×	
153	もずく酢	藻	複合		100	g	17	×	
154	昆布煮	藻	複合		100	g	11	×	
155	めかぶ	藻	複合		100	g	2	×	
156									
157	アジ	魚介	単一	S101	100	g	10	×	
158	アナゴ	魚介	単一	S102	100	g	1	×	
159	赤魚	魚介	単一	S103	100	g	9	×	
160	イワシ	魚介	単一	S104	100	g	3	×	
161	煮干	魚介	単一	S105	100	g	6	×	
162	しらす	魚介	単一	S106	100	g	24	×	
163	かつお	魚介	単一	S107	100	g	14	×	
164	かつお節	魚介	単一	S108	100	g	26	×	
165	カマス	魚介	単一	S109	100	g	1	×	
166	カレイ	魚介	単一	S110	100	g	11	×	
167	カンパチ	魚介	単一	S111	100	g	1	×	
168	鮭	魚介	単一	S112	100	g	150	×	
169	サーモン	魚介	単一	S113	100	g	13	×	
170	サバ	魚介	単一	S114	100	g	262	×	
171	マサバ	魚介	単一	S115	100	g	1	×	
172	ゴマサバ	魚介	単一	S116	100	g	1	×	
173	サワラ	魚介	単一	S117	100	g	2	×	
174	サンマ	魚介	単一	S118	100	g	38	×	
175	カラフトシシャモ	魚介	単一	S119	100	g	15	×	
176	鯛	魚介	単一	S120	100	g	2	×	
177	タラ	魚介	単一	S121	100	g	2	×	
178	ヒラメ	魚介	単一	S122	100	g	3	×	
179	ブリ	魚介	単一	S123	100	g	27	×	
180	ワラサ	魚介	単一	S124	100	g	23	×	

付録2 筆者の食物適否一覧（Author's Food Suitability List）

番号	食物名	属性			数量		食事実績		記事
		分類	単複	番号	基準	単位	回数	適否	
181	イナダ	魚介	単一	S125	100	g	7	×	
182	ホッケ	魚介	単一	S126	100	g	177	×	
183	マグロ	魚介	単一	S127	100	g	21	×	
184	ビンチョウ	魚介	単一	S128	100	g	17	×	
185	かさご	魚介	単一	S129	100	g	1	×	
186	フグ	魚介	単一	S130	100	g	3	×	
187	アサリ	魚介	単一	S131	100	g	18	×	
188	カキ	魚介	単一	S132	100	g	5	×	
189	しじみ	魚介	単一	S133	100	g	1	×	
190	ハマグリ	魚介	単一	S134	100	g	1	×	
191	ホタテ	魚介	単一	S135	100	g	7	×	
192	エビ	魚介	単一	S136	100	g	6	×	
193	イカ	魚介	単一	S137	100	g	3	×	
194	イサキ	魚介	単一	S138	100	g	1	×	
195	ホタルイカ	魚介	単一	S139	100	g	16	×	
196	つぶ貝	魚介	単一	S140	100	g	1	×	
197	きんき	魚介	単一		100	g	1	×	
198	ワカサギ佃煮	魚介	複合		100	g	2	×	
199	白身魚フライ	魚介	複合		100	g	23	×	
200	アジフライ	魚介	複合		100	g	38	×	
201	カレイフライ	魚介	複合		100	g	4	×	
202	カキフライ	魚介	複合		100	g	7	×	
203	イカフライ	魚介	複合		100	g	9	×	
204	エビフライ	魚介	複合		100	g	5	×	
205	魚刺身	魚介	複合		205	g	26	×	
206	サバ煮	魚介	複合		100	g	11	×	
207	サンマ煮	魚介	複合		100	g	163	×	
208	アジ南蛮漬	魚介	複合		100	g	7	×	
209	かまぼこ	魚介	複合		100	g	8	×	
210	ちくわ	魚介	複合		100	g	10	×	
211	さつま揚げ	魚介	複合		100	g	6	×	
212	魚肉ソーセージ	魚介	複合		100	g	7	×	
213	明太子	魚介	複合		100	g	3	×	
214	イカ塩辛	魚介	複合		100	g	4	×	
215									
216	牛もも	肉	単一	S141	100	g	29	×	
217	牛カルビ	肉	単一	S142	100	g	12	×	
218	豚ロース	肉	単一	S143	100	g	226	×	
219	豚バラ	肉	単一	S144	100	g	3	×	
220	豚もも	肉	単一	S145	100	g	92	×	
221	豚ヒレ	肉	単一	S146	100	g	10	×	
222	豚レバー	肉	単一	S147	100	g	55	×	
223	鶏むね	肉	単一	S148	100	g	111	×	
224	鶏もも	肉	単一	S149	100	g	53	×	
225	鶏ささみ	肉	単一	S150	100	g	54	×	
226	鶏レバー	肉	単一	S151	100	g	5	×	
227	牛ステーキ	肉	複合		100	g	12	×	
228	ローストビーフ	肉	複合		100	g	1	×	
229	牛焼肉	肉	複合		194	g	31	×	
230	豚テキ	肉	複合		100	g	8	×	
231	豚焼肉	肉	複合		120	g	284	×	
232	豚カツ	肉	複合		100	g	66	×	
233	ポークソテー	肉	複合		100	g	19	×	
234	ホルモン焼	肉	複合		79	g	4	×	
235	チキンステーキ	肉	複合		100	g	106	×	
236	チキンソテー	肉	複合		100	g	112	×	
237	鶏からあげ	肉	複合		100	g	128	×	
238	チキンカツ	肉	複合		100	g	38	×	
239	チキン竜田	肉	複合		100	g	14	×	
240	フライドチキン	肉	複合		100	g	4	×	

付録2 筆者の食物適否一覧（Author's Food Suitability List）

番号	食物名	属性			数量		食事実績		記事
		分類	単複	番号	基準	単位	回数	適否	
241	鶏ささみフライ	肉	複合		100	g	33	×	
242	ラム焼肉	肉	複合		100	g	2	×	
243	ハム	肉	複合		100	g	6	×	
244	ベーコン	肉	複合		100	g	11	×	
245	ソーセージ	肉	複合		100	g	183	×	
246									
247	うずら卵	卵	単一	S152	100	g	1	×	
248	ゆで卵	卵	単一	S153	100	g	161	○	適合量50g
249	生卵	卵	単一		100	g	64	TBD	
250	温泉卵	卵	単一		100	g	8	TBD	
251	目玉焼き	卵	複合		100	g	56	×	
252	卵焼き	卵	複合		100	g	30	×	
253	スクランブルエッグ	卵	複合		100	g	293	×	
254	卵豆腐	卵	複合		100	g	1	×	
255									
256	牛乳	乳	単一	S154	100	g	42	×	
257	全粉乳	乳	単一	S155	100	g	2	×	
258	スキムミルク	乳	単一	S156	100	g	1	×	
259	ヨーグルト	乳	単一	S157	100	g	509	×	
260	無脂ヨーグルト	乳	単一	S158	100	g	4	×	
261	チーズ	乳	単一	S159	100	g	260	×	
262	アイスクリーム	乳	複合		1	個	32	×	
263	アイスミルク	乳	複合		1	個	99	×	
264	ラクトアイス	乳	複合		1	個	101	×	
265									
266	アマニ油	油脂	単一	S160	100	g	2	×	
267	エゴマ油	油脂	単一	S161	100	g	21	×	
268	オリーブ油	油脂	単一	S162	100	g	75	×	
269	ココナツ油	油脂	単一	S163	100	g	29	×	
270	ごま油	油脂	単一	S164	100	g	23	×	
271	こめ油	油脂	単一	S165	100	g	4	×	
272	大豆油	油脂	単一	S166	100	g	1	×	
273	なたね油	油脂	単一	S167	100	g	16	×	
274	バター	油脂	単一	S168	100	g	24	×	
275	マーガリン	油脂	単一	S169	100	g	4	×	
276	サラダ油	油脂	複合		100	g	2	×	
277									
278	ういろう	菓子	複合		100	g	3	×	
279	きんつば	菓子	複合		100	g	2	×	
280	串団子	菓子	複合		100	g	12	×	
281	白玉団子	菓子	複合		100	g	2	×	
282	さくら餅	菓子	複合		100	g	2	×	
283	大福	菓子	複合		1	個	22	×	
284	おはぎ	菓子	複合		69	g	3	×	
285	まんじゅう	菓子	複合		1	個	45	×	
286	ようかん	菓子	複合		100	g	23	×	
287	大判焼き	菓子	複合		100	g	4	×	
288	どら焼き	菓子	複合		100	g	1	×	
289	カステラ	菓子	複合		100	g	6	×	
290	かりんとう	菓子	複合		100	g	2	×	
291	せんべい	菓子	複合		100	g	31	×	
292	ボーロ	菓子	複合		100	g	3	×	
293	あんパン	菓子	複合		1	個	8	×	
294	クリームパン	菓子	複合		1	個	19	×	
295	ジャムパン	菓子	複合		1	個	8	×	
296	メロンパン	菓子	複合		1	個	7	×	
297	コッペパン	菓子	複合		1	個	24	×	
298	デニッシュパン	菓子	複合		1	個	16	×	
299	蒸しパン	菓子	複合		1	個	4	×	
300	マーガリンパン	菓子	複合		1	個	9	×	

付録2 筆者の食物適否一覧（Author's Food Suitability List）

番号	食物名	属性			数量		食事実績		記事
		分類	単複	番号	基準	単位	回数	適否	
301	マヨコーンパン	菓子	複合		1	個	8	×	
302	ソーセージパン	菓子	複合		1	個	3	×	
303	シュークリーム	菓子	複合		1	個	1	×	
304	ミルクレープ	菓子	複合		1	個	1	×	
305	タルト	菓子	複合		1	個	3	×	
306	アップルパイ	菓子	複合		100	g	3	×	
307	パウンドケーキ	菓子	複合		100	g	16	×	
308	ドーナツ	菓子	複合		1	個	8	×	
309	クラッカー	菓子	複合		100	g	16	×	
310	ビスケット	菓子	複合		100	g	116	×	
311	クッキー	菓子	複合		1	枚	22	×	
312	サブレ	菓子	複合		1	枚	3	×	
313	パイ菓子	菓子	複合		1	枚	87	×	
314	ウエハース	菓子	複合		100	g	8	×	
315	チョコレート	菓子	複合		100	g	165	×	
316	キャラメル	菓子	複合		100	g	1	×	
317	アメ	菓子	複合		100	g	9	×	
318	プリン	菓子	複合		85	g	10	×	
319	ゼリー	菓子	複合		100	g	16	×	
320	ソフトクリーム	菓子	複合		1	個	7	×	
321	アイスキャンデー	菓子	複合		1	個	9	×	
322	ポテトチップス	菓子	複合		1	個	1	×	
323	コーンスナック	菓子	複合		1	個	7	×	
324	ポップコーン菓子	菓子	複合		1	個	13	×	
325	ラーメン菓子	菓子	複合		1	個	6	×	
326									
327	浄水	飲料	単一	S170	100	g	948	〇	適合量1200g
328	コーヒー	飲料	単一	S171	100	g	791	×	
329	紅茶	飲料	単一	S172	100	g	16	×	
330	緑茶	飲料	単一	S173	100	g	26	×	
331	ほうじ茶	飲料	単一	S174	100	g	385	×	
332	玄米茶	飲料	単一	S175	100	g	187	×	
333	麦茶	飲料	単一	S176	100	g	4	×	
334	柿茶	飲料	単一	S177	100	g	1	×	
335	青汁	飲料	単一	S178	100	g	24	×	
336	日本酒	飲料	単一	S179	100	g	2	×	
337	赤ワイン	飲料	単一	S180	100	g	5	×	
338	ボトル水	飲料	単一		100	g	209	TBD	
339	水道水	飲料	単一		100	g	4	TBD	
340	ココア	飲料	複合		163	g	3	×	
341	ジュース	飲料	複合		100	g	6	×	
342	野菜ジュース	飲料	複合		100	g	4	×	
343	アセロラドリンク	飲料	複合		100	g	21	×	
344									
345	海塩	調味	単一	S181	100	g	770	×	
346	岩塩	調味	単一	S182	100	g	39	〇	適合量1g
347	しょうゆ	調味	単一	S183	100	g	8	×	
348	みそ	調味	単一	S184	100	g	55	×	
349	コンソメ	調味	複合		100	g	10	×	
350	マヨネーズ	調味	複合		100	g	2	×	
351									
352	レトルトカレー	加工	複合		100	g	35	×	
353	冷凍タコヤキ	加工	複合		31	g	90	×	
354	冷凍コロッケ	加工	複合		100	g	26	×	
355									
356	オムレツ	料理	複合		162	g	1	×	
357	グラタン	料理	複合		100	g	3	×	
358	ハンバーグ	料理	複合		203	g	74	×	
359	メンチカツ	料理	複合		154	g	21	×	
360	ハムカツ	料理	複合		47	g	5	×	

付録2 筆者の食物適否一覧（Author's Food Suitability List）

番号	食物名	属性			数量		食事実績		記事
		分類	単複	番号	基準	単位	回数	適否	
361	ポテトコロッケ	料理	複合		107	g	42	×	
362	クリームコロッケ	料理	複合		222	g	2	×	
363	クリームシチュー	料理	複合		100	g	30	×	
364	ビーフシチュー	料理	複合		100	g	15	×	
365	カレー	料理	複合		100	g	157	×	
366	カレーライス	料理	複合		1	杯	9	×	
367	ハヤシライス	料理	複合		1	杯	1	×	
368	チキンライス	料理	複合		1	杯	1	×	
369	ポトフ	料理	複合		100	g	1	×	
370	リゾット	料理	複合		100	g	1	×	
371	ドリア	料理	複合		100	g	2	×	
372	ロールキャベツ	料理	複合		100	g	13	×	
373	ブイヤベース	料理	複合		100	g	1	×	
374	ポテトサラダ	料理	複合		112	g	37	×	
375	マカロニ和え	料理	複合		100	g	22	×	
376									
377	おにぎり	料理	複合		100	g	30	×	
378	炊込飯	料理	複合		353	g	48	×	
379	イカ飯	料理	複合		440	g	2	×	
380	にぎり寿司	料理	複合		234	g	50	×	
381	巻き寿司	料理	複合		326	g	12	×	
382	いなり寿司	料理	複合		110	g	3	×	
383	牛丼	料理	複合		1	杯	46	×	
384	豚丼	料理	複合		1	杯	4	×	
385	カツ丼	料理	複合		1	杯	12	×	
386	親子丼	料理	複合		1	杯	12	×	
387	うな丼	料理	複合		1	杯	2	×	
388	海鮮丼	料理	複合		1	杯	5	×	
389									
390	肉じゃが	料理	複合		392	g	15	×	
391	牛煮込	料理	複合		109	g	87	×	
392	豚煮込	料理	複合		100	g	5	×	
393	豚しょうが焼	料理	複合		100	g	55	×	
394	豚キムチ炒め	料理	複合		100	g	7	×	
395	豚カツ煮	料理	複合		274	g	4	×	
396	豚もつ煮	料理	複合		148	g	10	×	
397	鶏煮込	料理	複合		100	g	34	×	
398	鶏ねぎ塩炒め	料理	複合		100	g	11	×	
399	親子煮	料理	複合		129	g	15	×	
400	煮しめ	料理	複合		108	g	13	×	
401	筑前煮	料理	複合		227	g	55	×	
402	茶碗蒸し	料理	複合		184	g	6	×	
403	かき揚げ	料理	複合		51	g	7	×	
404	野菜炒め	料理	複合		113	g	136	×	
405	肉野菜炒め	料理	複合		100	g	28	×	
406	おでん	料理	複合		100	g	7	×	
407									
408	タコライス	料理	複合		1	杯	2	×	
409	ゴーヤチャンプル	料理	複合		147	g	16	×	
410									
411	みそ汁	料理	複合		185	g	740	×	
412	豚汁	料理	複合		385	g	115	×	
413	けんちん汁	料理	複合		411	g	4	×	
414	あら汁	料理	複合		100	g	6	×	
415	わかめスープ	料理	複合		100	g	19	×	
416	中華スープ	料理	複合		100	g	13	×	
417	コーンスープ	料理	複合		100	g	5	×	
418	ミネストローネ	料理	複合		100	g	1	×	
419									
420	もりうどん	料理	複合		1	杯	2	×	

付録2 筆者の食物適否一覧（Author's Food Suitability List）

番号	食物名	属性			数量		食事実績		記事
		分類	単複	番号	基準	単位	回数	適否	
421	かけうどん	料理	複合		1	杯	6	×	
422	焼きうどん	料理	複合		1	杯	3	×	
423	もりそば	料理	複合		1	杯	25	×	
424	かけそば	料理	複合		1	杯	30	×	
425	ラーメン	料理	複合		1	杯	40	×	
426	ちゃんぽんめん	料理	複合		675	g	2	×	
427	パスタ料理	料理	複合		1	杯	12	×	
428									
429	焼きそば	料理	複合		328	g	26	×	
430	お好み焼	料理	複合		100	g	5	×	
431	タコヤキ	料理	複合		100	g	11	×	
432									
433	チャーハン	料理	複合		353	g	7	×	
434	ギョーザ	料理	複合		235	g	20	×	
435	シュウマイ	料理	複合		133	g	11	×	
436	マーボー豆腐	料理	複合		286	g	48	×	
437	マーボーナス	料理	複合		206	g	5	×	
438	ニラレバ炒め	料理	複合		188	g	8	×	
439	酢豚	料理	複合		294	g	8	×	
440	中華あんかけ	料理	複合		352	g	7	×	
441	春巻	料理	複合		179	g	5	×	
442	エビチリ	料理	複合		243	g	10	×	
443	チンジャオロース	料理	複合		274	g	4	×	
444	バンバンジー	料理	複合		100	g	4	×	
445	回鍋肉	料理	複合		100	g	9	×	
446	油淋鶏	料理	複合		100	g	9	×	
447	春雨サラダ	料理	複合		109	g	23	×	
448	ニラ玉	料理	複合		142	g	15	×	
449	肉団子	料理	複合		134	g	47	×	
450	豚まん	料理	複合		1	個	2	×	
451									
452	豆腐チゲ	料理	複合		639	g	6	×	
453	クッパ	料理	複合		433	g	2	×	
454	ビビンバ	料理	複合		487	g	1	×	
455	タッカルビ	料理	複合		100	g	6	×	
456	野菜ナムル	料理	複合		100	g	4	×	
457	ヤンニョムチキン	料理	複合		100	g	1	×	
458	チヂミ	料理	複合		100	g	2	×	
459									
460	インドカレー	料理	複合		100	g	46	×	
461	タンドリーチキン	料理	複合		100	g	8	×	
462	サフランライス	料理	複合		286	g	6	×	
463									
464	トムヤムクン	料理	複合		100	g	12	×	
465	カオマンガイ	料理	複合		100	g	3	×	
466	パッタイ	料理	複合		100	g	5	×	
467	グリーンカレー	料理	複合		100	g	8	×	
468									
469	サンドイッチ	料理	複合		154	g	12	×	
470	ハンバーガー	料理	複合		1	個	13	×	
471	ケバブサンド	料理	複合		1	個	2	×	
472	ピザ	料理	複合		100	g	12	×	
473	タコス	料理	複合		1	個	1	×	
474									
475	VCサプリ	他	複合		12	個	97	×	
476	VBサプリ	他	複合		1	個	4	×	
477	DHAサプリ	他	複合		1	個	1	×	

付録 3　筆者の不調一覧（Author's Sickness List）

筆者の不調一覧を次頁以降に示す。ここで、各項目について説明する。

(1) 番号（Number）
一覧全体の通し番号を記載している。

(2) 不調名（Name of Sickness）
不調の名前を記載している。食事記録から主要なものを抽出した。また、食事記録に記載のないものを別途追加した。

(3) 分類/属性（Classification in Attributes）
不調の分類を記載している。これらは筆者が独自に設定した。

(4) 程度/属性（Extent in Attributes）
不調の程度を記載している。「軽度」、「中度」、「重度」の 3 段階とした。

(5) 回数/不調出現（Counts of Sickness Emergence）
不調の出現回数を記載している。（期間：2018 年 1 月 1 日〜2024 年 8 月 31 日）。当時に記録しきれなかったものが多数あるので、正確な回数ではない。例えば 0 と記載されている不調も、過去に 1 回以上経験している。

(6) 時間 h/不調出現（Hour of Sickness Emergence）
食後から不調出現までの時間（h）を記載している。筆者の感覚に基づく数値なので、正確ではない。

(7) 不調感覚（Sickness Sensation）
不調感覚を記載している。これは感覚であり定義ではないことに注意を要する。

付録3 筆者の不調一覧（Author's Sickness List）

番号	不調名	属性 分類	程度	不調出現 回数	時間h	不調感覚
1	頭皮痒み	頭	軽度	35	TBD	頭皮が痒い
2	頭皮臭	頭	軽度	3	TBD	頭皮が臭う
3	フケ	頭	軽度	1	TBD	頭皮からフケが落ちる
4	頭皮突起	頭	中度	21	TBD	頭皮に突起がある
5	頭重	頭	中度	6	TBD	こめかみ辺りに重みを感じる
6	頭痛	頭	中度	58	TBD	頭が痛い
7						
8	寝癖	髪	軽度	8	TBD	起床時、髪に癖がつく
9	抜毛	髪	軽度	21	TBD	髪の毛が抜けて下に落ちる
10	髪荒れ	髪	軽度	1	TBD	髪がガサガサしている
11	白髪	髪	中度	0	TBD	いつもより白髪が多い
12						
13	顔痒み	顔	軽度	90	TBD	顔が痒い
14	顔むくみ	顔	軽度	2	TBD	顔がぼってりしている
15	顔荒れ	顔	中度	24	TBD	顔の皮膚が荒れる
16	顔突起	顔	中度	8	TBD	顔に突起がある
17	頬突起	顔	中度	9	TBD	頬に突起がある
18	顎突起	顔	中度	11	TBD	顎に突起がある
19	顎しこり	顔	中度	12	TBD	顎にしこりがある
20	額突起	顔	中度	22	TBD	額に突起がある
21	眉突起	顔	中度	31	TBD	眉に突起がある
22	顔色悪化	顔	中度	2	TBD	顔色が悪い
23	顔出汁	顔	重度	2	TBD	顔から滲出液が出る
24						
25	目やに	目	軽度	12	TBD	固形の目やにが出る
26	目荒れ	目	中度	130	TBD	液状の目やにが出る、コンタクトが濁る、目がゴロゴロする
27	目痒み	目	中度	34	TBD	まぶたが痒い
28	目痛	目	中度	11	TBD	目が痛い
29	目切れ	目	中度	2	TBD	目尻が切れる
30	視力低下	目	重度	14	TBD	いつもより物が見えづらい
31						
32	耳痒み	耳	軽度	21	TBD	耳が痒い
33	耳垢	耳	軽度	7	TBD	耳垢の色が濃い、耳垢が臭い
34	耳突起	耳	中度	58	TBD	耳に突起がある、耳にしこりがある
35	耳裏突起	耳	中度	3	TBD	耳の裏側に突起がある
36	耳痛	耳	中度	8	TBD	耳が痛い
37	耳裏痛	耳	中度	23	TBD	耳の裏側が痛い
38	耳奥痛	耳	中度	2	TBD	耳の奥が痛い
39	耳鳴	耳	中度	8	TBD	耳がキーンと鳴る
40	耳詰り	耳	中度	4	TBD	耳が詰まった感じがする
41	耳切れ	耳	中度	2	TBD	耳の付け根が切れる
42	耳出汁	耳	重度	10	TBD	耳から滲出液が出る
43	聴力低下	耳	重度	0	TBD	いつもより聴こえづらい
44						
45	クシャミ	鼻	軽度	56	3.0	クシャミが出る
46	鼻水	鼻	軽度	49	6.0	鼻水が出る
47	鼻痒み	鼻	軽度	12	TBD	鼻が痒い
48	鼻詰り	鼻	中度	23	TBD	鼻息の通りが悪い
49	鼻痛	鼻	中度	28	TBD	鼻を押すと痛い
50	鼻糞	鼻	中度	2	TBD	鼻糞がたまる
51	鼻出血	鼻	中度	7	TBD	鼻の表面から血が出る
52	鼻血	鼻	重度	29	TBD	鼻水に血が混じる
53						
54	口内突起	口	軽度	27	TBD	口内に突起がある
55	歯荒れ	口	軽度	18	TBD	歯がギシギシする
56	口渇	口	軽度	1	TBD	口の中が渇く
57	歯茎痛	口	中度	75	TBD	物を噛むと痛い
58	歯茎出血	口	中度	12	TBD	歯茎から血が出る
59	口横切れ	口	中度	19	TBD	口が横に切れて出血する
60	口内噛み	口	中度	17	TBD	意図せず口内を噛む、口内に血豆ができる

付録3 筆者の不調一覧（Author's Sickness List）

番号	不調名	属性		不調出現		不調感覚
		分類	程度	回数	時間h	
61	口内炎	口	中度	15	TBD	口内に痛いくぼみがある
62	口内荒れ	口	中度	47	TBD	口内がザラザラする、口内の皮がめくれる
63	口内血味	口	中度	1	TBD	水を飲むと血の味がする
64						
65	唇荒れ	唇	軽度	12	TBD	唇がカサカサする、唇の皮がめくれる
66	唇突起	唇	軽度	14	TBD	唇に突起がある
67	唇割れ	唇	中度	24	TBD	唇が縦に切れて出血する
68						
69	歯形舌	舌	軽度	0	TBD	舌に歯形がつく
70	舌苔	舌	軽度	0	TBD	舌が白い、舌が黄色い
71	舌むくみ	舌	軽度	1	TBD	舌がぼってりしている
72	舌噛み	舌	中度	11	TBD	意図せず舌を噛む
73	舌痛	舌	中度	55	TBD	舌が痛い
74						
75	えずき	喉	軽度	65	TBD	喉がつかえる、喉がイガイガする
76	嚥下痛	喉	中度	5	TBD	唾を飲むと喉が痛い
77	えへん虫	喉	中度	1	TBD	喉がつかえて声が出る
78	咳	喉	中度	10	TBD	咳が出る
79	痰	喉	中度	0	TBD	痰が出る
80						
81	首痒み	首	軽度	79	TBD	首が痒い
82	首突起	首	軽度	22	TBD	首に突起がある
83	首しこり	首	中度	3	TBD	首の側部にしこりがある
84	首痛	首	中度	30	TBD	首を曲げると痛い
85						
86	胸痒み	胸	軽度	2	TBD	胸が痒い
87	胸痛	胸	中度	32	TBD	胸が痛い
88	動悸	胸	中度	5	TBD	胸がドクドク脈打つ
89						
90	乳首痒み	乳首	軽度	9	TBD	乳首が痒い
91	乳首痛	乳首	中度	3	TBD	乳首が痛い
92	乳首しこり	乳首	中度	1	TBD	乳首の辺りにしこりがある
93	乳首肥大	乳首	中度	7	TBD	乳首が大きくなる
94	乳首出汁	乳首	中度	2	TBD	乳首から滲出液が出る
95	乳首出血	乳首	重度	31	TBD	乳首から血が出る
96						
97	背中痒み	背中	軽度	5	TBD	背中が痒い
98	背中荒れ	背中	中度	22	TBD	背中の皮膚が荒れる
99	背中痛	背中	中度	6	TBD	背中が痛い
100	背中腫れ	背中	重度	2	TBD	背中に大きな腫れがある
101						
102	脇痒み	脇	軽度	19	TBD	脇が痒い
103	脇汗	脇	軽度	16	TBD	脇に汗をかく
104	脇臭	脇	軽度	3	TBD	脇が臭う
105	脇しこり	脇	中度	1	TBD	脇にしこりがある
106						
107	腕荒れ	腕	中度	80	TBD	腕の皮膚が荒れる
108	腕ただれ	腕	中度	12	TBD	腕の皮膚がただれるように荒れる
109	肘痛	腕	中度	2	TBD	腕を動かすと肘が痛い
110	腕出汁	腕	中度	9	TBD	腕から滲出液が出る
111	腕出血	腕	中度	35	TBD	腕から血が出る
112						
113	手痒み	手	軽度	23	TBD	手の甲が痒い
114	手冷え	手	軽度	0	TBD	手が冷たい
115	手荒れ	手	中度	41	TBD	手の甲が水平に切れる
116	手出血	手	中度	10	TBD	手の甲から血が出る
117						
118	指角化	手指	軽度	13	TBD	指先が固くなる
119	ささくれ	手指	中度	12	TBD	指の皮が細長くむける
120	指横痛	手指	中度	0	TBD	指先の側部をつまむと痛い

付録3 筆者の不調一覧（Author's Sickness List）

番号	不調名	属性		不調出現		不調感覚
		分類	程度	回数	時間h	
121	指曲痛	手指	重度	15	TBD	指を曲げると痛い
122						
123	爪荒れ	手爪	軽度	2	TBD	爪に傷がついている
124	半月縮小	手爪	軽度	23	TBD	爪の半月が縮小する
125	爪赤み	手爪	中度	1	TBD	爪が赤みを帯びる
126	爪へこみ	手爪	中度	0	TBD	爪の根元がへこむ
127	爪縦線	手爪	重度	0	TBD	爪に縦の黒い線がある
128						
129	ゲップ	胃	軽度	22	TBD	ゲップが出る
130	口臭	胃	軽度	30	TBD	吐く息が臭う
131	過食欲	胃	軽度	16	TBD	いつもより空腹感がある
132	胃負担	胃	中度	4	TBD	胃の辺りに負担感がある
133	胃痛	胃	中度	3	TBD	胃の辺りが痛い
134	吐気	胃	重度	36	TBD	吐き気がする
135	食欲減退	胃	重度	4	TBD	食欲が何日も無い
136						
137	便通悪化	腸	軽度	87	TBD	便の質が悪い、便の出が悪い
138	オナラ	腸	軽度	69	TBD	オナラが出る
139	腹鳴り	腸	軽度	21	TBD	腹がゴロゴロ鳴る
140	腹負担	腸	中度	152	TBD	腹の辺りに負担感がある
141	腹膨満	腸	中度	1	TBD	腹にガスが溜まっている感じがする
142	過便意	腸	中度	9	TBD	出ないのに便意がある
143	便臭	腸	中度	1	TBD	便が臭う
144	腹痛	腸	中度	40	TBD	腹が痛い
145	下痢	腸	中度	68	TBD	便が下痢になる
146	血便	腸	中度	4	TBD	便に血が混じっている
147	便秘	腸	重度	6	TBD	便が何日も出ない
148						
149	腹痒み	腹	軽度	27	TBD	腹が痒い
150	腹荒れ	腹	軽度	23	TBD	腹の皮膚が荒れている
151						
152	腰突起	腰	軽度	4	TBD	腰に突起がある
153	腰痛	腰	中度	10	TBD	腰が痛い
154						
155	尻痒み	尻	軽度	13	TBD	肛門まわりが痒い
156	尻突起	尻	軽度	43	TBD	肛門まわりに突起がある
157	尻荒れ	尻	中度	10	TBD	肛門まわりの皮膚が荒れる
158						
159	多尿	腎臓	軽度	61	TBD	いつもより尿の秒数が長い
160	泡尿	腎臓	軽度	19	TBD	尿が泡立つ
161	尿臭	腎臓	軽度	5	TBD	尿が臭う、尿の臭いが甘い
162	透明尿	腎臓	軽度	2	TBD	無色透明の尿が出る
163	残尿	腎臓	軽度	2	TBD	残尿感がある、尿の出が悪い
164	頻尿	腎臓	中度	22	TBD	ごく短時間で再び尿意を催す
165						
166	過性欲	局部	軽度	1	TBD	いつもより性欲が強い
167	局部痒み	局部	軽度	40	TBD	局部が痒い
168	局部荒れ	局部	中度	35	TBD	局部の皮膚が荒れている
169	局部痛	局部	中度	16	TBD	局部が痛い
170	局部出血	局部	中度	7	TBD	局部の皮膚に出血がある
171	性欲減退	局部	重度	9	TBD	性欲が何ヶ月も無い
172						
173	もも突起	脚	軽度	10	TBD	太ももに突起がある
174	すね突起	脚	軽度	17	TBD	すねに突起がある
175	脚痒み	脚	軽度	20	TBD	太ももが痒い
176	膝裏痒み	脚	軽度	18	TBD	膝の裏側が痒い
177	すね痒み	脚	軽度	23	TBD	すねが痒い
178	もも荒れ	脚	軽度	17	TBD	太ももの内側の皮膚が荒れる
179	すね荒れ	脚	中度	1	TBD	すねの横側の皮膚が荒れる
180	膝痛	脚	中度	52	TBD	歩くと膝が痛い

付録3 筆者の不調一覧（Author's Sickness List）

番号	不調名	属性		不調出現		不調感覚
		分類	程度	回数	時間h	
181	膝裏荒れ	脚	中度	37	TBD	膝の裏側の皮膚が荒れる
182	脚痺れ	脚	中度	4	TBD	脚に痺れを感じる
183	脚出汁	脚	中度	1	TBD	脚から滲出液が出る
184						
185	足痒み	足	軽度	21	TBD	足の甲が痒い、足首が痒い
186	足冷え	足	軽度	0	TBD	足が冷たい
187	足裏痛	足	中度	2	TBD	歩くと足の裏が痛い
188	足痺れ	足	中度	6	TBD	足に痺れを感じる
189	踵痛	足	中度	9	TBD	踵が痛い
190						
191	足指痒み	足指	軽度	6	TBD	足指の間が痒い
192	足指荒れ	足指	軽度	15	TBD	足指の間の皮がむける
193	足指出血	足指	軽度	2	TBD	足指の間から血が出る
194						
195	眠気	全身	軽度	109	TBD	眠気がある
196	倦怠感	全身	中度	65	TBD	体がだるいと感じる
197	脱力	全身	中度	16	TBD	体の力が抜ける
198	寝込	全身	中度	6	TBD	だるくて横になりたい
199	ほてり	全身	中度	3	TBD	入浴中にいつもより熱く感じる
200	寒気	全身	中度	117	TBD	いつもより寒い
201	寝汗	全身	中度	18	TBD	就寝中に汗をかいて目覚める
202	ふらつき	全身	中度	21	TBD	ふらつく、意図せず壁にぶつかる
203	体重減少	全身	中度	2	TBD	1日で体重が大幅に減る
204						
205	心配性	精神L	軽度	0	TBD	鍵を閉めたか気になる
206	潔癖性	精神L	軽度	0	TBD	物の位置がずれていると不快
207	緊張性	精神L	軽度	0	TBD	電話をかけるのがおっくう
208	過敏性	精神L	軽度	0	TBD	物音が気になる、虫がうっとうしい
209	憂うつ	精神L	軽度	0	TBD	周りに人がいなくてさみしい
210	優柔不断	精神L	軽度	0	TBD	どちらにするか決められない
211	虚勢	精神L	軽度	0	TBD	自分を大きく見せたい
212						
213	不安	精神M	中度	25	TBD	いつもより不安を感じる
214	意欲低下	精神M	中度	24	TBD	いつもよりやる気が起きない
215	思考停滞	精神M	中度	0	TBD	いつもより頭が悪くなったように感じる
216	過緊張	精神M	中度	0	TBD	動悸が止まらない、手足が震える
217	神経過敏	精神M	中度	0	TBD	いつもより臭いが不快、衣料洗剤が臭い
218	自己嫌悪	精神M	中度	0	TBD	人に嫌われていると感じる
219	憎悪	精神M	中度	0	TBD	人に憎しみを覚える
220	イライラ	精神M	中度	3	TBD	いつもより怒りっぽい
221	攻撃性	精神M	中度	8	TBD	罵倒したい、屈服させたい
222	暴力性	精神M	中度	0	TBD	殴りたい、痛めつけたい
223	観念奔逸	精神M	中度	0	TBD	本が読めない、文章が頭に入らない
224	入眠困難	精神M	中度	5	TBD	なかなか眠れない
225	中途覚醒	精神M	中度	0	TBD	夜中に目覚める
226	悪夢	精神M	中度	8	TBD	怖い夢をみる
227	過眠	精神M	中度	21	TBD	なかなか起きられない
228						
229	無気力	精神H	重度	0	TBD	動きたくない
230	興味喪失	精神H	重度	0	TBD	何も楽しくない
231	うつ気分	精神H	重度	0	TBD	消えたい、死にたい
232	躁気分	精神H	重度	0	TBD	万能感がある、自分は偉いと感じる
233	不眠	精神H	重度	0	TBD	何日も眠れない

付録4　筆者の体調記録（Author's Health Records）

筆者の体調記録を次頁以降に示す。ここで、各項目について説明する。

(1) 日付（Date）
体調測定をした日の西暦年月日を記載している。

(2) 体重（Body Weight）
体重（kg）を記載している。測定には体重計を使用した。

(3) 体温（Body Temperature）
体温（℃）を記載している。測定には体温計を使用した。

(4) 血圧 H（Blood Pressure High）
血圧（mmHg）の上側を記載している。測定には手首巻き式の血圧計を使用した。

(5) 血圧 L（Blood Pressure Low）
血圧（mmHg）の下側を記載している。測定機器は血圧 H と同一である。

(6) 脈拍（Pulse Rate）
脈拍（回/min）を記載している。測定機器は血圧 H と同一である。

(7) 点数（Score）
体調点数を記載している。筆者の主観に基づき採点した。身体面と精神面を総合した点数である。

(8) 不調名（Name of Sickness）
不調の名前を記載している。当時に記録しきれなかったものが多数あるので、空欄でも不調がなかったというわけではない。

付録4 筆者の体調記録（Author's Health Records）

日付			数値						不調名
			体重kg	体温℃	血圧H	血圧L	脈拍	点数	
21.04.01	木		49.5	36.7	93	60	52	30	寒気
21.04.02	金		49.0	36.4	100	64	65	30	腹痛、局部荒れ
21.04.03	土	○	49.0	36.7	91	58	61	40	局部荒れ
21.04.04	日	○	49.2	36.0	94	61	56	40	
21.04.05	月		49.1	36.9	90	50	60	40	局部荒れ
21.04.06	火		49.0	36.6	91	59	54	40	
21.04.07	水		49.1	36.4	90	55	58	40	
21.04.08	木		49.4	36.3	97	56	62	40	
21.04.09	金		49.0	36.7	93	61	79	50	
21.04.10	土	○	48.9	36.0	102	69	56	30	
21.04.11	日	○	49.3	36.6	99	57	59	30	
21.04.12	月		49.1	35.8	97	61	56	20	倦怠感
21.04.13	火		49.0	36.4	95	60	72	30	
21.04.14	水		48.7	36.4	97	61	59	40	
21.04.15	木		48.8	36.0	91	61	55	50	手荒れ、寒気
21.04.16	金		49.0	36.1	96	62	55	50	手荒れ、寒気
21.04.17	土	○	49.2	36.1	92	51	54	50	手荒れ、寒気
21.04.18	日	○	49.4	36.0	94	56	55	60	手荒れ、寒気
21.04.19	月		49.4	36.7	86	46	54	40	倦怠感、手荒れ、寒気
21.04.20	火		49.0	36.5	94	60	54	40	手荒れ、寒気
21.04.21	水		49.3	36.4	90	48	53	50	手荒れ、寒気
21.04.22	木		49.6	36.3	92	53	54	70	手荒れ、寒気
21.04.23	金		49.5	36.0	94	54	48	70	局部荒れ、手荒れ、寒気
21.04.24	土	○	49.5	36.3	94	52	50	60	手荒れ、寒気
21.04.25	日	○	49.5	36.7	89	55	52	60	手荒れ、寒気
21.04.26	月		49.4	36.5	93	60	52	60	手荒れ、寒気
21.04.27	火		49.6	36.7	92	51	54	60	手荒れ、寒気
21.04.28	水		49.5	36.5	96	49	54	50	手荒れ、寒気
21.04.29	木	○	49.6	36.7	81	48	55	50	手荒れ、寒気
21.04.30	金		49.5	36.6	92	50	59	50	手荒れ、寒気
21.05.01	土	○	49.5	36.5	90	50	56	60	手荒れ
21.05.02	日	○	49.5	36.4	91	51	51	50	鼻血、手荒れ
21.05.03	月		49.4	36.8	97	60	52	50	倦怠感、舌痛、鼻詰り、手荒れ、寒気
21.05.04	火	○	49.6	36.5	92	46	49	40	倦怠感、手荒れ、寒気
21.05.05	水	○	49.7	36.7	84	44	52	30	手荒れ
21.05.06	木		49.4	36.5	87	43	60	50	
21.05.07	金		49.8	36.8	87	50	49	50	鼻血
21.05.08	土	○	49.7	36.6	91	50	52	80	
21.05.09	日	○	49.9	36.4	85	49	55	40	寒気、眠気、倦怠感
21.05.10	月		50.0	36.6	86	53	51	40	寒気、眠気、倦怠感、頭痛
21.05.11	火		49.8	36.5	87	49	51	40	眠気、頭痛、鼻血、倦怠感
21.05.12	水		49.8	36.5	98	52	52	40	鼻血、倦怠感
21.05.13	木		50.1	36.8	88	53	53	50	
21.05.14	金		49.9	36.9	84	46	51	50	左胸痛
21.05.15	土	○	50.3	36.7	86	45	51	50	左胸痛
21.05.16	日	○	50.2	36.4	85	50	51	60	
21.05.17	月		49.9	36.8	83	50	50	50	右目痛
21.05.18	火		50.0	36.6	80	46	51	50	右目痛
21.05.19	水		50.2	36.5	88	51	51	50	眠気、頭痛、右目痛
21.05.20	木		50.3	36.5	88	51	51	55	左胸痛、右目痛、眠気
21.05.21	金		49.5	36.6	83	50	57	40	眠気、吐気
21.05.22	土	○	49.7	36.7	82	49	50	60	
21.05.23	日	○	49.5	36.9	84	46	54	65	
21.05.24	月		49.4	36.0	91	55	50	70	局部荒れ
21.05.25	火		49.4	36.5	88	51	51	55	局部荒れ
21.05.26	水		49.3	36.8	87	48	50	70	局部荒れ
21.05.27	木		49.0	36.9	89	54	52	70	右目痛
21.05.28	金		48.8	36.6	90	56	53	75	

付録4 筆者の体調記録（Author's Health Records）

日付			数値						不調名
			体重kg	体温℃	血圧H	血圧L	脈拍	点数	
21.05.29	土	○	48.8	36.2	87	52	53	75	局部荒れ
21.05.30	日	○	48.7	36.6	87	50	53	75	局部荒れ、脱力
21.05.31	月		48.5	36.6	89	55	51	75	局部荒れ、脱力
21.06.01	火		48.5	36.1	91	57	51	70	局部荒れ、左胸痛
21.06.02	水		48.7	36.8	89	54	48	65	局部荒れ、脱力
21.06.03	木		49.1	36.8	93	58	46	70	
21.06.04	金		49.4	36.3	86	51	48	65	局部荒れ
21.06.05	土	○	49.9	36.5	93	58	50	70	右目乾き、舌先痛
21.06.06	日	○	49.9	36.5	90	51	48	65	局部荒れ、左胸痛
21.06.07	月		49.8	36.4	89	53	49	70	局部荒れ、左胸痛
21.06.08	火		49.8	36.4	89	53	52	75	局部荒れ
21.06.09	水		49.5	36.2	83	48	52	80	
21.06.10	木		49.7	36.4	94	57	55	75	局部荒れ
21.06.11	金		49.8	36.4	91	53	51	70	局部荒れ
21.06.12	土	○	50.0	36.6	87	53	54	70	局部荒れ、鼻詰り
21.06.13	日	○	50.2	36.5	91	55	51	70	鼻詰り
21.06.14	月		50.0	36.3	90	56	55	70	鼻詰り
21.06.15	火		50.1	36.7	93	59	51	70	
21.06.16	水		49.8	36.2	89	54	55	70	
21.06.17	木		50.3	36.1	92	57	46	70	
21.06.18	金		50.5	36.4	87	52	50	70	口内炎
21.06.19	土	○	50.6	36.5	87	52	52	70	口内炎
21.06.20	日	○	50.4	35.9	95	58	52	70	局部荒れ、口内炎
21.06.21	月		51.1	36.4	95	61	51	75	口内炎
21.06.22	火		51.2	36.2	87	53	54	75	口内炎
21.06.23	水		51.2	36.7	87	51	57	75	口内炎、腹痛、下痢
21.06.24	木		51.2	36.7	92	57	64	75	口内炎、腹痛、下痢
21.06.25	金		50.8	36.4	92	57	57	70	
21.06.26	土	○	51.0	36.6	95	62	54	65	
21.06.27	日	○	51.2	36.7	92	59	61	70	
21.06.28	月		51.3	36.3	91	57	51	65	腹痛、下痢
21.06.29	火		51.4	36.5	89	54	54	50	腹痛、下痢
21.06.30	水		51.5	35.9	86	54	49	55	腹負担
21.07.01	木		51.4	36.2	91	57	52	60	痒み
21.07.02	金		51.2	36.6	87	55	52	65	痒み
21.07.03	土	○	51.5	36.3	90	56	50	65	痒み
21.07.04	日	○	51.7	36.4	91	49	53	65	痒み
21.07.05	月		51.8	36.4	90	55	54	70	痒み
21.07.06	火		52.0	36.4	90	53	48	70	痒み
21.07.07	水		51.9	36.4	94	54	51	60	痒み
21.07.08	木		51.7	36.4	93	59	53	65	痒み
21.07.09	金		51.6	36.3	91	57	48	65	皮膚荒れ、出汁、痒み
21.07.10	土	○	51.4	36.3	89	55	52	65	皮膚荒れ、出汁、痒み
21.07.11	日	○	51.2	36.5	90	55	53	50	皮膚荒れ、出汁、痒み
21.07.12	月		50.7	36.4	89	51	53	55	皮膚荒れ、出汁、痒み
21.07.13	火		50.8	36.5	99	67	57	60	皮膚荒れ、出汁、痒み
21.07.14	水		51.1	35.9	98	62	52	55	皮膚荒れ、出汁、痒み
21.07.15	木		51.1	36.3	98	63	55	50	皮膚荒れ
21.07.16	金		51.0	36.4	98	63	59	50	皮膚荒れ
21.07.17	土	○	50.6	36.5	102	67	59	50	皮膚荒れ、歯痛
21.07.18	日	○	50.3	36.4	100	63	57	50	皮膚荒れ、歯痛
21.07.19	月		50.4	36.6	100	65	57	50	皮膚荒れ
21.07.20	火		50.6	36.4	101	65	58	50	皮膚荒れ
21.07.21	水		50.3	36.8	101	65	60	55	皮膚荒れ
21.07.22	木	○	49.9	36.6	104	69	62	55	皮膚荒れ
21.07.23	金	○	49.4	36.5	96	67	63	50	皮膚荒れ
21.07.24	土	○	48.8	36.4	99	63	63	55	皮膚荒れ
21.07.25	日	○	48.8	36.9	96	65	71	55	皮膚荒れ

付録4　筆者の体調記録（Author's Health Records）

日付			数値						不調名
			体重kg	体温℃	血圧H	血圧L	脈拍	点数	
21.07.26	月		48.7	36.7	104	73	68	55	皮膚荒れ
21.07.27	火		48.7	36.2	102	71	63	50	皮膚荒れ
21.07.28	水		48.7	36.6	99	70	61	55	皮膚荒れ
21.07.29	木		48.1	36.3	111	71	67	55	皮膚荒れ
21.07.30	金		48.2	36.0	108	65	60	50	皮膚荒れ
21.07.31	土	○	48.2	36.5	104	66	64	65	皮膚荒れ
21.08.01	日	○	48.3	36.3	104	66	60	65	皮膚荒れ
21.08.02	月		48.2	36.6	94	59	59	70	皮膚荒れ
21.08.03	火		47.8	36.6	100	65	71	75	皮膚荒れ
21.08.04	水		48.3	36.8	95	62	70	70	皮膚荒れ
21.08.05	木		48.5	36.6	103	64	60	75	皮膚荒れ
21.08.06	金		48.7	36.7	104	70	65	70	皮膚荒れ
21.08.07	土	○	48.8	36.6	89	56	65	80	皮膚荒れ
21.08.08	日	○	48.7	36.6	99	57	64	70	皮膚荒れ
21.08.09	月	○	48.8	36.4	100	62	62	70	皮膚荒れ
21.08.10	火		48.9	36.7	92	59	56	70	皮膚荒れ
21.08.11	水		49.0	36.5	89	57	62	75	皮膚荒れ、右胸痛
21.08.12	木		49.3	36.5	98	59	61	70	皮膚荒れ、右胸痛
21.08.13	金		49.3	36.3	93	54	54	70	皮膚荒れ、右胸痛、頭痛
21.08.14	土	○	49.4	36.5	91	55	56	70	皮膚荒れ、右胸痛
21.08.15	日	○	49.5	36.4	97	58	57	65	皮膚荒れ、左胸痛、脚根元痛
21.08.16	月		49.3	36.5	99	58	58	70	皮膚荒れ、左胸痛、脚根元痛
21.08.17	火		49.3	36.4	92	56	55	60	皮膚荒れ、左胸痛、脚根元痛
21.08.18	水		48.9	36.4	91	52	57	70	皮膚荒れ
21.08.19	木		49.2	36.3	90	54	49	70	皮膚荒れ
21.08.20	金		49.2	36.7	91	58	50	75	皮膚荒れ、下痢
21.08.21	土	○	49.1	36.5	89	55	52	70	皮膚荒れ
21.08.22	日	○	49.4	36.3	90	56	52	70	皮膚荒れ
21.08.23	月		49.6	36.4	88	53	56	70	皮膚荒れ
21.08.24	火		49.8	36.4	87	50	52	50	皮膚荒れ、頭痛
21.08.25	水		50.1	36.4	93	56	54	60	皮膚荒れ、頭痛
21.08.26	木		50.1	36.3	99	62	51	65	皮膚荒れ
21.08.27	金		50.2	36.5	89	56	55	70	皮膚荒れ
21.08.28	土	○	50.1	36.5	96	60	51	70	皮膚荒れ
21.08.29	日	○	50.1	36.5	87	54	57	70	皮膚荒れ、腹痛、舌痛
21.08.30	月		50.0	36.5	93	59	54	70	皮膚荒れ、痒み、舌痛
21.08.31	火		50.1	36.4	94	57	53	75	皮膚荒れ、舌痛
21.09.01	水		50.1	36.4	96	59	49	75	皮膚荒れ、痒み、舌痛
21.09.02	木		50.2	36.1	95	62	47	60	皮膚荒れ、痒み、舌痛
21.09.03	金		50.1	36.4	95	62	51	70	皮膚荒れ、痒み、耳出汁
21.09.04	土	○	50.1	36.4	97	61	52	60	皮膚荒れ、頭痛
21.09.05	日	○	50.1	36.6	95	58	53	40	皮膚荒れ、頭痛
21.09.06	月		50.3	36.3	97	59	54	50	皮膚荒れ、頭痛
21.09.07	火		50.4	36.6	93	54	55	55	皮膚荒れ、頭痛
21.09.08	水		50.1	36.7	95	58	57	60	皮膚荒れ、頭痛
21.09.09	木		50.3	36.8	100	61	50	65	皮膚荒れ
21.09.10	金		50.2	36.4	97	63	52	65	皮膚荒れ
21.09.11	土	○	50.2	36.4	97	60	53	65	皮膚荒れ
21.09.12	日	○	50.4	36.7	93	58	55	70	皮膚荒れ
21.09.13	月		50.7	36.5	91	57	51	50	皮膚荒れ、下痢
21.09.14	火		50.6	36.7	97	58	51	55	皮膚荒れ
21.09.15	水		50.7	36.4	96	56	51	55	皮膚荒れ
21.09.16	木		50.9	36.7	103	63	52	50	皮膚荒れ
21.09.17	金		50.4	36.9	95	60	57	40	皮膚荒れ
21.09.18	土	○	50.2	36.8	88	51	59	55	皮膚荒れ
21.09.19	日	○	50.2	36.5	103	63	56	30	皮膚荒れ
21.09.20	月	○	50.1	36.6	112	72	51	55	皮膚荒れ
21.09.21	火		49.7	36.6	112	72	51	55	皮膚荒れ

付録4　筆者の体調記録（Author's Health Records）

日付			数値						不調名
			体重kg	体温℃	血圧H	血圧L	脈拍	点数	
21.09.22	水		49.7	36.4	107	71	55	45	皮膚荒れ
21.09.23	木	○	49.0	36.6	104	69	66	40	皮膚荒れ
21.09.24	金		49.0	37.1	109	66	76	60	皮膚荒れ
21.09.25	土	○	48.1	37.0	96	60	77	30	皮膚荒れ
21.09.26	日	○	48.1	36.3	97	64	58	60	皮膚荒れ
21.09.27	月		47.7	36.3	106	67	56	40	皮膚荒れ
21.09.28	火		48.5	36.3	105	67	51	50	皮膚荒れ
21.09.29	水		48.1	36.7	111	69	60	40	皮膚荒れ
21.09.30	木		48.6	36.6	109	70	70	40	皮膚荒れ
21.10.01	金		48.2	36.7	110	75	66	40	皮膚荒れ
21.10.02	土	○	47.7	36.6	110	73	68	50	皮膚荒れ
21.10.03	日	○	47.7	36.4	117	68	60	60	皮膚荒れ
21.10.04	月		47.3	36.5	106	73	60	40	皮膚荒れ
21.10.05	火		47.8	36.5	106	73	64	30	皮膚荒れ
21.10.06	水		47.3	36.3	115	52	63	40	皮膚荒れ
21.10.07	木		47.6	37.0	112	77	67	40	皮膚荒れ
21.10.08	金		47.4	36.4	116	74	68	40	皮膚荒れ
21.10.09	土	○	47.0	36.5	110	79	78	30	皮膚荒れ
21.10.10	日	○	47.2	36.5	117	77	68	45	皮膚荒れ
21.10.11	月		47.6	36.4	108	71	62	50	皮膚荒れ
21.10.12	火		47.7	36.5	107	68	56	50	皮膚荒れ
21.10.13	水		47.7	36.0	107	69	55	40	皮膚荒れ
21.10.14	木		47.6	36.6	114	68	63	40	皮膚荒れ
21.10.15	金		47.6	36.3	111	75	67	30	皮膚荒れ
21.10.16	土	○	48.0	36.3	107	77	81	30	皮膚荒れ
21.10.17	日	○	47.7	35.2	120	81	62	30	皮膚荒れ
21.10.18	月		47.9	36.2	122	73	65	25	皮膚荒れ
21.10.19	火		48.1	35.8	110	69	55	35	皮膚荒れ
21.10.20	水		47.8	36.8	109	73	60	40	皮膚荒れ
21.10.21	木		48.0	36.3	114	64	53	45	皮膚荒れ
21.10.22	金		48.2	36.8	106	64	56	40	皮膚荒れ
21.10.23	土	○	48.0	36.3	110	69	52	30	皮膚荒れ
21.10.24	日	○	48.0	36.5	109	70	54	25	皮膚荒れ
21.10.25	月		47.8	36.5	115	67	57	30	皮膚荒れ
21.10.26	火		47.2	36.5	114	72	56	20	皮膚荒れ
21.10.27	水		47.1	36.2	109	71	61	30	皮膚荒れ
21.10.28	木		47.1	36.7	114	69	58	35	皮膚荒れ
21.10.29	金		48.8	36.3	113	67	57	40	皮膚荒れ
21.10.30	土	○	49.1	36.5	100	62	55	45	皮膚荒れ
21.10.31	日	○	47.5	36.7	111	73	65	30	皮膚荒れ
21.11.01	月		47.9	35.2	115	73	56	30	皮膚荒れ
21.11.02	火		47.9	36.7	104	71	50	25	皮膚荒れ
21.11.03	水	○	47.6	36.1	109	58	59	20	皮膚荒れ
21.11.04	木		47.7	36.5	112	69	53	30	皮膚荒れ
21.11.05	金		48.2	36.6	109	63	52	25	皮膚荒れ
21.11.06	土	○	48.2	36.6	109	70	51	25	皮膚荒れ
21.11.07	日	○	48.3	36.1	104	66	51	40	皮膚荒れ
21.11.08	月		48.2	36.7	111	70	53	35	皮膚荒れ
21.11.09	火		48.3	36.5	110	71	52	30	皮膚荒れ
21.11.10	水		47.9	36.6	109	72	49	30	皮膚荒れ
21.11.11	木		47.7	36.2	109	67	49	25	皮膚荒れ
21.11.12	金		47.6	36.2	112	68	53	20	皮膚荒れ
21.11.13	土	○	47.2	36.1	100	62	55	20	皮膚荒れ
21.11.14	日	○	47.2	36.2	103	63	55	25	皮膚荒れ
21.11.15	月		47.6	36.4	109	66	54	30	皮膚荒れ
21.11.16	火		47.4	36.7	103	60	51	35	皮膚荒れ
21.11.17	水		47.5	36.5	107	70	50	30	皮膚荒れ
21.11.18	木		46.7	36.6	107	66	52	35	皮膚荒れ

付録4 筆者の体調記録（Author's Health Records）

日付			数値						不調名
			体重kg	体温℃	血圧H	血圧L	脈拍	点数	
21.11.19	金		46.5	36.8	103	61	51	20	皮膚荒れ
21.11.20	土	○	46.5	36.9	105	59	50	30	皮膚荒れ
21.11.21	日	○	46.7	37.1	103	65	54	30	皮膚荒れ
21.11.22	月		46.3	36.5	101	55	53	25	皮膚荒れ
21.11.23	火	○	46.4	36.8	111	63	56	20	皮膚荒れ
21.11.24	水		45.6	36.0	97	56	58	25	皮膚荒れ
21.11.25	木		45.6	35.7	99	54	50	20	皮膚荒れ
21.11.26	金		45.5	36.6	99	57	54	20	皮膚荒れ
21.11.27	土	○	45.3	35.3	95	47	53	20	皮膚荒れ
21.11.28	日	○	46.2	36.6	101	61	55	25	皮膚荒れ
21.11.29	月		49.0	36.6	107	65	63	30	皮膚荒れ
21.11.30	火		49.5	37.0	104	66	76	35	皮膚荒れ
21.12.01	水		51.0	37.0	105	66	70	30	皮膚荒れ
21.12.02	木		52.2	36.6	118	72	66	30	皮膚荒れ
21.12.03	金		53.1	36.4	118	69	58	30	皮膚荒れ
21.12.04	土	○	53.9	36.3	119	70	64	35	皮膚荒れ
21.12.05	日	○	54.7	36.6	114	75	65	35	皮膚荒れ
21.12.06	月		55.3	36.5	117	65	63	35	皮膚荒れ
21.12.07	火		54.6	36.4	109	65	60	35	皮膚荒れ
21.12.08	水		54.5	36.3	111	68	60	35	皮膚荒れ
21.12.09	木		53.7	36.4	111	61	61	30	皮膚荒れ
21.12.10	金		53.0	36.6	118	65	58	30	皮膚荒れ
21.12.11	土	○	53.0	36.5	109	60	56	30	皮膚荒れ
21.12.12	日	○	52.3	36.7	109	60	53	30	皮膚荒れ
21.12.13	月		53.3	36.3	114	67	56	30	皮膚荒れ
21.12.14	火		52.9	36.5	106	63	51	30	皮膚荒れ
21.12.15	水		53.5	36.4	123	72	54	30	皮膚荒れ
21.12.16	木		54.0	36.4	122	68	52	30	皮膚荒れ
21.12.17	金		54.0	36.5	118	69	54	25	皮膚荒れ
21.12.18	土	○	54.4	36.4	128	73	52	20	皮膚荒れ
21.12.19	日	○	54.2	36.4	122	77	55	20	皮膚荒れ
21.12.20	月		53.7	36.6	117	71	55	25	皮膚荒れ
21.12.21	火		53.0	36.4	121	72	55	30	皮膚荒れ
21.12.22	水		52.5	36.7	116	62	56	20	皮膚荒れ
21.12.23	木		52.1	36.6	122	79	54	20	皮膚荒れ
21.12.24	金		52.2	36.6	116	73	56	20	皮膚荒れ
21.12.25	土	○	51.6	36.8	125	73	65	25	皮膚荒れ
21.12.26	日	○	53.3	36.3	124	78	54	20	皮膚荒れ
21.12.27	月		52.6	36.5	119	73	52	20	皮膚荒れ
21.12.28	火		53.4	36.3	115	68	51	20	皮膚荒れ
21.12.29	水		52.9	36.6	123	69	56	15	皮膚荒れ
21.12.30	木		52.9	36.2	119	66	53	20	皮膚荒れ
21.12.31	金		53.1	36.7	119	68	55	30	皮膚荒れ
22.01.01	土	○	53.0	36.6	117	70	60	25	皮膚荒れ
22.01.02	日	○	53.0	36.4	120	68	55	25	皮膚荒れ
22.01.03	月		53.0	36.4	125	75	56	25	皮膚荒れ
22.01.04	火		51.6	36.8	128	76	56	25	皮膚荒れ
22.01.05	水		51.2	36.7	111	66	55	30	皮膚荒れ
22.01.06	木		50.9	36.5	116	65	55	15	皮膚荒れ
22.01.07	金		50.2	36.4	119	76	61	25	皮膚荒れ
22.01.08	土	○	50.5	36.7	122	73	56	25	皮膚荒れ
22.01.09	日	○	51.6	36.5	125	73	78	20	皮膚荒れ
22.01.10	月		51.4	36.6	123	75	60	20	皮膚荒れ
22.01.11	火		51.9	36.8	118	72	56	20	皮膚荒れ
22.01.12	水		51.1	36.3	121	76	55	20	皮膚荒れ
22.01.13	木		50.9	36.9	121	72	62	20	皮膚荒れ
22.01.14	金		50.8	36.4	120	75	59	15	皮膚荒れ
22.01.15	土	○	50.1	36.5	117	73	68	20	皮膚荒れ

付録4 筆者の体調記録（Author's Health Records）

日付			数値						不調名
			体重kg	体温℃	血圧H	血圧L	脈拍	点数	
22.01.16	日	○	50.0	36.7	123	76	64	20	皮膚荒れ
22.01.17	月		49.7	36.7	121	73	65	20	皮膚荒れ
22.01.18	火		50.3	36.6	122	71	58	15	皮膚荒れ
22.01.19	水		50.7	36.7	119	72	68	20	皮膚荒れ
22.01.20	木		51.1	36.5	117	65	56	20	皮膚荒れ
22.01.21	金		51.5	36.6	122	69	62	10	皮膚荒れ
22.01.22	土	○	51.4	36.7	115	71	62	10	皮膚荒れ
22.01.23	日	○	51.0	36.7	123	75	62	15	皮膚荒れ
22.01.24	月		50.9	36.7	111	64	70	20	皮膚荒れ
22.01.25	火		51.6	36.3	121	73	55	30	皮膚荒れ
22.01.26	水		51.9	36.4	120	69	58	25	皮膚荒れ
22.01.27	木		52.7	36.3	121	71	62	30	皮膚荒れ
22.01.28	金		52.6	36.5	111	72	56	20	皮膚荒れ
22.01.29	土	○	52.4	36.7	110	67	56	20	皮膚荒れ
22.01.30	日	○	52.5	36.8	113	68	57	25	皮膚荒れ
22.01.31	月		52.2	36.6	117	64	58	10	皮膚荒れ
22.02.01	火		52.4	36.6	118	72	60	10	皮膚荒れ
22.02.02	水		52.8	36.6	115	70	55	20	皮膚荒れ
22.02.03	木		52.3	36.7	112	65	59	20	皮膚荒れ
22.02.04	金		52.4	36.6	117	67	56	15	皮膚荒れ
22.02.05	土	○	51.7	36.7	117	70	59	20	皮膚荒れ
22.02.06	日	○	51.2	36.5	111	70	58	20	皮膚荒れ
22.02.07	月		50.5	36.5	118	64	55	20	皮膚荒れ
22.02.08	火		50.1	36.4	115	60	55	20	皮膚荒れ
22.02.09	水		49.6	36.6	112	65	58	20	皮膚荒れ
22.02.10	木		49.2	36.5	110	57	56	20	皮膚荒れ
22.02.11	金		49.1	36.3	105	62	53	20	皮膚荒れ
22.02.12	土	○	48.8	36.2	109	65	57	20	皮膚荒れ
22.02.13	日	○	49.6	36.7	112	62	55	20	皮膚荒れ
22.02.14	月		50.1	36.6	120	74	57	20	皮膚荒れ
22.02.15	火		50.8	36.7	112	66	56	20	皮膚荒れ
22.02.16	水		50.8	36.4	113	63	54	10	皮膚荒れ
22.02.17	木		50.2	36.6	112	62	52	15	皮膚荒れ
22.02.18	金		50.1	36.6	120	63	56	20	皮膚荒れ
22.02.19	土	○	50.2	36.9	113	69	53	15	皮膚荒れ
22.02.20	日	○	50.5	36.6	113	67	53	15	皮膚荒れ
22.02.21	月		50.5	36.6	111	64	52	15	皮膚荒れ
22.02.22	火		50.2	36.6	113	69	49	25	皮膚荒れ
22.02.23	水		50.0	37.0	115	71	54	15	皮膚荒れ
22.02.24	木		50.2	36.0	119	63	52	20	皮膚荒れ
22.02.25	金		49.9	36.6	118	69	52	15	皮膚荒れ
22.02.26	土	○	49.9	36.5	111	70	51	15	皮膚荒れ
22.02.27	日	○	49.9	35.2	107	63	53	20	皮膚荒れ
22.02.28	月		49.4	36.4	108	60	55	20	皮膚荒れ
22.03.01	火		49.4	37.0	109	66	52	15	皮膚荒れ
22.03.02	水		49.7	36.8	104	55	54	10	皮膚荒れ
22.03.03	木		49.2	35.9	102	55	52	15	皮膚荒れ
22.03.04	金		49.2	35.4	107	56	52	50	皮膚荒れ
22.03.05	土	○	49.4	36.1	108	60	52	50	皮膚荒れ
22.03.06	日	○	49.6	36.2	110	69	47	40	皮膚荒れ
22.03.07	月		49.2	36.2	111	72	52	40	皮膚荒れ
22.03.08	火		49.1	35.9	114	67	55	5	皮膚荒れ
22.03.09	水		48.8	36.6	108	68	58	30	皮膚荒れ
22.03.10	木		48.4	36.7	108	58	57	30	皮膚荒れ
22.03.11	金		48.2	36.4	115	57	56	30	皮膚荒れ
22.03.12	土	○	48.2	36.9	110	68	61	10	皮膚荒れ
22.03.13	日	○	48.2	36.4	105	62	63	15	皮膚荒れ
22.03.14	月		48.4	36.7	106	60	57	15	皮膚荒れ

付録4 筆者の体調記録（Author's Health Records）

日付			数値						不調名
			体重kg	体温℃	血圧H	血圧L	脈拍	点数	
22.03.15	火		47.9	36.9	115	68	71	15	皮膚荒れ
22.03.16	水		48.5	36.9	123	71	61	15	皮膚荒れ
22.03.17	木		48.0	36.5	107	63	63	15	皮膚荒れ
22.03.18	金		48.0	36.8	103	61	61	5	皮膚荒れ
22.03.19	土	○	48.3	36.2	98	57	66	15	皮膚荒れ
22.03.20	日	○	48.1	36.4	101	63	57	20	皮膚荒れ
22.03.21	月		48.6	36.9	103	58	66	30	皮膚荒れ
22.03.22	火		48.7	36.8	105	58	57	10	皮膚荒れ
22.03.23	水		48.9	36.5	102	58	55	10	皮膚荒れ
22.03.24	木		48.2	36.9	91	54	56	30	皮膚荒れ
22.03.25	金		48.7	36.6	101	55	61	20	皮膚荒れ
22.03.26	土	○	50.2	36.9	103	58	56	30	皮膚荒れ
22.03.27	日	○	50.0	36.7	106	61	51	25	皮膚荒れ
22.03.28	月		50.4	36.8	96	52	52	30	皮膚荒れ
22.03.29	火		51.2	36.6	103	54	53	20	皮膚荒れ
22.03.30	水		52.0	36.7	99	53	57	10	皮膚荒れ
22.03.31	木		52.3	37.0	94	46	61	10	皮膚荒れ
22.04.01	金		51.8	36.9	104	52	53	15	皮膚荒れ
22.04.02	土	○	51.1	36.9	95	50	61	15	皮膚荒れ
22.04.03	日	○	51.1	37.0	100	51	61	10	皮膚荒れ
22.04.04	月		50.7	36.9	95	49	54	15	皮膚荒れ
22.04.05	火		50.6	36.6	106	57	54	20	皮膚荒れ
22.04.06	水		49.6	36.9	101	51	55	15	皮膚荒れ
22.04.07	木		48.7	36.4	103	52	54	10	皮膚荒れ
22.04.08	金		48.2	36.5	97	51	59	15	皮膚荒れ
22.04.09	土	○	47.4	35.2	97	52	64	10	皮膚荒れ
22.04.10	日	○	47.4	35.3	95	53	63	10	皮膚荒れ
22.04.11	月		47.6	35.7	106	59	58	15	皮膚荒れ
22.04.12	火		48.3	37.0	108	60	56	20	皮膚荒れ
22.04.13	水		48.7	36.7	105	58	57	20	皮膚荒れ
22.04.14	木		49.5	37.0	110	61	56	25	皮膚荒れ
22.04.15	金		49.7	36.8	104	60	59	20	皮膚荒れ
22.04.16	土	○	49.5	36.6	111	64	55	20	皮膚荒れ
22.04.17	日	○	49.7	36.3	109	62	51	20	皮膚荒れ
22.04.18	月		49.6	36.1	99	56	58	20	皮膚荒れ
22.04.19	火		49.8	35.9	106	62	57	20	皮膚荒れ
22.04.20	水		50.1	36.1	103	57	58	25	皮膚荒れ
22.04.21	木		49.9	36.6	103	58	56	20	皮膚荒れ
22.04.22	金		50.1	36.0	109	63	53	30	皮膚荒れ
22.04.23	土	○	50.8	36.5	112	65	53	25	皮膚荒れ
22.04.24	日	○	50.6	37.2	92	53	55	30	皮膚荒れ
22.04.25	月		51.1	36.8	107	64	52	35	皮膚荒れ
22.04.26	火		52.3	36.5	104	61	53	40	皮膚荒れ、頭痛
22.04.27	水		51.9	36.9	102	61	51	30	皮膚荒れ
22.04.28	木		52.0	36.5	101	54	50	20	皮膚荒れ
22.04.29	金		52.4	36.8	99	59	48	25	皮膚荒れ
22.04.30	土	○	52.2	36.8	97	56	48	30	皮膚荒れ
22.05.01	日	○	52.6	36.7	97	57	48	30	皮膚荒れ
22.05.02	月		53.1	36.7	100	59	50	20	皮膚荒れ
22.05.03	火		52.8	36.6	105	57	53	15	皮膚荒れ
22.05.04	水		52.6	36.7	100	55	53	10	皮膚荒れ
22.05.05	木		52.8	36.9	92	53	48	20	皮膚荒れ
22.05.06	金		53.7	36.9	105	60	54	30	皮膚荒れ
22.05.07	土	○	54.5	36.4	99	59	52	30	皮膚荒れ
22.05.08	日	○	55.3	36.4	99	61	53	35	皮膚荒れ
22.05.09	月		56.1	36.5	97	57	49	40	皮膚荒れ
22.05.10	火		57.3	36.7	104	58	56	30	皮膚荒れ
22.05.11	水		57.0	36.0	105	64	48	40	皮膚荒れ

付録4　筆者の体調記録（Author's Health Records）

日付			数値						不調名
			体重kg	体温℃	血圧H	血圧L	脈拍	点数	
22.05.12	木		57.6	36.6	97	57	51	35	皮膚荒れ
22.05.13	金		58.6	37.1	108	63	58	40	皮膚荒れ
22.05.14	土	O	59.0	36.8	102	59	53	40	皮膚荒れ
22.05.15	日	O	58.4	36.9	104	58	51	20	皮膚荒れ
22.05.16	月		58.4	36.7	108	63	52	20	皮膚荒れ
22.05.17	火		58.3	36.7	99	53	54	25	皮膚荒れ
22.05.18	水		58.1	36.6	100	54	50	20	皮膚荒れ
22.05.19	木		58.3	36.6	97	54	50	40	皮膚荒れ
22.05.20	金		58.1	36.6	99	55	52	40	皮膚荒れ
22.05.21	土	O	57.6	36.6	93	54	50	50	皮膚荒れ
22.05.22	日	O	57.1	36.4	97	55	45	60	頭痛、右腹痛
22.05.23	月		56.8	36.3	102	57	44	60	頭痛、右腹痛
22.05.24	火		57.6	36.5	91	50	46	50	
22.05.25	水		56.9	36.5	99	56	50	50	
22.05.26	木		57.0	36.5	94	53	47	40	
22.05.27	金		57.4	36.8	97	51	51	30	
22.05.28	土	O	57.6	36.8	93	50	52	30	
22.05.29	日	O	56.5	36.8	94	50	53	35	
22.05.30	月		56.6	36.8	93	52	48	40	
22.05.31	火		56.8	36.4	97	52	46	50	
22.06.01	水		56.8	36.4	91	49	51	40	
22.06.02	木		56.6	36.5	91	53	46	50	
22.06.03	金		57.3	36.4	90	50	48	40	
22.06.04	土	O	57.1	36.4	96	52	46	40	
22.06.05	日	O	57.9	36.6	99	57	47	20	
22.06.06	月		58.1	36.5	114	64	44	20	
22.06.07	火		58.1	36.4	113	67	44	35	
22.06.08	水		58.0	36.6	104	61	44	20	頭痛
22.06.09	木		57.5	36.3	101	59	44	10	
22.06.10	金		57.6	36.7	97	54	52	30	
22.06.11	土	O	57.5	36.5	103	61	50	30	
22.06.12	日	O	57.6	36.5	104	58	51	30	
22.06.13	月		57.5	36.4	98	54	49	40	
22.06.14	火		57.7	36.5	105	62	45	40	
22.06.15	水		57.5	36.5	105	63	50	40	
22.06.16	木		57.6	36.3	101	59	47	40	
22.06.17	金		57.7	36.7	103	61	50	40	
22.06.18	土	O	57.3	36.6	93	56	53	40	
22.06.19	日	O	57.2	36.6	95	58	51	40	
22.06.20	月		56.8	36.9	93	50	53	40	
22.06.21	火		56.6	36.5	98	56	51	30	
22.06.22	水		56.3	36.4	99	55	52	30	
22.06.23	木		56.3	36.8	96	57	54	20	
22.06.24	金		56.3	37.0	93	55	56	20	
22.06.25	土	O	56.3	36.6	99	56	54	10	
22.06.26	日	O	56.0	36.6	98	57	52	30	
22.06.27	月		55.5	36.5	92	53	52	20	
22.06.28	火		55.0	36.7	96	55	58	20	
22.06.29	水		54.2	36.7	93	56	58	20	
22.06.30	木		54.3	36.7	92	53	59	20	
22.07.01	金		54.5	36.6	90	52	55	40	
22.07.02	土	O	54.5	36.8	99	55	57	30	
22.07.03	日	O	54.6	36.7	94	54	56	40	
22.07.04	月		54.2	36.7	92	54	60	20	
22.07.05	火		54.0	36.6	93	58	57	40	
22.07.06	水		53.9	36.3	102	61	56	20	
22.07.07	木		54.3	36.6	102	61	52	20	
22.07.08	金		53.8	37.0	92	57	62	10	

付録4　筆者の体調記録（Author's Health Records）

日付			数値						不調名
			体重kg	体温℃	血圧H	血圧L	脈拍	点数	
22.07.09	土	○	53.9	36.8	103	60	62	10	
22.07.10	日	○	53.9	36.8	103	60	62	10	
22.07.11	月		53.8	36.8	103	65	61	10	
22.07.12	火		53.6	36.7	97	57	61	20	
22.07.13	水		53.5	37.0	103	68	68	10	
22.07.14	木		53.6	36.9	97	59	58	30	
22.07.15	金		53.6	36.5	101	65	57	40	
22.07.16	土	○	53.5	36.7	94	58	56	30	
22.07.17	日	○	53.8	36.5	96	61	51	50	
22.07.18	月		53.5	36.6	91	54	53	30	
22.07.19	火		53.4	36.3	86	48	49	40	
22.07.20	水		53.4	36.4	92	50	51	40	
22.07.21	木		52.8	36.5	89	53	50	30	
22.07.22	金		52.6	36.5	88	52	50	30	
22.07.23	土	○	52.5	36.6	92	57	52	30	
22.07.24	日	○	52.6	36.5	92	54	54	30	
22.07.25	月		52.5	36.6	86	51	59	30	
22.07.26	火		53.0	36.5	92	51	55	25	
22.07.27	水		53.1	36.7	90	53	62	30	
22.07.28	木		53.6	37.3	89	52	65	25	
22.07.29	金		54.1	36.8	107	64	60	20	
22.07.30	土	○	53.8	36.7	103	58	52	20	
22.07.31	日	○	53.7	36.6	93	55	53	25	
22.08.01	月		53.6	36.6	89	52	52	20	
22.08.02	火		52.9	36.7	96	55	54	10	
22.08.03	水		52.7	36.7	87	48	53	10	
22.08.04	木		52.1	36.5	94	55	50	15	
22.08.05	金		52.0	36.7	93	54	57	25	
22.08.06	土	○	51.8	36.7	99	60	61	30	
22.08.07	日	○	52.0	36.6	97	61	53	30	
22.08.08	月		51.7	36.2	93	57	54	40	
22.08.09	火		51.5	36.4	89	54	57	40	
22.08.10	水		51.4	36.5	95	51	57	30	
22.08.11	木		51.5	36.5	92	54	56	30	
22.08.12	金		51.3	36.8	87	51	56	30	
22.08.13	土	○	51.5	36.7	86	52	59	10	
22.08.14	日	○	51.6	36.6	84	46	60	20	
22.08.15	月		51.8	36.6	85	47	59	10	
22.08.16	火		51.6	36.6	83	48	65	20	
22.08.17	水		51.3	36.7	85	52	57	30	
22.08.18	木		51.5	36.7	89	49	56	40	
22.08.19	金		51.6	36.4	89	53	49	30	
22.08.20	土	○	52.2	36.1	89	52	48	30	
22.08.21	日	○	52.4	36.6	94	57	49	30	
22.08.22	月		53.0	36.4	96	56	49	30	
22.08.23	火		53.2	36.4	90	53	47	25	
22.08.24	水		53.4	36.3	87	49	50	25	
22.08.25	木		53.6	36.4	90	50	47	30	
22.08.26	金		53.7	36.4	94	53	48	30	頭痛
22.08.27	土	○	53.9	36.6	92	50	53	30	
22.08.28	日	○	53.9	36.4	93	54	48	20	
22.08.29	月		54.1	36.4	89	48	50	25	
22.08.30	火		54.4	36.6	87	52	52	30	
22.08.31	水		54.4	36.4	96	52	53	30	頭痛
22.09.01	木		54.8	36.3	86	51	51	20	
22.09.02	金		54.8	36.3	94	54	48	40	
22.09.03	土	○	55.0	36.5	93	56	49	30	
22.09.04	日	○	54.8	36.5	90	53	52	40	

付録4　筆者の体調記録（Author's Health Records）

日付			数値						不調名
			体重kg	体温℃	血圧H	血圧L	脈拍	点数	
22.09.05	月		54.5	36.5	90	55	47	30	
22.09.06	火		54.6	36.5	85	49	54	30	
22.09.07	水		54.8	36.4	90	48	52	30	
22.09.08	木		55.0	36.3	91	53	51	40	
22.09.09	金		54.8	36.4	91	51	51	40	
22.09.10	土	○	54.6	36.4	94	57	52	40	頭痛
22.09.11	日	○	54.7	36.4	92	54	48	20	
22.09.12	月		54.9	36.4	93	57	50	40	
22.09.13	火		54.9	36.4	92	53	47	20	
22.09.14	水		55.2	36.4	92	56	47	40	
22.09.15	木		55.2	36.4	101	61	45	20	
22.09.16	金		55.1	36.5	91	57	46	40	
22.09.17	土	○	54.8	36.4	90	54	44	40	
22.09.18	日	○	54.8	36.3	92	53	47	30	
22.09.19	月		54.9	36.4	92	55	48	25	
22.09.20	火		54.9	36.3	89	49	48	30	
22.09.21	水		55.4	36.5	101	62	47	40	
22.09.22	木		55.4	36.3	97	57	44	50	
22.09.23	金		55.3	36.4	95	58	52	50	
22.09.24	土	○	55.8	36.3	98	61	45	55	
22.09.25	日	○	55.7	36.3	106	64	43	40	鼻血
22.09.26	月		55.8	36.3	104	65	48	50	
22.09.27	火		55.6	36.4	95	59	49	50	
22.09.28	水		55.5	36.3	101	61	45	50	背中痛
22.09.29	木		55.4	36.5	100	60	49	40	背中痛
22.09.30	金		55.4	36.4	99	57	48	50	
22.10.01	土	○	55.3	36.6	101	65	52	40	
22.10.02	日	○	55.3	36.3	95	61	51	40	
22.10.03	月		55.1	36.4	100	59	51	45	
22.10.04	火		54.8	36.6	95	58	54	50	
22.10.05	水		55.1	36.4	101	62	52	40	
22.10.06	木		55.4	36.3	98	62	49	45	
22.10.07	金		55.7	36.3	102	61	48	40	
22.10.08	土	○	55.6	36.4	105	62	52	35	
22.10.09	日	○	55.6	36.4	103	59	49	40	
22.10.10	月		55.5	36.5	102	60	48	30	
22.10.11	火		55.6	36.2	95	59	53	40	
22.10.12	水		55.9	36.9	109	64	52	45	
22.10.13	木		56.0	36.3	100	60	51	30	
22.10.14	金		56.1	36.3	101	65	50	35	
22.10.15	土	○	56.2	36.4	104	60	48	40	
22.10.16	日	○	56.1	36.4	105	60	51	20	
22.10.17	月		55.9	36.4	92	51	52	30	
22.10.18	火		55.6	36.3	100	55	52	25	
22.10.19	水		55.6	36.4	97	57	48	40	
22.10.20	木		55.5	36.5	100	58	50	35	
22.10.21	金		55.3	36.3	95	56	49	30	
22.10.22	土	○	55.3	36.7	96	54	53	30	
22.10.23	日	○	55.1	36.4	101	58	55	20	
22.10.24	月		55.2	36.4	90	57	52	20	
22.10.25	火		55.2	36.4	97	56	53	30	
22.10.26	水		55.0	36.5	98	59	53	30	
22.10.27	木		55.1	36.4	100	62	55	40	
22.10.28	金		55.3	36.4	100	56	53	30	
22.10.29	土	○	55.3	36.3	98	66	51	40	
22.10.30	日	○	55.4	36.4	97	57	53	40	
22.10.31	月		55.5	36.5	92	52	54	30	
22.11.01	火		55.6	36.4	97	47	55	25	

付録4 筆者の体調記録（Author's Health Records）

日付			数値						不調名
			体重kg	体温℃	血圧H	血圧L	脈拍	点数	
22.11.02	水		55.9	36.4	95	59	52	35	
22.11.03	木		55.7	36.2	95	59	52	30	
22.11.04	金		55.6	36.0	99	62	54	20	
22.11.05	土	○	55.4	36.3	96	60	55	35	
22.11.06	日	○	55.4	36.1	90	57	58	25	
22.11.07	月		55.4	36.3	94	55	54	40	
22.11.08	火		55.7	36.4	99	55	58	25	
22.11.09	水		56.1	36.3	99	58	57	20	
22.11.10	木		56.0	36.5	101	54	58	25	
22.11.11	金		55.7	36.3	100	61	59	30	
22.11.12	土	○	55.7	36.5	95	59	57	35	
22.11.13	日	○	55.8	36.5	91	54	58	40	
22.11.14	月		55.8	36.3	93	52	56	35	
22.11.15	火		55.9	36.5	100	63	56	45	
22.11.16	水		56.0	36.3	96	60	57	40	
22.11.17	木	.	56.2	36.4	94	51	60	35	
22.11.18	金		56.1	36.2	102	47	58	30	
22.11.19	土	○	55.8	35.7	99	59	57	35	
22.11.20	日	○	55.7	36.8	97	58	59	40	
22.11.21	月		55.4	35.8	97	48	59	30	
22.11.22	火		55.3	36.4	96	61	57	15	
22.11.23	水		55.0	35.8	97	62	57	20	
22.11.24	木		54.9	36.2	99	57	59	40	
22.11.25	金		54.6	36.5	96	61	63	40	
22.11.26	土	○	55.0	36.3	102	60	55	40	
22.11.27	日	○	55.4	35.9	100	59	55	40	
22.11.28	月		55.4	36.3	101	58	60	40	
22.11.29	火		55.9	35.8	100	62	54	45	
22.11.30	水		56.3	36.5	91	48	56	40	
22.12.01	木		56.4	36.5	96	51	59	40	
22.12.02	金		56.5	36.5	108	62	55	30	
22.12.03	土	○	56.2	36.2	100	58	54	35	
22.12.04	日	○	56.1	36.3	106	58	56	35	
22.12.05	月		56.1	36.3	108	59	55	15	
22.12.06	火		55.7	36.3	110	65	50	30	
22.12.07	水		55.2	36.3	104	61	54	40	
22.12.08	木		55.2	36.4	93	58	52	40	
22.12.09	金		55.0	36.3	103	60	54	40	
22.12.10	土	○	55.4	36.4	98	54	52	30	
22.12.11	日	○	55.1	36.3	100	53	55	30	
22.12.12	月		55.4	36.4	103	53	56	20	
22.12.13	火		55.2	36.6	106	57	51	25	
22.12.14	水		55.0	36.5	97	54	50	20	
22.12.15	木		54.8	36.6	91	54	53	20	
22.12.16	金		54.8	36.6	112	62	50	10	
22.12.17	土	○	54.8	36.4	109	62	51	10	
22.12.18	日	○	55.1	36.6	106	54	53	20	
22.12.19	月		55.0	36.4	91	62	48	30	
22.12.20	火		54.7	36.5	104	64	49	30	
22.12.21	水		54.5	36.4	105	63	50	30	
22.12.22	木		54.7	36.3	100	60	53	30	
22.12.23	金		54.8	36.6	117	68	53	30	
22.12.24	土	○	55.0	36.0	101	67	47	20	
22.12.25	日	○	54.0	36.4	109	63	49	30	
22.12.26	月		54.0	36.4	107	70	47	40	
22.12.27	火		53.8	35.8	110	65	49	40	
22.12.28	水		52.8	36.3	110	68	50	30	
22.12.29	木		52.9	36.6	105	67	49	25	

付録4 筆者の体調記録（Author's Health Records）

日付			数値						不調名
			体重kg	体温℃	血圧H	血圧L	脈拍	点数	
22.12.30	金		52.8	36.6	114	68	47	10	
22.12.31	土	○	52.9	36.2	98	61	52	10	
23.01.01	日	○	53.1	36.6	100	59	50	15	
23.01.02	月		53.2	36.4	95	54	52	20	
23.01.03	火		53.3	36.4	107	63	50	25	
23.01.04	水		53.5	36.3	106	69	53	40	
23.01.05	木		53.5	36.5	107	70	55	30	
23.01.06	金		53.9	36.4	100	68	52	20	
23.01.07	土	○	53.8	36.5	102	66	57	40	
23.01.08	日	○	53.7	36.5	106	72	49	20	
23.01.09	月		53.8	36.2	104	63	52	30	
23.01.10	火		53.6	36.6	103	60	61	40	
23.01.11	水		54.1	36.5	117	72	53	45	
23.01.12	木		53.8	36.1	112	69	53	45	
23.01.13	金		54.0	36.1	114	68	55	45	
23.01.14	土	○	54.0	36.3	101	64	51	40	
23.01.15	日	○	54.0	36.4	109	68	52	40	
23.01.16	月		53.5	36.8	113	67	53	40	
23.01.17	火		53.5	36.5	111	60	57	40	
23.01.18	水		53.8	36.4	103	63	60	40	
23.01.19	木		53.8	36.5	104	70	55	40	
23.01.20	金		53.7	36.1	112	63	58	40	
23.01.21	土	○	53.8	36.5	108	68	52	20	
23.01.22	日	○	54.1	36.5	109	64	52	30	
23.01.23	月		54.0	36.2	111	64	55	25	
23.01.24	火		53.8	36.5	111	63	52	30	
23.01.25	水		54.0	36.0	122	61	56	20	
23.01.26	木		53.6	36.0	119	68	56	25	
23.01.27	金		53.7	36.3	115	65	51	30	
23.01.28	土	○	53.2	36.3	111	66	54	35	
23.01.29	日	○	53.2	36.5	111	69	58	40	
23.01.30	月		53.2	36.5	108	67	55	35	
23.01.31	火		53.5	36.4	112	65	60	35	
23.02.01	水		53.7	36.5	109	61	59	40	
23.02.02	木		53.9	36.2	104	62	51	40	
23.02.03	金		54.4	36.8	95	60	58	40	
23.02.04	土	○	54.6	36.5	109	65	54	40	
23.02.05	日	○	54.7	36.5	110	70	61	40	
23.02.06	月		54.3	36.3	111	74	55	5	
23.02.07	火		54.2	36.7	97	59	55	30	
23.02.08	水		54.1	36.6	112	73	50	40	
23.02.09	木		54.4	36.3	104	65	52	50	
23.02.10	金		55.0	36.0	115	68	49	50	
23.02.11	土	○	55.1	36.4	119	71	44	40	
23.02.12	日	○	55.2	36.4	111	70	45	50	
23.02.13	月		55.9	36.3	113	69	48	40	
23.02.14	火		56.2	36.4	113	71	48	30	
23.02.15	水		56.0	36.5	116	66	49	25	
23.02.16	木		55.9	36.3	121	73	52	20	
23.02.17	金		55.6	36.2	112	67	53	15	
23.02.18	土	○	56.6	36.6	114	73	51	20	
23.02.19	日	○	57.1	36.5	125	70	54	20	
23.02.20	月		57.3	36.6	120	75	56	10	
23.02.21	火		57.5	36.4	117	80	54	15	
23.02.22	水		57.0	36.4	114	72	50	15	
23.02.23	木		56.5	36.8	127	72	55	20	
23.02.24	金		55.9	36.2	113	69	53	30	
23.02.25	土	○	55.5	36.6	126	72	52	25	

付録4　筆者の体調記録（Author's Health Records）

日付			数値						不調名
			体重kg	体温℃	血圧H	血圧L	脈拍	点数	
23.02.26	日	○	55.1	36.7	123	76	51	30	
23.02.27	月		55.0	36.4	121	74	50	40	
23.02.28	火		54.9	36.2	118	73	50	40	
23.03.01	水		54.8	36.6	117	71	54	20	
23.03.02	木		55.5	36.2	116	73	47	15	
23.03.03	金		55.3	36.7	109	70	56	20	
23.03.04	土	○	55.8	36.5	114	71	52	30	
23.03.05	日	○	55.1	36.3	113	73	50	15	
23.03.06	月		54.8	36.8	117	77	55	20	
23.03.07	火		55.3	36.7	115	72	62	5	
23.03.08	水		55.0	36.6	118	71	52	10	
23.03.09	木		55.4	36.5	121	70	51	5	
23.03.10	金		54.8	37.3	114	53	63	5	
23.03.11	土	○	54.3	36.7	122	77	55	20	
23.03.12	日	○	54.4	36.6	126	71	52	25	
23.03.13	月		54.5	36.6	119	74	54	40	
23.03.14	火		55.0	36.7	115	65	48	45	
23.03.15	水		54.8	36.4	121	65	49	45	
23.03.16	木		55.1	36.6	107	66	51	45	
23.03.17	金		54.5	36.4	121	66	60	40	
23.03.18	土	○	54.5	36.1	116	69	48	40	
23.03.19	日	○	54.3	36.3	128	78	58	20	
23.03.20	月		54.0	36.7	107	71	59	20	
23.03.21	火		53.9	36.7	117	73	64	20	
23.03.22	水		53.9	36.4	120	78	56	20	頭痛、吐気
23.03.23	木		54.0	36.5	120	70	62	30	
23.03.24	金		54.5	36.7	108	60	66	30	便悪
23.03.25	土	○	54.7	36.8	112	66	57	30	
23.03.26	日	○	54.9	36.6	105	67	52	30	
23.03.27	月		55.3	36.6	105	68	51	30	
23.03.28	火		55.3	36.6	113	64	53	30	
23.03.29	水		55.4	36.2	104	68	49	30	
23.03.30	木		55.3	36.6	119	76	53	15	
23.03.31	金		55.1	36.7	110	65	59	30	
23.04.01	土	○	55.2	36.5	111	67	52	15	
23.04.02	日	○	55.0	36.6	113	66	53	30	
23.04.03	月		54.9	36.3	109	67	51	20	
23.04.04	火		54.2	36.5	113	63	54	20	
23.04.05	水		54.2	36.5	108	71	51	15	
23.04.06	木		54.0	36.3	101	61	56	30	
23.04.07	金		54.7	36.5	107	65	47	25	
23.04.08	土	○	54.3	36.7	103	63	53	15	
23.04.09	日	○	54.4	36.7	105	60	50	20	
23.04.10	月		54.5	36.1	110	62	55	20	
23.04.11	火		54.2	36.5	101	58	52	30	
23.04.12	水		54.6	36.8	96	54	60	30	
23.04.13	木		55.0	36.5	102	65	53	30	
23.04.14	金		54.9	36.5	100	61	55	30	
23.04.15	土	○	54.9	36.7	98	59	59	10	
23.04.16	日	○	54.4	36.9	100	62	62	20	
23.04.17	月		54.4	36.4	110	63	55	20	
23.04.18	火		54.7	36.6	104	66	58	25	
23.04.19	水		54.5	37.0	109	69	60	20	
23.04.20	木		54.5	36.7	110	68	50	30	
23.04.21	金		54.6	36.9	102	64	61	5	
23.04.22	土	○	54.6	36.3	108	68	59	20	
23.04.23	日	○	54.7	36.4	107	65	63	25	
23.04.24	月		54.6	36.8	104	60	55	25	

付録4　筆者の体調記録（Author's Health Records）

日付			数値						不調名
			体重kg	体温℃	血圧H	血圧L	脈拍	点数	
23.04.25	火		54.6	36.6	113	66	51	30	
23.04.26	水		54.3	36.4	109	64	55	15	
23.04.27	木		53.8	36.7	109	70	53	25	
23.04.28	金		53.8	36.8	110	64	55	30	
23.04.29	土	○	53.7	36.5	104	61	59	30	
23.04.30	日	○	54.0	36.0	100	64	60	15	
23.05.01	月		54.2	36.5	98	60	55	15	
23.05.02	火		54.7	36.9	102	65	66	10	
23.05.03	水		54.5	36.6	111	61	55	10	
23.05.04	木		54.3	36.6	102	59	58	20	
23.05.05	金		53.8	36.6	99	64	61	20	
23.05.06	土	○	53.7	36.6	92	59	60	25	
23.05.07	日	○	53.9	36.5	95	58	59	20	
23.05.08	月		54.3	36.5	99	64	55	5	
23.05.09	火		54.5	36.6	97	62	53	15	
23.05.10	水		54.6	36.3	105	66	55	10	
23.05.11	木		53.8	36.6	99	59	58	20	
23.05.12	金		53.5	36.3	111	59	56	25	
23.05.13	土	○	53.4	36.5	97	63	56	20	
23.05.14	日	○	53.5	36.5	97	63	56	20	
23.05.15	月		53.3	36.1	100	59	55	40	
23.05.16	火		53.6	36.4	94	51	59	50	
23.05.17	水		53.8	36.2	94	58	60	50	
23.05.18	木		54.6	36.7	92	59	68	30	
23.05.19	金		55.3	36.6	97	60	57	15	
23.05.20	土	○	56.0	36.8	99	64	62	20	
23.05.21	日	○	56.0	36.5	102	64	55	20	
23.05.22	月		56.2	36.6	99	57	59	20	
23.05.23	火		56.1	36.6	101	56	57	10	
23.05.24	水		56.7	36.4	103	58	55	10	
23.05.25	木		56.8	36.5	96	53	54	15	
23.05.26	金		56.9	36.6	100	61	53	15	
23.05.27	土	○	56.6	36.8	93	54	57	15	
23.05.28	日	○	56.3	36.6	93	55	55	15	
23.05.29	月		56.1	36.5	95	57	56	30	
23.05.30	火		56.2	36.5	92	55	53	40	
23.05.31	水		56.0	36.5	98	55	55	50	
23.06.01	木		55.7	36.6	94	54	56	50	
23.06.02	金		55.7	36.4	99	60	59	50	
23.06.03	土	○	55.4	36.7	89	47	61	50	
23.06.04	日	○	55.2	36.6	93	56	59	50	
23.06.05	月		55.1	36.7	95	57	58	25	
23.06.06	火		55.3	36.4	91	51	55	25	
23.06.07	水		55.2	36.6	91	55	56	20	
23.06.08	木		55.1	36.5	90	51	60	25	
23.06.09	金		54.9	36.6	90	51	57	20	
23.06.10	土	○	54.6	36.6	90	54	57	50	
23.06.11	日	○	54.6	36.6	93	53	53	50	
23.06.12	月		54.5	36.5	98	53	53	30	
23.06.13	火		54.7	36.5	94	56	54	60	
23.06.14	水		54.9	36.6	94	54	52	40	
23.06.15	木		55.0	36.4	94	53	50	30	
23.06.16	金		55.0	36.8	96	56	52	40	
23.06.17	土	○	54.7	36.6	93	58	53	45	
23.06.18	日	○	54.7	36.7	88	51	54	50	
23.06.19	月		54.8	36.6	93	53	53	40	
23.06.20	火		54.6	36.6	91	51	53	60	
23.06.21	水		54.7	36.5	88	52	55	30	

付録4　筆者の体調記録（Author's Health Records）

日付			数値						不調名
			体重kg	体温°C	血圧H	血圧L	脈拍	点数	
23.06.22	木		54.7	36.7	87	51	55	35	
23.06.23	金		54.8	36.6	89	52	55	50	
23.06.24	土	○	54.5	36.5	89	51	51	50	
23.06.25	日	○	54.0	36.5	92	52	53	20	
23.06.26	月		53.7	36.4	90	53	51	40	
23.06.27	火		53.7	36.7	89	59	56	30	
23.06.28	水		53.7	36.5	94	61	54	25	
23.06.29	木		53.4	36.4	91	55	53	50	
23.06.30	金		52.5	36.5	93	57	53	50	
23.07.01	土	○	52.5	36.5	94	55	51	60	
23.07.02	日	○	52.8	36.5	87	56	52	60	
23.07.03	月		52.9	36.6	89	52	54	65	
23.07.04	火		52.9	36.5	90	57	51	20	
23.07.05	水		53.1	36.6	92	58	49	35	
23.07.06	木		53.1	36.4	94	58	52	50	
23.07.07	金		53.1	36.8	90	54	52	15	
23.07.08	土	○	52.5	36.6	93	59	53	20	
23.07.09	日	○	53.0	36.5	92	55	51	20	
23.07.10	月		53.0	36.5	93	56	49	35	
23.07.11	火		53.5	36.8	93	57	55	65	
23.07.12	水		53.1	36.7	94	59	52	60	
23.07.13	木		53.7	36.5	92	54	48	20	頭痛
23.07.14	金		53.8	36.6	89	52	53	40	
23.07.15	土	○	54.0	36.7	90	52	51	15	頭痛
23.07.16	日	○	53.9	36.7	85	51	50	60	
23.07.17	月		53.5	36.7	84	50	52	20	
23.07.18	火		53.2	36.7	91	56	56	70	
23.07.19	水		52.7	36.6	90	51	53	40	
23.07.20	木		53.2	36.5	89	54	55	50	頭痛
23.07.21	金		53.7	36.7	88	51	55	55	
23.07.22	土	○	53.5	36.1	91	53	54	60	
23.07.23	日	○	53.4	36.6	89	52	51	50	
23.07.24	月		53.3	36.9	93	55	50	55	
23.07.25	火		53.5	36.6	90	52	54	50	
23.07.26	水		53.2	36.6	91	54	52	55	
23.07.27	木		53.0	36.6	88	53	54	55	
23.07.28	金		53.1	36.5	87	50	52	20	
23.07.29	土	○	53.2	36.7	90	55	52	25	
23.07.30	日	○	53.0	36.6	90	51	52	30	頭痛
23.07.31	月		53.1	36.7	88	50	52	40	
23.08.01	火		52.9	36.7	94	46	54	50	
23.08.02	水		53.0	36.3	89	55	50	40	
23.08.03	木		53.1	36.5	87	53	49	50	
23.08.04	金		52.8	36.6	87	53	51	50	
23.08.05	土	○	52.6	36.2	88	53	50	55	
23.08.06	日	○	53.0	36.8	87	54	52	55	
23.08.07	月		53.1	36.8	88	55	54	30	
23.08.08	火		52.8	36.9	88	52	51	35	頭痛
23.08.09	水		53.0	36.8	86	50	50	10	
23.08.10	木		53.1	36.9	86	51	51	40	舌痛
23.08.11	金		53.0	36.9	88	52	52	35	舌痛
23.08.12	土	○	53.0	36.5	86	47	56	35	舌痛
23.08.13	日	○	52.8	36.5	93	57	52	20	舌痛
23.08.14	月		52.6	36.6	85	52	54	25	舌痛
23.08.15	火		52.7	36.4	88	54	53	50	舌痛
23.08.16	水		52.7	36.4	88	54	53	50	舌痛
23.08.17	木		52.5	36.7	88	53	54	50	舌痛
23.08.18	金		52.3	36.7	91	57	55	60	

付録4　筆者の体調記録（Author's Health Records）

日付			数値					不調名
			体重kg	体温℃	血圧H	血圧L	脈拍	点数	
23.08.19	土	○	52.3	36.7	86	50	54	10	
23.08.20	日	○	52.3	36.6	84	50	53	30	
23.08.21	月		52.4	36.5	83	49	50	40	
23.08.22	火		52.5	36.6	83	49	55	40	頭痛
23.08.23	水		52.4	36.8	84	50	54	30	
23.08.24	木		52.4	36.6	91	58	51	45	
23.08.25	金		52.4	36.7	88	51	55	45	
23.08.26	土	○	52.3	36.7	83	49	55	40	腹痛、吐気
23.08.27	日	○	52.4	36.6	84	49	54	25	腹痛、吐気
23.08.28	月		52.0	36.4	91	53	50	10	
23.08.29	火		52.0	36.7	82	48	54	20	
23.08.30	水		51.8	36.5	87	52	57	30	
23.08.31	木		52.0	36.6	82	48	56	60	舌痛
23.09.01	金		51.6	36.5	83	48	52	55	舌痛
23.09.02	土	○	51.5	36.6	82	46	52	55	舌痛
23.09.03	日	○	51.6	36.5	83	46	50	55	
23.09.04	月		52.0	36.4	87	52	48	55	
23.09.05	火		52.1	36.6	82	47	49	55	
23.09.06	水		52.0	36.5	87	53	51	55	
23.09.07	木		52.4	36.3	91	53	50	55	
23.09.08	金		52.4	36.6	91	54	49	50	
23.09.09	土	○	52.2	36.6	93	54	49	60	
23.09.10	日	○	52.3	36.5	85	49	54	65	
23.09.11	月		52.3	36.3	93	56	51	40	
23.09.12	火		52.4	36.5	96	61	50	50	
23.09.13	水		52.4	36.5	87	50	51	25	
23.09.14	木		52.4	36.6	90	56	51	50	
23.09.15	金		52.7	36.5	88	53	55	50	
23.09.16	土	○	53.2	36.7	98	60	56	50	
23.09.17	日	○	53.6	36.8	91	56	58	30	
23.09.18	月		53.6	36.7	89	54	58	40	
23.09.19	火		53.6	36.5	96	57	55	30	
23.09.20	水		53.6	36.6	94	57	51	30	
23.09.21	木		53.4	36.5	93	54	54	30	
23.09.22	金		52.9	36.5	89	53	61	40	
23.09.23	土	○	53.0	36.5	92	53	59	30	
23.09.24	日	○	53.0	36.5	97	60	57	30	
23.09.25	月		53.3	36.6	98	63	56	30	
23.09.26	火		53.3	36.5	97	59	53	35	
23.09.27	水		53.3	36.6	94	60	57	30	
23.09.28	木		53.3	36.7	102	62	63	40	
23.09.29	金		53.1	36.5	98	58	57	40	
23.09.30	土	○	52.6	36.6	98	58	55	25	
23.10.01	日	○	52.5	36.5	95	55	58	40	
23.10.02	月		52.5	36.5	96	58	57	60	
23.10.03	火		52.3	36.5	95	57	56	55	
23.10.04	水		52.4	36.6	95	58	55	60	
23.10.05	木		53.1	36.5	96	59	52	55	
23.10.06	金		52.9	36.5	99	60	53	65	
23.10.07	土	○	52.6	36.4	102	66	57	60	
23.10.08	日	○	52.9	36.7	100	61	54	70	
23.10.09	月		53.6	36.4	104	64	56	40	
23.10.10	火		53.7	36.6	102	59	59	55	
23.10.11	水		53.9	36.5	106	62	50	60	
23.10.12	木		53.9	36.7	104	65	51	60	
23.10.13	金		53.5	36.4	103	58	54	50	
23.10.14	土	○	53.2	36.6	103	62	56	55	首痛、便秘
23.10.15	日	○	53.2	36.6	108	61	60	55	

付録4　筆者の体調記録（Author's Health Records）

日付			数値						不調名
			体重kg	体温℃	血圧H	血圧L	脈拍	点数	
23.10.16	月		53.2	36.6	105	63	65	30	
23.10.17	火		52.9	36.8	106	62	64	55	
23.10.18	水		53.1	36.7	111	62	70	10	
23.10.19	木		53.1	36.5	114	78	65	20	
23.10.20	金		53.4	36.5	120	74	62	20	
23.10.21	土	○	53.4	36.6	114	78	60	30	
23.10.22	日	○	53.3	36.3	109	61	56	40	
23.10.23	月		53.0	36.4	110	67	53	30	首痛
23.10.24	火		53.0	36.1	109	66	64	50	頭痛、吐気
23.10.25	水		52.4	36.4	104	65	59	60	
23.10.26	木		52.6	36.6	107	72	60	70	
23.10.27	金		52.6	36.3	106	68	59	60	
23.10.28	土	○	52.6	36.6	103	67	65	60	
23.10.29	日	○	52.9	36.5	105	69	61	30	寒気
23.10.30	月		53.1	36.4	113	69	66	20	
23.10.31	火		53.1	36.6	108	69	60	30	
23.11.01	水		53.0	36.4	111	70	62	30	
23.11.02	木		53.2	36.4	108	74	65	60	
23.11.03	金		53.1	36.3	111	72	64	60	
23.11.04	土	○	53.1	36.6	107	68	67	20	寒気
23.11.05	日	○	53.0	36.8	111	66	63	40	
23.11.06	月		53.0	36.6	100	63	62	25	
23.11.07	火		52.9	36.6	102	69	62	60	
23.11.08	水		52.7	36.3	101	68	63	65	
23.11.09	木		52.7	36.3	110	66	58	65	
23.11.10	金		53.0	36.1	103	64	59	40	寒気
23.11.11	土	○	53.1	36.4	109	63	66	40	寒気
23.11.12	日	○	53.5	36.0	106	68	54	40	寒気、頭痛
23.11.13	月		53.3	36.3	113	67	60	40	寒気
23.11.14	火		53.6	36.4	112	72	61	40	
23.11.15	水		53.7	36.2	123	71	72	40	
23.11.16	木		53.6	36.4	109	59	63	30	
23.11.17	金		53.4	36.6	106	60	52	50	
23.11.18	土	○	53.4	36.4	111	67	74	50	
23.11.19	日	○	53.1	36.4	109	69	69	35	寒気
23.11.20	月		53.2	36.7	103	65	74	20	寒気
23.11.21	火		52.8	36.2	117	62	93	60	
23.11.22	水		52.6	36.3	111	61	73	60	
23.11.23	木		52.8	36.0	98	62	65	40	
23.11.24	金		52.9	36.4	114	69	61	60	
23.11.25	土	○	53.0	36.3	105	65	69	50	
23.11.26	日	○	53.1	36.7	108	70	59	60	
23.11.27	月		53.2	36.4	111	65	62	60	
23.11.28	火		53.3	36.3	108	64	63	40	寒気
23.11.29	水		53.2	36.5	112	66	65	50	
23.11.30	木		53.4	36.4	114	67	58	50	
23.12.01	金		53.4	36.3	114	71	65	60	
23.12.02	土	○	53.3	36.3	119	72	72	50	
23.12.03	日	○	53.6	36.7	108	70	61	50	
23.12.04	月		53.9	36.2	118	74	62	30	
23.12.05	火		53.9	36.4	113	69	65	30	
23.12.06	水		53.4	36.3	112	62	62	50	
23.12.07	木		53.3	36.4	108	72	62	30	
23.12.08	金		53.4	36.4	110	68	58	30	
23.12.09	土	○	53.3	36.6	109	71	60	30	
23.12.10	日	○	53.4	36.5	111	75	63	20	
23.12.11	月		53.3	36.3	111	73	58	40	
23.12.12	火		53.7	36.5	112	62	63	25	

付録4 筆者の体調記録（Author's Health Records）

日付			数値						不調名
			体重kg	体温℃	血圧H	血圧L	脈拍	点数	
23.12.13	水		53.6	36.4	111	75	67	25	
23.12.14	木		53.2	36.3	113	69	63	15	
23.12.15	金		53.4	36.4	114	68	65	40	
23.12.16	土	O	53.1	36.7	116	70	62	30	
23.12.17	日	O	53.4	36.3	112	79	77	30	
23.12.18	月		53.1	36.3	113	69	63	10	
23.12.19	火		52.9	36.5	113	68	58	40	
23.12.20	水		52.8	36.4	114	68	60	50	
23.12.21	木		52.3	36.3	107	73	66	20	
23.12.22	金		52.3	36.5	112	67	61	30	
23.12.23	土	O	52.1	36.4	107	66	77	20	
23.12.24	日	O	52.0	36.3	111	70	63	25	
23.12.25	月		52.1	36.1	118	73	74	5	
23.12.26	火		52.4	36.6	125	72	70	30	
23.12.27	水		52.5	36.6	113	77	73	5	
23.12.28	木		52.7	36.4	127	77	65	15	
23.12.29	金		52.5	36.3	121	74	71	5	
23.12.30	土	O	51.8	36.5	115	74	72	5	
23.12.31	日	O	51.4	36.7	114	79	73	30	
24.01.01	月	O	51.3	36.9	117	68	72	5	
24.01.02	火		51.8	36.6	124	66	70	5	
24.01.03	水		51.3	36.6	123	74	78	5	
24.01.04	木		51.4	36.6	121	74	62	30	
24.01.05	金		51.8	36.5	135	78	74	1	
24.01.06	土	O	50.8	36.7	120	69	93	10	
24.01.07	日	O	50.6	36.6	131	77	73	10	
24.01.08	月	O	51.0	36.5	127	75	68	5	
24.01.09	火		50.8	36.4	121	71	63	20	
24.01.10	水		50.3	36.6	124	76	66	10	
24.01.11	木		50.8	36.7	128	79	79	30	
24.01.12	金		50.9	36.8	127	69	74	5	
24.01.13	土	O	50.8	36.4	122	73	79	5	
24.01.14	日	O	50.3	36.6	122	76	82	10	
24.01.15	月		49.9	36.5	128	83	80	10	
24.01.16	火		49.5	36.8	121	80	86	20	
24.01.17	水		49.3	36.9	132	76	87	1	
24.01.18	木		49.8	37.0	128	80	75	1	
24.01.19	金		49.2	36.6	133	81	87	5	
24.01.20	土	O	48.8	36.7	124	75	85	10	
24.01.21	日	O	48.8	36.9	123	75	78	20	
24.01.22	月		48.3	36.8	123	77	79	5	
24.01.23	火		48.8	36.6	123	75	86	10	
24.01.24	水		49.0	36.7	129	84	81	1	
24.01.25	木		48.3	36.7	123	81	77	5	
24.01.26	金		48.6	36.9	129	76	80	20	
24.01.27	土	O	48.7	36.8	127	77	65	20	
24.01.28	日	O	49.2	36.8	132	79	65	15	
24.01.29	月		49.9	36.6	127	81	63	10	
24.01.30	火		50.0	36.7	134	84	67	5	
24.01.31	水		50.6	36.9	129	74	61	20	
24.02.01	木		50.4	36.9	134	77	60	20	
24.02.02	金		49.7	36.7	140	80	63	5	
24.02.03	土	O	49.6	36.7	126	76	65	5	
24.02.04	日	O	49.7	36.6	134	77	62	5	
24.02.05	月		49.5	36.8	122	76	62	5	
24.02.06	火		49.1	36.7	134	82	62	5	
24.02.07	水		49.0	36.7	125	78	64	15	
24.02.08	木		48.6	37.1	134	79	65	30	

付録4 筆者の体調記録（Author's Health Records）

日付			数値						不調名
			体重kg	体温℃	血圧H	血圧L	脈拍	点数	
24.02.09	金		48.8	36.8	132	76	59	40	
24.02.10	土	○	49.1	36.7	130	77	60	20	
24.02.11	日	○	49.3	36.8	135	81	58	35	
24.02.12	月	○	49.5	36.7	133	74	54	35	
24.02.13	火		49.6	36.7	132	75	58	30	
24.02.14	水		49.8	36.3	125	76	57	35	
24.02.15	木		49.9	36.6	132	72	62	30	
24.02.16	金		50.0	36.9	129	74	57	15	
24.02.17	土	○	49.6	36.8	131	73	59	20	
24.02.18	日	○	49.5	36.8	128	74	58	10	
24.02.19	月		49.7	36.9	124	74	57	30	
24.02.20	火		49.7	37.0	125	74	53	25	
24.02.21	水		49.9	36.6	126	70	54	30	
24.02.22	木		50.1	36.6	127	76	52	30	
24.02.23	金	○	49.6	36.6	128	76	52	20	
24.02.24	土	○	49.1	36.7	120	73	56	15	
24.02.25	日	○	48.9	36.5	120	72	56	15	
24.02.26	月		49.2	36.5	131	81	59	15	
24.02.27	火		49.3	36.5	126	78	59	15	
24.02.28	水		49.4	36.6	129	75	56	15	
24.02.29	木		49.3	36.7	135	76	55	15	
24.03.01	金		50.0	36.7	131	74	53	20	
24.03.02	土	○	50.3	36.8	143	85	53	25	
24.03.03	日	○	50.5	36.5	132	77	51	30	
24.03.04	月		50.4	36.6	127	74	53	20	
24.03.05	火		50.3	36.8	128	77	53	5	
24.03.06	水		50.3	36.6	126	75	54	15	
24.03.07	木		49.3	36.6	138	76	58	15	
24.03.08	金		48.8	36.8	116	75	60	15	
24.03.09	土	○	48.5	36.5	122	68	60	20	
24.03.10	日	○	48.1	36.8	128	68	61	15	
24.03.11	月		47.9	36.6	124	78	65	20	
24.03.12	火		48.0	36.4	115	71	61	25	
24.03.13	水		48.0	36.5	117	75	61	30	
24.03.14	木		48.4	36.2	123	78	56	10	
24.03.15	金		48.2	36.6	116	71	57	30	
24.03.16	土	○	47.9	36.5	107	68	55	25	
24.03.17	日	○	48.1	36.7	116	66	56	20	
24.03.18	月		48.1	36.6	118	72	56	20	
24.03.19	火		48.2	36.4	114	73	52	20	
24.03.20	水	○	48.2	36.5	110	67	52	30	
24.03.21	木		48.2	36.3	118	72	55	30	
24.03.22	金		48.0	36.6	117	67	56	40	
24.03.23	土	○	48.1	35.9	115	70	55	10	
24.03.24	日	○	48.9	36.4	115	68	54	20	
24.03.25	月		49.3	36.5	109	65	51	15	
24.03.26	火		49.3	36.4	109	69	51	30	
24.03.27	水		50.0	36.5	113	68	50	30	
24.03.28	木		50.3	36.6	108	67	49	20	
24.03.29	金		50.3	36.6	109	64	52	30	
24.03.30	土	○	51.0	36.7	108	61	53	30	
24.03.31	日	○	51.6	36.6	108	61	52	30	
24.04.01	月		52.1	36.7	103	63	50	20	
24.04.02	火		52.2	36.6	106	63	51	30	
24.04.03	水		52.0	36.7	100	62	52	20	
24.04.04	木		51.6	36.6	108	60	54	30	
24.04.05	金		51.5	36.6	103	56	52	35	
24.04.06	土	○	51.0	36.6	98	63	52	20	

付録4 筆者の体調記録（Author's Health Records）

日付			数値						不調名
			体重kg	体温℃	血圧H	血圧L	脈拍	点数	
24.04.07	日	○	51.2	36.8	100	58	54	20	
24.04.08	月		51.9	36.7	99	56	54	30	
24.04.09	火		51.9	36.6	98	57	54	40	
24.04.10	水		52.2	36.5	105	63	51	20	
24.04.11	木		52.2	36.5	104	61	53	30	
24.04.12	金		52.5	36.5	108	60	53	20	
24.04.13	土	○	52.6	36.6	110	59	54	20	
24.04.14	日	○	52.7	36.5	112	64	55	30	
24.04.15	月		52.9	36.6	105	64	53	20	
24.04.16	火		52.7	36.4	110	63	53	15	
24.04.17	水		52.5	36.7	109	64	54	20	
24.04.18	木		52.2	36.4	111	68	53	40	
24.04.19	金		52.2	36.6	115	67	53	20	
24.04.20	土	○	51.9	36.4	106	62	51	40	
24.04.21	日	○	52.0	36.5	104	60	51	35	
24.04.22	月		51.5	36.5	104	56	53	20	
24.04.23	火		51.2	36.6	100	56	56	35	
24.04.24	水		51.2	36.4	105	56	59	20	
24.04.25	木		51.7	36.4	103	60	57	20	
24.04.26	金		51.0	36.5	101	66	55	30	
24.04.27	土	○	51.0	36.6	100	60	59	10	
24.04.28	日	○	51.1	36.6	103	59	57	20	
24.04.29	月	○	51.0	36.5	102	50	56	25	
24.04.30	火		51.1	36.5	99	61	53	25	
24.05.01	水		51.4	36.4	101	63	54	10	
24.05.02	木		51.9	36.2	99	61	55	30	
24.05.03	金	○	52.0	36.4	105	61	53	20	
24.05.04	土	○	51.9	36.4	95	58	51	15	
24.05.05	日	○	52.0	36.7	98	56	55	35	
24.05.06	月	○	51.9	36.4	101	60	52	40	
24.05.07	火		51.9	36.5	97	55	54	30	
24.05.08	水		52.0	36.5	97	60	53	40	
24.05.09	木		52.1	36.4	101	63	52	20	
24.05.10	金		52.1	36.3	103	57	53	40	
24.05.11	土	○	52.2	36.5	104	68	54	20	
24.05.12	日	○	52.3	36.5	98	55	54	20	
24.05.13	月		52.2	36.4	99	60	58	30	
24.05.14	火		52.4	36.4	100	60	51	40	
24.05.15	水		52.5	36.4	98	58	52	35	
24.05.16	木		52.0	36.5	97	57	54	45	
24.05.17	金		52.0	36.5	97	58	53	45	
24.05.18	土	○	52.2	36.4	96	55	53	45	
24.05.19	日	○	52.0	36.4	99	57	53	20	
24.05.20	月		52.5	36.6	98	58	52	40	
24.05.21	火		52.7	36.5	93	54	53	30	
24.05.22	水		53.2	36.4	98	59	52	20	
24.05.23	木		53.3	36.7	95	56	57	30	
24.05.24	金		53.5	36.5	96	56	57	40	
24.05.25	土	○	53.5	36.5	98	56	55	30	
24.05.26	日	○	53.2	36.6	98	57	59	40	
24.05.27	月		52.9	36.8	97	54	57	40	
24.05.28	火		53.0	36.8	97	55	54	50	
24.05.29	水		53.5	36.4	95	55	52	55	
24.05.30	木		53.5	36.5	95	49	55	35	
24.05.31	金		53.6	36.6	93	54	52	50	
24.06.01	土	○	53.6	36.5	91	51	52	60	
24.06.02	日	○	53.7	36.4	96	54	48	70	
24.06.03	月		53.8	36.4	93	54	51	75	

付録4　筆者の体調記録（Author's Health Records）

日付			数値						不調名
			体重kg	体温℃	血圧H	血圧L	脈拍	点数	
24.06.04	火		53.9	36.4	95	53	51	50	頭痛
24.06.05	水		54.2	36.5	95	50	53	60	
24.06.06	木		54.4	36.5	98	56	51	60	
24.06.07	金		54.3	36.4	97	55	55	40	
24.06.08	土	○	54.4	36.4	89	52	57	50	歯痛、口内炎
24.06.09	日	○	54.3	36.4	94	54	54	30	歯痛、口内炎
24.06.10	月		54.0	36.7	90	56	58	50	歯痛、口内炎
24.06.11	火		54.1	36.6	90	56	58	50	歯痛、口内炎
24.06.12	水		54.1	36.6	90	54	62	20	歯痛、口内炎
24.06.13	木		54.6	36.5	100	59	57	30	歯痛、口内炎
24.06.14	金		54.2	36.4	93	53	60	50	歯痛
24.06.15	土	○	54.1	36.5	97	55	53	60	歯痛
24.06.16	日	○	54.2	36.6	91	53	57	25	歯痛
24.06.17	月		54.2	36.4	93	55	54	70	歯痛
24.06.18	火		54.0	36.6	94	54	56	40	歯痛
24.06.19	水		54.3	36.4	95	54	54	30	歯痛
24.06.20	木		54.3	36.5	91	53	55	30	歯痛
24.06.21	金		54.3	36.3	92	52	51	35	歯痛
24.06.22	土	○	54.3	36.4	97	55	54	50	歯痛
24.06.23	日	○	54.4	36.5	92	53	57	40	歯痛
24.06.24	月		54.6	36.4	93	55	56	40	歯痛
24.06.25	火		54.5	36.4	96	54	53	30	歯痛
24.06.26	水		54.6	36.5	90	54	59	45	歯痛
24.06.27	木		54.6	36.4	94	53	57	25	歯痛
24.06.28	金		54.8	36.5	95	56	54	20	歯痛
24.06.29	土	○	54.9	36.5	93	57	58	15	歯痛
24.06.30	日	○	55.1	36.5	94	56	59	15	歯痛
24.07.01	月		54.8	36.7	96	59	59	15	歯痛
24.07.02	火		54.8	36.5	95	58	61	35	歯痛、首痛
24.07.03	水		55.1	36.8	93	56	60	15	歯痛、首痛
24.07.04	木		55.3	36.5	92	56	59	15	歯痛
24.07.05	金		55.4	36.5	92	55	59	10	歯痛
24.07.06	土	○	55.2	36.5	89	50	57	20	歯痛
24.07.07	日	○	54.8	36.4	93	56	59	50	歯痛
24.07.08	月		54.3	36.7	93	56	58	25	歯痛
24.07.09	火		54.4	36.6	90	55	58	65	歯痛
24.07.10	水		54.2	36.5	90	53	54	40	歯痛
24.07.11	木		54.5	36.4	94	56	58	20	歯痛
24.07.12	金		54.6	36.4	92	56	58	70	歯痛
24.07.13	土	○	54.4	36.6	91	57	63	30	歯痛、腰痛
24.07.14	日	○	54.1	36.5	93	58	57	30	歯痛
24.07.15	月	○	54.1	36.5	90	55	57	40	歯痛
24.07.16	火		54.0	36.5	87	53	58	35	
24.07.17	水		54.1	36.6	92	55	57	50	舌痛
24.07.18	木		54.1	36.4	86	51	61	55	舌痛
24.07.19	金		54.2	36.5	85	52	61	55	舌痛
24.07.20	土	○	54.2	36.4	86	50	58	20	
24.07.21	日	○	54.1	36.6	86	55	58	40	
24.07.22	月		54.1	36.7	85	52	63	20	
24.07.23	火		54.0	36.6	85	51	59	20	
24.07.24	水		54.1	36.7	87	55	62	20	
24.07.25	木		54.3	36.6	82	51	63	60	
24.07.26	金		54.1	36.5	85	49	62	40	舌痛、腹痛
24.07.27	土	○	54.4	36.4	81	47	58	50	
24.07.28	日	○	54.4	36.5	83	48	56	50	
24.07.29	月		54.6	36.6	80	44	56	50	
24.07.30	火		54.6	36.5	86	51	55	40	
24.07.31	水		54.6	36.6	82	47	59	50	

付録4　筆者の体調記録（Author's Health Records）

日付			数値						不調名
			体重kg	体温℃	血圧H	血圧L	脈拍	点数	
24.08.01	木		54.7	36.5	90	50	55	40	
24.08.02	金		54.6	36.5	85	46	55	60	
24.08.03	土	○	54.6	36.5	86	49	55	30	首痛
24.08.04	日	○	54.7	36.6	86	50	59	70	
24.08.05	月		54.5	36.4	88	51	56	40	
24.08.06	火		54.4	36.6	88	48	54	40	
24.08.07	水		54.4	36.4	83	48	57	75	
24.08.08	木		54.3	36.6	86	48	58	75	
24.08.09	金		54.0	36.6	86	48	60	75	
24.08.10	土	○	53.8	36.6	86	50	63	75	
24.08.11	日	○	53.9	36.5	86	51	58	75	
24.08.12	月	○	53.7	36.6	86	53	61	50	
24.08.13	火		53.5	36.7	82	47	66	80	
24.08.14	水		53.3	36.7	82	48	68	30	歯茎痛
24.08.15	木		53.5	36.7	83	50	64	50	
24.08.16	金		53.5	36.8	83	48	68	20	歯茎痛
24.08.17	土	○	53.5	36.6	83	46	60	70	
24.08.18	日	○	53.3	36.7	87	49	59	35	
24.08.19	月		53.4	36.7	85	46	57	60	
24.08.20	火		53.3	36.5	82	46	56	70	
24.08.21	水		53.3	36.3	93	52	60	70	
24.08.22	木		53.5	36.5	89	52	58	40	
24.08.23	金		53.7	36.4	84	47	59	70	
24.08.24	土	○	53.4	36.7	92	54	61	80	
24.08.25	日	○	53.3	36.6	85	49	58	80	
24.08.26	月		53.2	36.6	85	50	62	80	歯茎痛
24.08.27	火		52.8	36.6	89	51	59	40	歯茎痛、倦怠感
24.08.28	水		52.8	36.5	86	50	59	85	
24.08.29	木		52.8	36.6	101	65	63	50	
24.08.30	金		52.9	36.6	95	58	62	85	
24.08.31	土	○	52.9	36.7	92	52	66	65	

筆者略歴（Author's Profile）

前 健太郎（まえ けんたろう）

1983年、京都府生まれ。2009年、工学系大学院修了。製造業関連の一般企業にて12年間勤務。2021年、本書の執筆に向け独立。以後、2018年より継続している食事記録の作成を中心に活動。

食物適否追究　～原因不明の不調に挑む～

2024年11月26日　初版第1刷発行

著　者　前　健太郎
発行所　ブイツーソリューション
　　　　〒466-0848　名古屋市昭和区長戸町4-40
　　　　電話 052-799-7391　Fax 052-799-7984
発売元　星雲社（共同出版社・流通責任出版社）
　　　　〒112-0005　東京都文京区水道1-3-30
　　　　電話 03-3868-3275　Fax 03-3868-6588
印刷所　モリモト印刷
ISBN 978-4-434-34940-9
©Kentarou MAE 2024 Printed in Japan
万一、落丁乱丁のある場合は送料当社負担でお取替えいたします。
ブイツーソリューション宛にお送りください。